"十二五"职业教育国家规划教材

经全国职业教育教材审定委员会审定

U0217723

数据库应用

（Access 2010）

张 平 主 编

代贤文 副主编

电子工业出版社

Publishing House of Electronics Industry

北京·BEIJING

内 容 简 介

本书根据教育部颁发的《中等职业学校专业教学标准（试行）信息技术类（第一辑）》中的相关教学内容和要求编写。本书以Access 2010为对象，介绍了关系数据库的基本知识与概念、Access 2010的各种新功能、数据库的建立与使用，在介绍基本概念的基础上结合企业实用方向实践案例讲解了数据表、查询、窗体、报表、宏等各种数据库对象的使用，结合数据库软件项目开发流程，完整呈现了一个数据库系统所包括的录入、查询、修改、删除、打印等系列功能。书中既包含必要的数据库基本知识，还结合企业管理的大量实例讲解了一些拓展需求，使学生能做到举一反三、触类旁通，可以非常容易地依照书中介绍的步骤完成各种实例，强化学习成果。本书主要面向职业院校的学生及数据库爱好者，也可作为学习Access数据库的参考书籍。

本书配有电子教学资料包，详见前言。

图书在版编目（CIP）数据

数据库应用：Access 2010 / 张平主编. —北京：电子工业出版社，2017.7

ISBN 978-7-121-24894-8

Ⅰ. ①数… Ⅱ. ①张… Ⅲ. ①关系数据库系统－中等专业学校－教材 Ⅳ. ①TP311.138

中国版本图书馆 CIP 数据核字（2014）第 274682 号

策划编辑：杨 波
责任编辑：周宏敏
印　　刷：北京七彩京通数码快印有限公司
装　　订：北京七彩京通数码快印有限公司
出版发行：电子工业出版社
　　　　　北京市海淀区万寿路 173 信箱　邮编　100036
开　　本：787×1 092　1/16　印张：19　字数：505 千字
版　　次：2017 年 7 月第 1 版
印　　次：2022 年 1 月第 6 次印刷
定　　价：39.80 元

前　　言 | PREFACE

　　本书根据教育部颁发的《中等职业学校专业教学标准（试行）信息技术类（第一辑）》中的相关教学内容和要求编写。坚持"以服务为宗旨，以就业为导向"的职业教育办学方针，充分体现以全面素质为基础，以能力为本位，以适应新的教学模式、教学制度需求为根本，以满足学生需求和社会需求为目标的编写指导思想。本书在编写中力求突出以下特色：

　　1. 内容先进。本书以目前广泛使用的 Access 2010 作为学习本课程的数据库管理系统。Access 2010 是微软公司推出的功能强大的 Office 2010 办公软件的重要组成部分，主要用于数据库管理，是目前世界上最流行的桌面数据库管理系统。Access 2010 不仅功能强大，而且易学易用。通过本书的学习，读者不仅可以理解数据库的基本概念，掌握 Access 2010 数据库的基本操作，而且能够根据实际问题进行数据库的设计和创建，提高使用 Access 2010 进行数据处理和管理的能力。

　　2. 知识实用。结合职业院校教学实际，本书在讲解数据库理论时，以"必需、够用"为原则，降低了理论难度，将重点放在掌握数据库的基本知识和基本操作技能上。以当前线上网络商城、线下商超、体验店等实体企业为蓝本，通过创建"龙兴商城数据管理"数据库系统来介绍数据库的有关知识，讲解利用 Access 2010 对数据进行管理的方法和步骤。通过本书的学习，读者不仅可以掌握 Access 2010 的功能和基本操作，还将了解开发一个功能相对完善的数据库应用系统的方法和步骤。

　　3. 突出操作。本书体现了以应用为核心，以培养学生实际动手能力为重点，力求做到学与教并重，科学性与实用性相统一，紧密联系生活、生产实际，将讲授理论知识与培养操作技能有机地结合起来。本书以创建"龙兴商城数据管理"数据库作为贯穿全书的实例，书中的所有内容都是围绕创建和使用"龙兴商城数据管理系统"编写的，学习全书内容后，"商城数据库管理系统"也就建立起来了。

　　4. 结构合理。本书紧密结合职业教育的特点，借鉴近年来职业教育课程改革和教材建设的成功经验，在内容编排上采用任务引领的设计方式，符合学生心理特征和认知、技能养成规律。全书围绕一个项目系统展开，将每章的知识和技能点分解成一个个具体任务，每个任务都按照"任务描述与分析"、"方法与步骤"、"相关知识与技能"的顺序编写，从而使读者带着具体任务去学习相关知识，以取得更好的学习效果。

　　5. 教学适用性强。本书大多数章节都包括"学习内容"、"任务（若干个）"、"拓展与提高"、"上机实训"、"总结与回顾"、"思考与练习"6 部分。"学习内容"给出了各章要求掌握和了解的内容；"任务（若干个）"是将各章的知识点分解成若干个任务进行讲解；"拓展与提高"介绍与本章内容相关的、相对较难的知识和操作；"上机实训"是针对各章知识和技能设计的实训内容，一般由 1～4 个实训组成；"总结与回顾"对各章的主要知识和技能点进行总结提炼；"思考与练习"是针对各章内容设计的习题，包括选择题、填空题、判断题和简答题 4 种类型，以帮助读者巩固各章所学知识。

　　全书分为 10 章，涵盖了使用 Access 2010 设计数据库的相关概念、操作步骤和技巧。第 1 章介绍 Access 2010 最基本的操作，包括 Access 2010 的启动和退出、用户界面和帮助系统的使用；第 2 章介绍 Access 2010 数据库和表的基本概念、设计和创建方法；第 3 章介绍数据表的基本操作与修饰，包括表的修改、查找、替换、排序、筛选以及数据表格式的设置；第 4 章介绍建立表之间的关系、查询的概念、查询条件的使用、不同类型查询的创建与应用；第 5 章介绍结构化查询语言 SQL 的功能以及常用 SQL 语句的格式和使用；第 6 章介绍窗体的设计、不同类型窗体的创建、窗体的修饰及窗体的应用；第 7 章介绍报表的概念、报表的创建及报表在数据管理中的应用和报表的打印；第 8 章介绍宏的概念、宏的创建及宏的运行和调试；第 9 章介绍数据库的维护与导出方法，包括压缩与修复数据库、数据库的备份与还原、加密与解密数据库；第 10 章以"龙兴商城数据管理系统"系统为例，介绍在实际工作中开发数据库系统的过程。

本书教学时数为 84 学时，在教学过程中可参考以下课时分配表：

章　次	课程内容	课时分配		
		讲　授	实　验	合　计
	前言	2		2
第 1 章	认识 Access 2010	2	2	4
第 2 章	数据库和表的创建	4	4	8
第 3 章	数据表的基本操作	4	4	8
第 4 章	查询的创建与应用	6	6	12
第 5 章	使用结构化查询语言 SQL	4	4	8
第 6 章	窗体的设计	6	6	12
第 7 章	报表的创建与应用	4	4	8
第 8 章	宏的使用	4	4	8
第 9 章	数据库的维护与导出	2	2	4
第 10 章	设计并建立"龙兴商城数据管理系统"	4	6	10
合　计		42	42	84

本书由张平担任主编，代贤文担任副主编，樊守德、闫晓萌、左中华、杜德良、赵翔、黄国强、罗首占、彭城等参编。黄国强、罗首占、彭城参与了本书的录入、编辑和习题的验证工作，在此表示衷心的感谢。

由于作者水平所限，书中瑕疵之处，敬请读者批评指正。

为了方便教学，本书配备了电子课件等教学资源，请有此需要的读者登录华信教育资源网（http://www.hxedu.com.cn）下载。

编　者

2016 年 10 月

CONTENTS | 目录

第 1 章

认识 Access 2010

数据库是一个单位或一个应用领域的通用数据处理系统，它存储的是企业或事业部门、团体或个人的有关数据集合。数据库系统发展大致划分为 3 个阶段：人工管理阶段、文件系统阶段、数据库系统阶段。

Access 2010 是 Microsoft Office 2010 办公软件的组件之一，是目前最新流行的数据库管理系统软件，Microsoft Access 在很多地方得到广泛的应用，主要特点是功能强大且易学易用，主要用于中小型的数据库管理。一些专业的应用程序开发人员还使用 Access 进行快速应用开发，特别是开发一个简单的模块或独立应用程序工具。Access 可以满足人们对数据收集、处理的需要，无论是大型企业、小企业、非盈利组织，还是只想找到更高效的方式来管理个人信息的个人，Access 都能轻松完成任务。本章将重点介绍 Access 2010 的基本使用，主要包括 Access 2010 的启动和退出，用户界面和数据库窗口，此外还介绍如何获得帮助信息、如何使用 Access 2010 提供的"罗斯文"示例数据库，这将有助于读者自学 Access 2010 的相关知识，快速掌握 Access 2010 的使用和操作。

学习内容

数据库的基本概念
- Access 2010 的启动和退出
- Access 2010 的用户界面
- 数据库及数据库对象的基本概念
- 使用 Access 2010 帮助系统

任务1 理解数据库的基本概念

任务描述与分析

数据库是计算机中存储数据的仓库，并可以为用户提供查询数据、修改数据和输出数据报表等服务。那么数据库究竟有什么特点？数据库系统由哪些部分组成？数据库管理系统的作用是什么？本任务将介绍与数据库相关的基本概念，这些概念是使用数据库的用户需要了解的。

相关知识与技能

1．数据

数据是描述客观事物特征的抽象化符号，既包括数字、字母、文字及其他特殊字符组成的文本形式的数据，还包括图形、图像、声音等形式的数据，实际上，凡是能够由计算机处理的对象都可以称为数据。

2．数据库

数据库是存储在计算机存储设备上、结构化的相关数据的集合。数据库不仅包含描述事物的具体数据，而且反映了相关事物之间的关系。在 Access 数据库中，数据以二维表的形式存放，表中的数据相互之间均有一定的联系。例如，某公司"员工基本信息"数据库中存储的数据包含员工的 ID 号、姓名、性别、出生日期、毕业院校、专业、职务、部门等。

3．数据库管理系统

数据库管理系统是对数据库进行管理的软件，主要作用是统一管理、统一控制数据库的建立、使用和维护。在微机环境中，目前较流行的数据库引擎有：Informix，Sybase，微软的 SQL Server，IBM 的 DB2，Oracle 和微软的 Access 等，目前常用的只有后 4 个，它们成为该领域的主要竞争者。

4．数据库系统

数据库系统是一种引入了数据库技术的计算机系统。数据库系统由计算机的软硬件组成，它主要解决以下 3 个问题：

● 有效组织数据（重点是对数据进行合理设计，便于计算机存储）；

● 将数据输入到计算机中进行处理；

● 根据用户的要求将处理后的数据从计算机中提取出来，最终满足用户使用计算机合理处理和利用数据的目的。

如在引言中介绍的"学生成绩管理系统"就是数据库系统。

数据库系统由 5 部分组成。

① 计算机硬件系统。

② 数据库。

③ 数据库管理系统及相关软件。

④ 数据库管理员。

⑤ 用户。

5．数据模型

数据模型是指数据库中数据与数据之间的关系，它是数据库系统中一个关键的概念。数据模型不同，相应的数据库系统就完全不同，任何一种数据库系统都是基于某种模型的。数据库管理系统常用的数据模型有层次模型、网状模型和关系模型 3 种。

（1）层次模型

用树形结构表示数据及其联系的数据模型称为层次模型。树是由结点和连线组成的，结点表示数据集，连线表示数据之间的关系。通常将表示"一"的数据放在上方，称为父结点；将表示"多"的数据放在下方，称为子结点。树的最高位只有一个结点，称为根结点。层次模型的重要特征是，仅有一个无父结点的根结点，而根结点以外的其他结点向上仅有一个父结点，向下有一个或若干个子结点。层次模型表示从根结点到子结点的"一对多"关系。

层次模型的示例如图 1-1 所示。

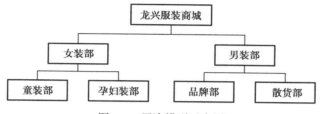

图 1-1　层次模型示意图

（2）网状模型

用网状结构表示数据及其联系的数据模型称为网状模型。网状模型是层次模型的扩展，其重要特征是：至少有一个结点无父结点，网状模型的结点间可以任意发生联系，能够表示任意复杂的联系，如数据间的纵向关系与横向关系，网状结构可以表示"多对多"的关系。但正因为其在概念上、结构上均较为复杂，所以操作不太方便。网状模型的示例如图 1-2 所示。

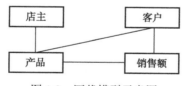

图 1-2　网状模型示意图

（3）关系模型

在日常生活中遇到的许多数据都可以用二维表表示，既简单又直观。由行和列构成的二维表在数据库理论中称为关系。用关系表示的数据模型称为关系模型。在关系模型中，实体与实体之间的联系都是用关系表示的，每一个关系就是一个二维表，即二维表中既可以存放实体本身的数据，也可存放实体间的联系。图 1-3 所示是一个店主基本情况表，反映了商城中每个店铺店主的编号、姓名、性别、出生日期、进驻商城时间、店铺面积、房租、店员人数、类别、联系电话等数据。

ID	店铺编号	品牌名称	店主姓名	身份证号	进驻商城时间	店铺面积	合作形式	店员人数	经营类别	联系电话	合同编号
1	0001	秋水依人	刘星星	412157198304122216	2014年5月1日	91.00	直营	8	女装	13122565558	A0001
2	0002	CC&DD	李童阳	413025199001021134	2014年4月10日	93.25	直营	10	女装	13211072205	A0010
3	0003	伊丝·艾蒂	孙丽丽	410102198506010020	2014年3月15日	127.78	直营	6	女装	13305710015	A0006
4	0004	曼诺·比菲	陈珍珍	413025198311272266	2014年3月10日	126.60	加盟	6	女装	18603863243	A0071
5	0005	阿玛尼	张正伟	410102197211042175	2014年4月1日	89.20	加盟	5	男装	18939266790	B0171
6	0006	范思哲	赵泉盛	425402198008056510	2014年6月10日	211.50	加盟	12	男装	18103210544	B0021
7	0007	巴宝莉	刘方	411105198103070521	2014年5月11日	350.00	加盟	16	男装	13607679436	B0011

图 1-3　关系模型示意图

关系模型是建立在关系代数基础上的，因而有坚实的理论基础。与层次模型和网状模型相比，关系模型具有数据结构单一、理论严密、使用方便、易学易用的特点，因此目前绝大多数数据库系统都采用关系模型。

6．关系数据库

按照关系模型建立的数据库称为关系数据库。关系数据库中的所有数据均组织成一个个二维表，这些表之间的联系也用二维表表示。

（1）数据元素

数据元素是关系数据库中最基本的数据单位。如在"店铺数据"表中，店主姓名为"刘星星"，店员人数为"8"等都为数据元素。

（2）字段

二维表中的一列称为一个字段，每一个字段均有一个唯一的名字（称为字段名），如在"店铺数据"表中，"品牌名称"、"店主姓名"、"进驻商城时间"等都为字段名。字段是有类型的，如"店主姓名"字段是文本类型，"进驻商城时间"字段是日期类型。字段是有宽度的，不同数据类型对应的最大宽度也不同。

（3）记录

二维表中的每一行称为一个记录，每一个记录具有一个唯一的编号（称为记录号）。每个记录中不同字段的数据可能具有不同的数据类型，但所有记录的相同字段的数据类型一定是相同的。

（4）数据表

具有相同字段的所有记录的集合称为数据表，一个数据库往往由若干个数据表组成，每一个数据表都有一个唯一的名字（称为数据表名）。例如，在商超数据管理工作中，不仅要涉及品牌和店主的基本情况，还要涉及会员的销费额、喜欢的品牌、购物清单等，它们相互之间存在着一定的关系。如本书设计的"龙兴商城数据管理系统"数据库中，就包含了"店铺策划活动登记表"、"店铺数据档案表"、"非商超工作人员登记表"、"费用清缴情况表"、"合同情况表"、"会员档案管理表"和"商超工作人员登记表"、"销售数据表"等8个数据库表，如图1-4所示。

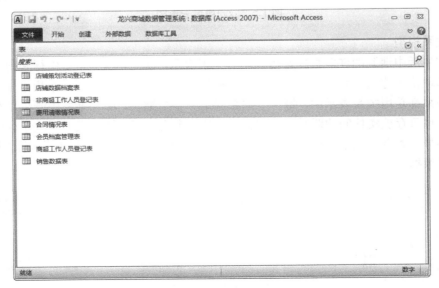

图1-4　关系数据库示意图

任务 2　启动和退出 Access 2010

任务描述与分析

　　Access 2010 是 Microsoft Office 2010 办公软件中的一个组件，当以默认方式安装了 Office 2010 后，Access 2010 自然就安装到计算机上并可以使用了。Access 2010 和其他软件一样，要先启动后才能使用，使用完毕后还要正确退出。

方法与步骤

1. 启动 Access 2010

启动 Access 2010 的常用方法有 3 种。

（1）通过"开始"菜单启动

　　选择"开始"→"所有程序"→"Microsoft Office"→"Microsoft Office Access 2010"菜单命令，即打开了 Access 2010 程序，启动 Access 2010 后的用户界面如图 1-5 所示。

图 1-5　Access 2010 用户界面

　　（2）通过"开始"菜单中的 Access 2010 选项启动

　　如果在"开始"菜单中加入了 Access 2010 选项，直接单击"开始"菜单中的"Microsoft Office Access 2010"选项图标，即可启动 Access 2010。

　　（3）通过桌面快捷方式启动

　　如果在桌面上创建了 Access 2010 的快捷方式，可以通过快捷方式启动。操作方法为：在桌面上双击 Access 2010 的快捷方式图标，即可启动 Access 2010，进入用户界面。

2. 退出 Access 2010

退出 Access 2010 通常有 5 种方法：

① 单击 Access 2010 用户界面主窗口的"关闭"按钮 ⊠ 。

② 双击 Access 2010 标题栏左面的控制菜单图标 🅰 。

③ 单击 Access 2010 的控制菜单图标 🅰 ，在弹出的下拉菜单中单击"关闭"命令。

④ 在菜单栏中单击"文件"→"退出"菜单命令。

⑤ 直接按<Alt+F4>键。

相关知识与技能

1. 在桌面上创建 Access 2010 快捷方式

在桌面上创建 Access 2010 快捷方式的步骤如下：

① 选择"开始"→ "所有程序"→"Microsoft Office"→"Microsoft Office Access 2010"命令。

② 单击鼠标右键，在打开的快捷菜单中单击"发送到"→"桌面快捷方式"命令。

2. 在"开始"菜单中加入 Access 2010 选项图标

在"开始"菜单中加入 Access 2010 选项图标有两种方法：

① 选择"开始"→"所有程序"→"Microsoft Office"→"Microsoft Office Access 2010"命令。

② 单击鼠标右键，在打开的快捷菜单中选择"附到[开始]菜单"选项。

任务3 认识 Access 2010 的用户界面

任务描述与分析

任何一个软件都有自己特有的用户界面，Access 2010 的用户界面与 Office 2010 的其他软件的用户界面类似，但是与 Access 2007 之前的版本相比，Access 2010 的用户界面发生了重大的变化，Access 2007 引入了两个主要的用户界面组件：功能区和导航窗格。而 Access 2010 不仅对功能区进行了多处更改，而且引入了第三个用户界面组件——Microsoft Office Backstage 视图。

下面对 Access 2010 用户界面进行介绍，并对其中某些元素的自定义设置进行简单说明，如图1-6 所示。

图 1-6 Access 2010 的用户界面

相关知识与技能

Access 2010 用户界面中各元素的功能如下。

1．标题栏

标题栏在 Access 主窗口的最上面，上面依次显示着"控制菜单"图标Ⓐ、窗口的标题"Microsoft Access"和控制按钮 ▭ ▱ ⊠ 。

2．功能区

功能区主要实现了原来的菜单栏和工具栏的功能，并提供了 Access 2010 中的主要命令界面。功能区的主要优势之一是，它将通常需要使用菜单、工具栏、任务窗格和其他用户界面组件才能显示的任务或入口点集中在一个地方。这样一来，只需在功能区查找命令，而不用再四处查找命令。打开数据库时，功能区显示在 Access 主窗口的顶部，它显示了活动命令选项卡中的命令，如图 1-7 所示。

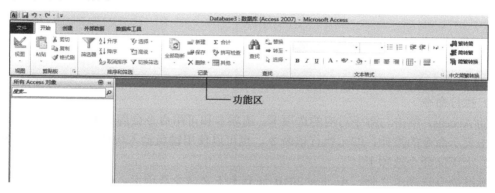

图 1-7　Access 2010 的功能区

功能区由包含各类命令的命令选项卡组成。在 Access 2010 中，主要的命令选项卡包括"文件"、"开始"、"创建"、"外部数据"、"数据库工具"。每个选项卡都包含多组相关命令，这些命令展现了其他一些新的用户界面 UI 组件，例如样式库、表格工具等是一种新的控件类型，能够以可视方式选择。

功能区上提供的命令还反映了当前活动对象。例如，如果已在数据表视图中打开了一个表，并单击"创建"选项卡上的"窗体"，那么在"窗体"组中，Access 将根据活动表创建窗体。这时会自动出现设计功能选项卡，只有在"设计"视图中打开对象的情况下，"设计"选项卡才会出现，如图 1-8 所示，

图 1-8　"设计"选项卡

提示 --

在功能区中可以使用键盘快捷方式。早期 Access 版本中的所有键盘快捷方式仍可继续使用。不过 Access 2010 中的键盘访问系统取代了早期 Access 版本的菜单快捷键。当按下<ALT>键时，这些指示器将显示在功能区中，如图 1-9 所示。

图 1-9　显示键盘提示

3．选择命令选项卡

（1）执行命令

启动 Access，单击与命令对应的选项卡。选项卡和可用命令会随着所执行的操作而有所变化，单击表示命令的控件，即可执行该命令。也可以使用键盘输入快捷按键来执行命令。

（2）上下文命令选项卡

除标准命令选项卡之外，Access 2010 还有上下文命令选项卡。根据上下文的不同，标准命令选项卡旁边可能会出现一个或多个上下文命令选项卡。例如，当打开一个新数据库时，还没有创建表，则只显示"文件"、"开始"、"创建"、"外部数据"、"数据库工具"等选项卡命令，当创建一个表时，会多出"字段"、"表"两个选项卡，如图 1-10 所示。

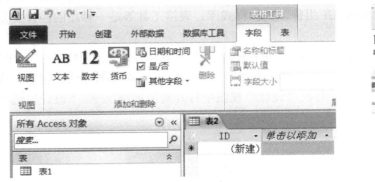

图 1-10　上下文选项卡命令组

图 1-11　三角形下拉菜单

① 命令名称的右侧带有三角符号▶。

将光标指向该命令或单击该命令时将打开相应的子菜单（如图 1-11 所示的"其他字段"）。

② 命令名称显示为浅灰色。

说明当前状态下该命令无效，只有进行了其他操作之后该命令才能使用。

（3）样式库

功能区还使用一种名为"样式库"的控件。样式库控件的设计目的是为了使用户将注意力集中在获取所要的结果上。样式库控件不仅显示命令，还显示使用这些命令的结果。其意图是提供一种可视方式，便于用户浏览和查看可以执行的操作，并关注操作结果，而不只是关注命令本身，如图 1-12 所示。

（4）隐藏功能区

有时为了将更多的空间作为工作区，需将功能区选项命令组折叠起来，若要隐藏功能区，可双击活动命令选项卡名称，如：双击"创建"等选项卡标签名即可，如图 1-13 所示。

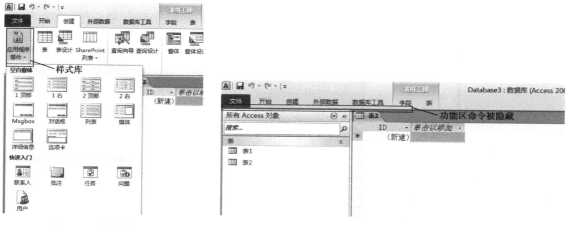

图 1-12 样式库选项   图 1-13 隐藏后的界面

4．Backstage 区

Backstage 视图是 Access 2010 中的新功能，占据功能区上的"文件"选项卡，并包含很多以前出现在 Access 早期版本的"文件"菜单中的命令。Backstage 视图还可包含适用于整个数据库文件的其他命令。在打开 Access 但未打开数据库时，可以看到 Backstage 视图，如图 1-14 所示。

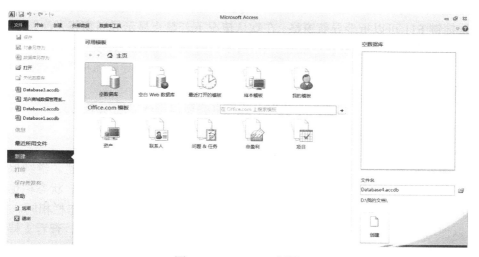

图 1-14 Backstage 视图

5．导航窗格

导航窗格可帮助用户归类数据库对象，并且是打开或更改数据库对象设计的主要方式。导航窗格取代了早期 Access 版本中的数据库窗口，如图 1-15 所示。

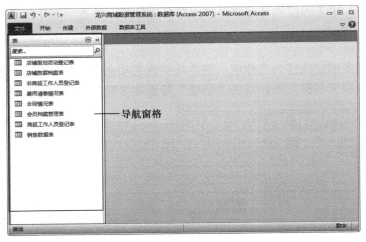

图 1-15　导航窗格

可以最小化导航窗格，也可以将其隐藏，但是不可以在导航窗格前面打开数据库对象来将其遮挡。

在打开数据库或创建新数据库时，数据库对象的名称将显示在导航窗格中。数据库对象包括表、窗体、报表、页、宏和模块。导航窗格将数据库对象划分为多个类别，各个类别中又包含多个组。某些类别是预定义的，也可以创建自己的自定义组。

6．打开数据库对象

在导航窗格中，双击对象即可打开对象；在导航窗格中，选择对象，然后按 Enter 键或在导航窗格中右击对象，然后选择"打开"命令也可以打开对象。

7．显示与隐藏导航窗格

导航窗格默认为在打开数据库时出现，因此默认情况下，通过设置程序选项可以关闭导航窗格。按快捷键 F11 可以折叠导航窗格。在默认情况下若禁止显示导航窗格，首先单击"文件"选项卡，然后单击"选项"命令，如图 1-16 所示。弹出"Access 选项"对话框，在左侧窗格中，单击"当前数据库"选项。在"导航"选项下，取消"显示导航窗格"复选框的选中（即选非），然后单击"确定"按钮即可，如图 1-17 所示。

在图 1-17 中，单击"文档窗口选项"中的"重叠窗口" → "选项卡式文档"，可控制在打开多个表时是以重叠方式显示还是以原始位置单一显示。

8．显示与隐藏状态栏

与早期版本的 Access 一样，Access 2010 中也会在窗口底部显示状态栏。继续保留此标准 UI 元素是为了查找状态消息、属性提示、进度指示等。在 Access 2010 中，状态栏也具有两项标准功能：视图/窗口切换和缩放，与在其他 Office 2010 程序中看到的状态栏相同。

还可以使用状态栏上的可用控件，在可用视图之间快速切换活动窗口。查看支持可变缩放对象，可以使用状态栏上的滑块，调整缩放比例以放大或缩小对象。

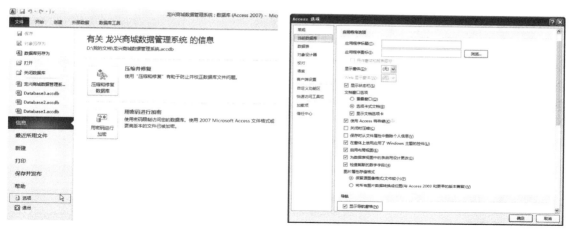

图 1-16　单击"选项"命令　　　　　　　　图 1-17　隐藏导航窗格

任务 4　认识 Access 2010 的导航窗格及操作对象

任务描述与分析

　　Access 把要处理的数据及主要操作内容都看成是数据库的对象，通过对这些对象的操作来实现对数据库的管理，而对数据库对象的所有操作都是通过导航窗格开始的。

　　当创建一个新的数据库文件或打开一个已有的数据库文件时，在 Access 2010 主窗口的工作区上就会自动打开导航窗格。导航窗格是 Access 2010 数据库文件的命令中心，从这里可以创建和使用 Access 2010 数据库的任何对象，导航窗格包含了当前所处理的数据库中的全部内容。

相关知识与技能

　　导航窗格中包括标题栏、搜索栏、数据库对象栏和对象列表窗口，如图 1-18 所示。

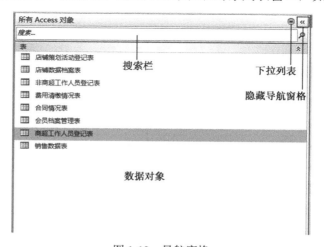

图 1-18　导航窗格

1．标题栏

标题栏显示数据库的名称和文件格式。

2．下拉列表菜单

下拉列表列出了操作数据库对象中的一些浏览与显示方式。在浏览类别中可以按不同的分类显示对象，在筛选类别中，可以按不同的组来筛选显示的对象，如图1-19所示。

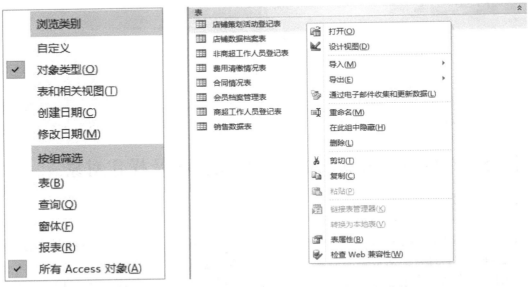

图1-19　下拉列表菜单　　　　　　　　　图1-20　对象快捷菜单

3．对象快捷菜单

在导航窗格中，在每个数据表对象上右击均会出现一个快捷菜单，在该快捷菜单中可以完成对对象的操作。以表为例，在数据表上右击出现的快捷菜单，如图1-20所示。

4．对象列表窗口

对象列表窗口上半部分显示的是新建对象的快捷方式列表，使用快捷方式可以方便高效地创建数据库对象，不同的数据库对象其列表不一样。对象列表窗口的下半部分显示所选对象的列表。

任务5　认识 Access 2010 的数据库对象

任务描述与分析

数据库对象与数据库是两个不同的概念。如果说数据库是一个存放数据的容器，那么数据库对象则是存放在这个容器内的数据以及对数据的处理操作。数据库对象有表、查询、窗体、报表、页、宏和模块等7种，一个数据库可包括一个或若干个数据库对象。

相关知识与技能

Access 2010 数据库的对象有7种，分别介绍如下。

1．表

表是 Access 2010 存储数据的地方，是数据库的核心和基础，其他数据库对象的操作都是在表的基础上进行的。数据库可以包含许多表，每个表用于存储有关不同主题的信息。每个表可以包含许多不同数据类型（例如文本、数字、日期和超链接）的字段。

表是用于存储有关特定主题（例如员工或产品）的数据的数据库对象。表由记录和字段组成，如图 1-21 所示。

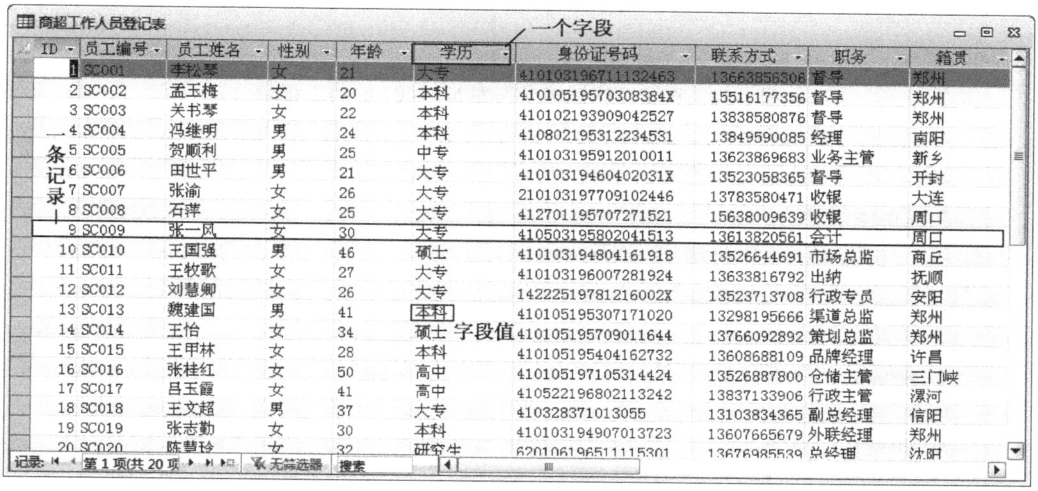

图 1-21　商超工作人员登记表

Access 2010 数据库中的表是一个二维表，以行和列来组织数据，每一行称为一条记录，每一列称为一个字段。

在一个数据库中存储着若干个表，这些表之间可以通过有相同内容的字段建立关系，表之间的关系有一对一、一对多和多对多关系。

对于表中保存的数据，可从不同的角度进行查看。例如，从表中查看、从查询中查看、从窗体中查看、从报表中查看、从页中查看等。当更新数据时，所有出现该数据的位置均会自动更新。图 1-21 所示是"龙兴商城数据管理"数据库中的"商超工作人员登记表"表。

2．查询

建立数据库系统的目的不只是简单的存储数据，而是要在存储数据的基础上对数据进行分析和研究。在 Access 2010 中，使用查询可以按照不同的方式查看、分析和更改数据，因此查询是 Access 2010 数据库的一个重要对象，通过查询可以筛选出需要的记录，构成一个新的数据集合，而查询的结果又可以作为数据库中其他对象的数据来源。

通过查询，可以查找和检索满足指定条件的数据，包括多个表中的数据。也可以使用查询同时更新或删除多条记录，以及对数据执行预定义或自定义的计算。

图 1-22 所示是在"龙兴商城数据管理"数据库打开"非商超工作人员登记表"中查询"店铺编号"为 NO1001 的员工记录。

3．窗体

窗体是数据库和用户之间的主要接口，使用窗体可以方便地以更丰富多彩的形式来输入数据、编辑数据、查询数据、筛选数据和显示数据。在一个完善的数据库应用系统中，用户都是通过窗体对数据库中的数据进行各种操作的，而不是直接对表、查询等进行操作。

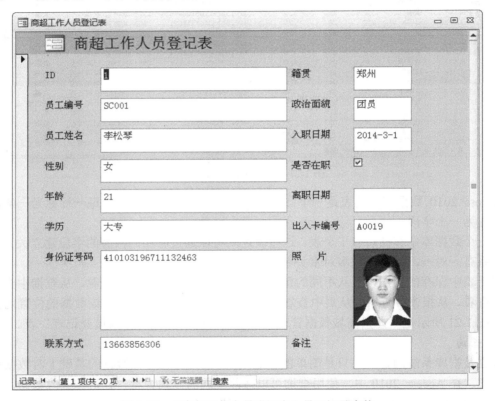

ID	员工编号	店铺编号	员工姓名	性别	年龄	联系方式	学历	身份证号码	籍贯	入职日期	是否在
4	FSC0004	NO1001	高建平	女	28	13663811088	大专	410107198505080610	上海	2014-3-4	
5	FSC0005	NO1001	龚乾	女	24	15803871370	本科	410112199002200046	郑州	2014-3-5	
14	FSC0014	NO1001	马振泉	男	22	13607665679	本科	410802199207152525	兰州	2014-3-6	
15	FSC0015	NO1001	徐娜	女	20	15936228010	大专	320106199403280816	北京	2014-3-5	
16	FSC0016	NO1001	程荣兰	女	28	18736009947	大专	410323198610014012	沈阳	2014-3-7	
1	FSC0001	NO1001	罗莹	女	21	13653825183	大专	410103199301050329	郑州	2014-3-1	
2	FSC0002	NO1001	王静	女	21	15038219768	大专	419006199312232005X	天津	2014-3-2	
3	FSC0003	NO1001	承明奎	男	26	13938239110	本科	411223198804237521	南京	2014-3-3	
*	(新建)					0					

图 1-22　查询"店铺编号"为 NO1001 的员工记录

图 1-23 所示是在"龙兴商城数据管理"数据库中打开"商超工作人员登记表"的窗体。

图 1-23　"商超工作人员登记表"员工记录窗体

4．报表

在许多情况下，数据库操作的结果是要打印输出的。利用报表对象可以将数据库中需要的数据提取出来进行分析、整理和计算，并将数据以格式化的方式发送至打印机。用户不仅能够以格式化的形式显示数据、输出数据，还可以利用报表对数据进行排序、分组、求和及求平均等统计计算。

报表具有特定的版面设置，并且可以使用图表的形式显示数据信息。图 1-24 所示是在"龙兴商城数据管理"系统数据库中打开"合同情况表"的窗体。

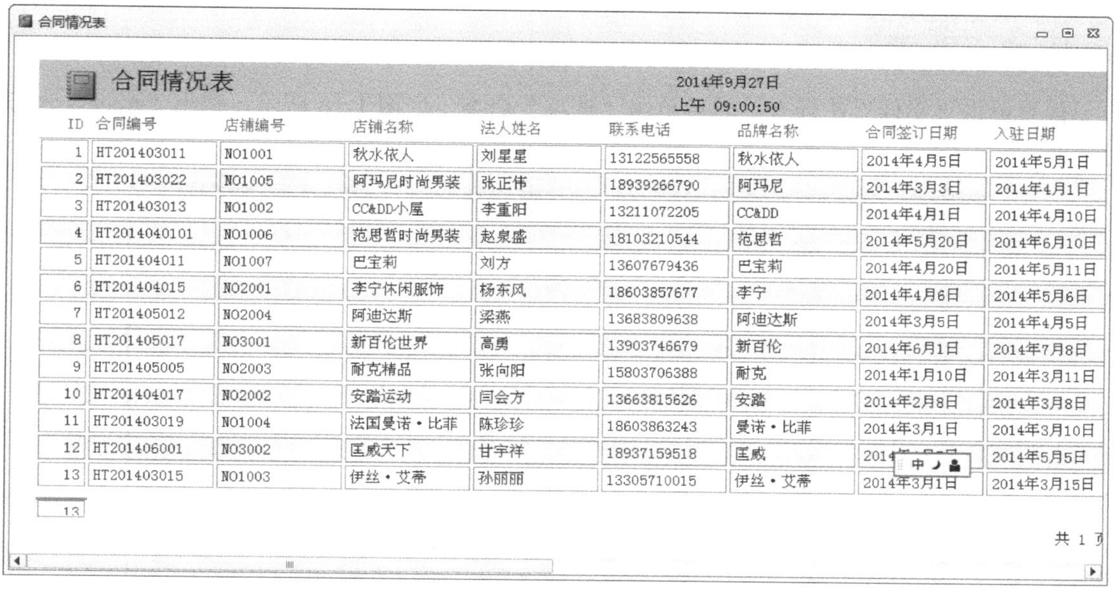

合同情况表

合同情况表　2014年9月27日　上午 09:00:50

ID	合同编号	店铺编号	店铺名称	法人姓名	联系电话	品牌名称	合同签订日期	入驻日期
1	HT201403011	N01001	秋水依人	刘星星	13122565558	秋水依人	2014年4月5日	2014年5月1日
2	HT201403022	N01005	阿玛尼时尚男装	张正伟	18939266790	阿玛尼	2014年3月3日	2014年4月1日
3	HT201403013	N01002	CC&DD小屋	李重阳	13211072205	CC&DD	2014年4月1日	2014年4月10日
4	HT2014040101	N01006	范思哲时尚男装	赵泉盛	18103210544	范思哲	2014年5月20日	2014年6月10日
5	HT201404011	N01007	巴宝莉	刘方	13607679436	巴宝莉	2014年4月20日	2014年5月11日
6	HT201404015	N02001	李宁休闲服饰	杨东风	18603857677	李宁	2014年4月6日	2014年5月6日
7	HT201405012	N02004	阿迪达斯	梁燕	13683809638	阿迪达斯	2014年3月5日	2014年4月5日
8	HT201405017	N03001	新百伦世界	高勇	13903746679	新百伦	2014年6月1日	2014年7月8日
9	HT201405005	N02003	耐克精品	张向阳	15803706388	耐克	2014年1月10日	2014年3月11日
10	HT201404017	N02002	安踏运动	闫会方	13663815626	安踏	2014年2月8日	2014年3月8日
11	HT201403019	N01004	法国曼诺·比菲	陈珍珍	18603863243	曼诺·比菲	2014年3月1日	2014年3月10日
12	HT201406001	N03002	匡威天下	甘宇祥	18937159518	匡威	2014[illegible]	2014年5月5日
13	HT201403015	N01003	伊丝·艾蒂	孙丽丽	13305710015	伊丝·艾蒂	2014年3月1日	2014年3月15日

13

共 1 页

图 1-24　“合同情况表”记录报表

5．页

页也称为数据访问页，它是 Access2003 的一个功能。使用它可以查看和处理来自 Internet 的数据，也可以将数据库中的数据发布到 Internet 上。使用数据访问页既可以在网络上静态地查看数据，还可以通过网络对数据进行输入、修改等操作。

从 Office Access 2007 开始，不再支持创建、修改或导入数据访问页的功能。不过，Office Access 2007 数据库中的数据访问页仍然有效。通过使用 Access 2010，用户可以打开包含数据访问页的数据库。不过，这些数据访问页将不起作用。在尝试打开数据访问页时，用户会收到一条错误消息，指出 Microsoft Office Access 不支持对数据访问页执行此操作。

6．宏

宏虽然是 Access 2010 数据库中的一个重要对象，但与其他数据库对象不同的是，宏并不直接处理数据库中的数据，而是一个组织其他 5 个对象（表、查询、窗体、报表和页）的工具，是指一个或多个操作的集合。例如，可以建立一个宏，通过宏可以打开某个窗体，打印某份报表等。宏可以包含一个或多个宏命令，也可以是由几个宏组成的宏组。

7．模块

模块是用 VBA（Visual Basic for Application）语言编写的程序段，用来完成利用宏处理仍然很难实现的操作。它与报表、窗体等对象相结合，可以开发出高质量、高水平的数据库应用系统。简单地说，模块是程序的集合，设置模块对象的过程也就是使用 VBA 编写程序的过程。

任务 6　常用 Access 2010 选项设置

任务描述与分析

任何一款软件都有一个适合使用者的用户环境，Access 2010 提供了选项功能用来帮助用户设置自己的使用环境，下面分别对“Access 选项”对话框中的各种选项组进行介绍。

方法与步骤

首先单击"文件"选项卡，然后单击"选项"命令，如图 1-16 所示。弹出"Access 选项"对话框。

图 1-25　"Access 选项"→"常规"选项

相关知识与技能

1．"常规"选项

在"常规"选项卡中包括"用户界面选项"、"创建数据库"、"对 Microsoft Office 进行个性化设置"3 个选项区域。

（1）用户界面选项

在"屏幕提示样式"下拉列表框中有 3 个选项供选择，下面分别说明。

① 如果选择"在屏幕提示中显示功能说明"选项，就会打开屏幕提示和高级屏幕提示。

② 如果选择"不在屏幕提示中显示功能说明"选项，就会关闭高级屏幕提示，但是仍然可以看到屏幕提示。

③ 如果选择"不显示屏幕提示"选项，就会关闭屏幕提示和高级屏幕提示。

④ 如果选择"在屏幕提示中显示快捷键"复选框，则在屏幕中显示快捷键。

（2）创建数据库

在"创建数据库"选项区域中可以设置或者更改创建新数据库时 Access 使用的文件格式，还可以设置或者更改用于存储新的数据库和文件的默认文件夹。

（3）对 Microsoft Office 进行个性化设置

"对 Microsoft Office 进行个性化设置"选项区域中，可以对用户名、缩写和语言设置等选项进行更改设定。

2. "当前数据库"选项设置

在"当前数据库"选项卡中包括"应用程序选项"、"导航"、"功能区和工具栏选项"等几个选项区域，如图 1-26 所示。

图 1-26 "Access 选项"→"当前数据库"选项

（1）应用程序选项

在"应用程序选项"选项区域中可以设置应用程序的标题、图标以及使用 Access 特殊键等属性。

① "应用程序标题"：在此输入的内容将显示在标题栏上。

② "应用程序图标"：在此浏览计算机上寻找图标文件（.Ico ，.Cur）或者位图（.BMP）等文件可将此文件图案设置为程序图标显示在 Windows 的任务栏中。选中"用作窗体和报表图标"复选框，该图标可显示在当前打开的数据库窗体和报表的选项卡标签中。

③ "显示窗体"：设置启动数据库时自动打开的窗体。

④ "显示状态栏"：可在 Access 工作区的底部显示和隐藏状态栏。

⑤ "文档窗口选项"：该区域可以设置窗口的显示形式，即重叠窗口和选项卡式文档。

⑥ "使用 Access 特殊键"：该选项可以启用下列快捷键。

● <F11>：显示或者隐藏导航窗格。

● <Ctrl+G>：在 Visual Basic 编辑器中显示相应的窗口。

● <Alt+F11>：启动 Visual Basic 编辑器。

● <Ctrl+Break>：使用 Access 2010 项目时停止从服务器上检索记录。

⑦ "关闭时压缩"：指在关闭数据库时自动进行压缩和修复数据库操作。

⑧ "保存时从文件属性中删除个人信息"：可以在保存文件时自动地将个人信息从文件属性中删除。

⑨ "在窗体上使用应用了 Windows 主题的控件"：可以在窗体和报表控件上使用 Windows

主题，但是只有使用标准主题之外的 Windows 主题时才能应用该设置。

⑩ "启用布局视图"：可以显示 Access 状态栏上的"布局视图"按钮，或者在右键单击对象选项卡标签出现的快捷菜单中出现"布局视图"菜单项。

⑪ "为数据表视图中的表启用设计更改"：将允许用户在使用数据表视图时更改表设计。

⑫ "检查截断的数字字段"：如果要显示的数据长度大于列宽，该数字将显示为####，否则在列中将只看到数据的一部分。

⑬ "图片属性存储格式"：设置 Access 是以源图像格式保存还是以 BMP 位图格式保存文件。

（2）导航选项

① "显示导航窗格"：可以设置隐藏或显示导航窗格。

② "导航选项"：如图 1-27 所示，打开"导航选项"对话框，这里可以更改导航窗格中显示的类别和组。

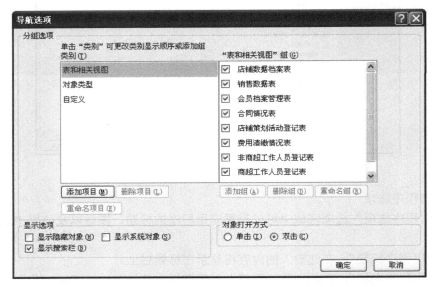

图 1-27 "Access 选项"→"当前数据库"→"导航选项"

（3）功能区和工具栏选项

① "功能区名称"：从中选择自定义功能区的名称。

② "快捷菜单栏"：设置快捷菜单中的默认菜单栏。

③ "允许全部菜单"：设置在打开的菜单中显示全部命令。

④ "允许默认快捷菜单"：控制右键单击导航窗格中的数据库对象以及窗体、报表等控件时是否出现快捷菜单。

3. "数据表"设置

"数据表"选项卡包含"网格线和单元格效果"和"默认字体"选项区域，如图 1-28 所示。

（1）网格线和单元格效果

"默认网格线显示方式"：在数据表、查询及报表设计视图中设置网格线的显示方式，使其具有水平、垂直或具有立体感效果。

（2）默认字体

用于设置所有新数据表或者查询结果集的文本的字号、字体格式等。

图 1-28　"Access 选项"→"数据表"选项

4."对象设计器"设置

切换至"对象设计器"选项卡，打开如图 1-29 所示的对话框。

图 1-29　"Access 选项"→"对象设计器"选项

在"对象设计器"选项卡中包括"表设计视图"、"查询设计"、"窗体/报表设计视图"、"在窗体和报表设计视图中检查时出错"等 4 个选项区域，如图 1-29 所示。

（1）表设计视图

用于设置数据表中字段的默认类型，例如"文本"型；默认文本字段大小，最大值 255；默认数字字段大小等。

在"导入/创建时自动索引"项中，可设置外部文件导入字段或者将字段添加到表时自动索引名称与此处输入的字符匹配的所有字段。

在选中"显示属性更新选项按钮"复选框后，将显示"属性更新选项"按钮。该按钮在更新表中的字段属性时会出现，主要用于更新窗体或者报表上绑定到该字段的任何控件中已经更改的属性。

（2）查询设计

用于设置显示表的名称、输出所有字段、启用自动联接、查询设计字体及 SQL Server 兼容语法等信息。

（3）窗体/报表设计视图

"窗体/报表设计视图"选项区域中的选项用于定义用户拖动矩形以实现选择一个或者多个控件的行为，该选项用于所有的数据库。

（4）在窗体和报表设计视图中检查时出错

① "启用错误检查"：在该选项中，Access 将在出现一种或者多种错误类型的控件中放置错误指示器，这种错误指示器将以三角形的形式显示在控件的左上角或者右上角。

② "检查未关联标签和控件"：在该选项中，Access 将进行检查，以确保所选的对象彼此关联。

③ "检查新的未关联标签"：在该选项中，Access 将检查所有标签，以确保它们与对应的控件相关联。

④ "检查键盘快捷方式错误"：在该选项中，Access 将检查重复的键盘快捷方式和无效的快捷方式。

⑤ "检查无效控件属性"、"检查常见报表错误"、"错误指示器颜色"这三个选项主要用于检查无效属性、报表中的错误以及窗体、报表或者控件遇到错误时出现的三角形错误指示器的颜色。

5. "校对"设置

切换至"校对"选项卡，如图 1-30 所示。这里可以详细地设置自动更正选项。

图 1-30 "Access 选项"→"校对"选项

6. "自定义功能区"设置

切换至"自定义功能区"选项卡，如图 1-31 所示。这里可以详细地设置功能区上显示的命令。

图 1-31　"Access 选项"→"自定义功能区"选项

7."快速访问工具栏"选项

切换至"快速访问工具栏"选项卡，如图 1-32 所示。这里可以详细地设置快速工具栏上显示的命令。

图 1-32　"Access 选项"→"快速访问工具栏"选项

任务 7　使用 Access 2010 的帮助系统

任务描述与分析

为了能及时帮助用户解决使用过程中遇到的问题，Access 2010 提供了方便、功能完善的帮助系统。在帮助系统中有很多很好的帮助示例，可以帮助用户更快地掌握 Access 2010 的使用。

方法与步骤

使用 Access 2010 的帮助系统主要有两种方法。

1．使用"帮助"任务窗格

① 单击功能区上的"帮助" 🔵 按钮，或按下<F1>键，都会在 Access 2010 用户界面出现"Access 帮助"任务窗口，如图 1-33 所示。

② 在任务窗格的"搜索"栏中输入要寻求帮助的信息（如"宏"），按<Enter>键，就会打开"搜索结果"任务窗格，如图 1-34 所示。

图 1-33　帮助任务窗口

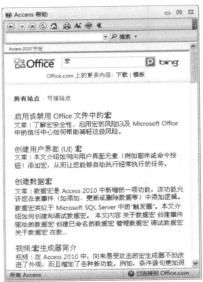

图 1-34　搜索宏帮助信息

③ 再单击某个具体内容，如"创建数据宏"，就可以查看具体的帮助内容了，如图 1-35 所示。

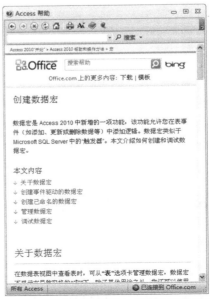

图 1-35　搜索创建数据宏得到的帮助信息

拓展与提高 使用"模板"示例数据库

如果你没有使用过数据库，或者不希望花时间从头创建数据库，可以使用 Microsoft Access 2010 提供的各种模板来快速创建立即可用的数据库。下面介绍 Access 2010 附带的模板、如何从模板创建数据库以及如何在 Office.com 中查找其他模板。

1．什么是 Access 模板

Access 模板是一个在打开时会创建完整数据库应用程序的文件。数据库将立即可用，并包含你开始工作所需的所有表、窗体、报表、查询、宏和关系。因为模板已设计为完整的端到端数据库解决方案，所以使用它们可以节省时间和工作量并使你能够立即开始使用数据库。使用模板创建数据库后，可以自定义数据库以更好地符合你的需要，就像从头开始构建数据库一样。

2．选择模板

每个模板设计为满足特定数据管理的需要。这里介绍 Access 2010 附带的模板。如果这些模板中没有一个可满足你的特定需要，则可以连接到 Office.com 来浏览更多的模板选择。

（1）Web 数据库模板

Access 2010 附带了 5 个 Web 数据库模板。术语"Web 数据库"表示数据库设计为发布到运行 Access Services 的 SharePoint 服务器上。但是，也可以使用 Web 兼容的数据库作为标准客户端数据库，因此它们适用于任何环境，如图 1-36 所示。

图 1-36　Access 自带的 Web 模板

① 资产 Web 数据库：跟踪资产，包括特定资产详细信息和所有者。分类并记录资产状况、购置日期、地点等。

② 联系人 Web 数据库：管理与你或你的团队协作的人员（例如客户和合作伙伴）的信息。

跟踪姓名和地址信息、电话号码、电子邮件地址，甚至可以附加图片、文档或其他文件。

③ 问题和任务 Web 数据库：创建数据库以管理一系列问题，例如需要执行的维护任务。对问题进行分配、设置优先级并从头到尾跟踪进展情况。

④ 项目 Web 数据库：跟踪各种项目及其相关任务，给人员分配任务并监视完成百分比及预算等。

⑤ 非盈利慈善捐赠 Web 数据库：如果你为接受慈善捐赠的组织工作，可使用此模板来跟踪筹款工作。你可以跟踪多个活动并报告每个活动期间收到的捐赠，跟踪捐赠者、与活动相关的事件及尚未完成的任务。

（2）客户端数据库模板

Access 2010 附带了 7 个客户端数据库模板。它们没有设计为发布到 Access Services，但仍可以通过将它们放在共享网络文件夹或文档库中来进行共享。单击图 1-36 中的样本模板按钮，即可出现图 1-37 所示的客户端模板项。

图 1-37　Access 自带的客户端模板

① 事件：跟踪即将到来的会议、截止时间和其他重要事件。记录标题、位置、开始时间、结束时间以及说明，还可附加图像。

② 教职员：管理有关教职员的重要信息，例如电话号码、地址、紧急联系人信息以及员工数据。

③ 营销项目：管理营销项目的详细信息，计划并监控项目可交付结果。

④ 罗斯文：创建管理客户、员工、订单明细和库存的订单跟踪系统。

注：罗斯文模板包含示例数据，在使用数据库之前将需要删除这些数据。

⑤ 销售渠道：在较小的销售小组范围内监控预期销售的过程。

⑥ 学生：管理学生信息，包括紧急联系人、医疗信息及其监护人信息。

⑦ 任务：跟踪你或团队要完成的一组工作项目。

（3）使用模板创建数据库

对于 Web 数据库和客户端数据库，使用模板创建数据库的过程是相同的。但是，如果从 Office.com 下载模板，则此过程会稍有不同。

① 使用 Access 2010 附带的模板创建数据库。

步骤 1：启动 Access 2010。

步骤 2：在 Microsoft Office Backstage 视图的"新建"选项卡上，单击"样本模板"。

步骤 3：在"可用模板"下，单击要使用的模板。如：罗斯文。

步骤 4：在"文件名"框中，输入文件名。

步骤 5：或者，单击"文件名"框旁边的文件夹图标，浏览以找到要创建数据库的位置。如果不指定具体位置，Access 将在"文件名"框下面显示的默认位置创建数据库。

步骤 6：单击"创建"，Access 会创建数据库并打开它以供使用。如图 1-38 所示，打开罗斯文模板登录窗口，进入后如图 1-39 所示。

图 1-38 罗斯文模板登录窗口

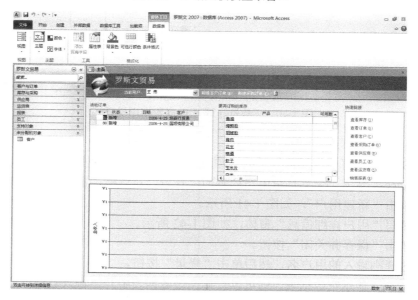

图 1-39 罗斯文模板进入后的界面

② 使用 Office.com 中的模板创建数据库。

如果已连接到 Internet，则可以从 Microsoft Office Backstage 视图中浏览或搜索 Office.com

数据库应用（Access 2010）

上的模板。请按照以下过程操作。

步骤 1：启动 Access 2010。

步骤 2：在 Backstage 视图的"新建"选项卡上，执行下列操作之一。

● 浏览模板：在"Office.com 模板"下，单击感兴趣的模板类别（例如"商务"）。

● 搜索模板：在"在 Office.com 上搜索模板"框中，输入一个或多个搜索词，然后单击箭头按钮来搜索。

步骤 3：在找到要试用的模板时，通过单击来选择它。

步骤 4：在"文件名"框中，输入文件名，如图 1-40 所示。

步骤 5：或者，单击"文件名"框旁边的文件夹图标，浏览以找到要创建数据库的位置。如果不指定具体位置，Access 将在"文件名"框下面显示的默认位置创建数据库。

步骤 6：单击"下载"按钮。

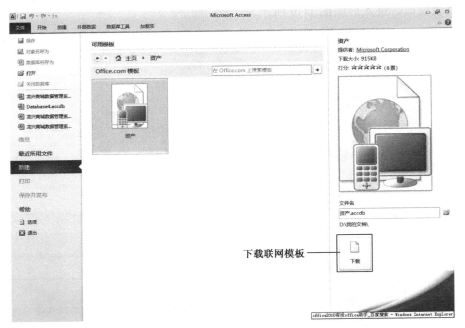

图 1-40　下载资产管理 Web 数据库模板

（4）开始使用新数据库

根据所用的模板，可能需要执行下列一项或多项操作来开始使用新数据库。

① 如果 Access 显示一个具有空用户列表的"登录"对话框，请按照以下过程来开始：

步骤 1：单击"新建用户"，如图 1-41 所示。

步骤 2：填写"用户详细信息"窗体，如图 1-42 所示。

步骤 3：单击"保存并关闭"按钮。

步骤 4：选择刚输入的用户名，然后单击"登录"按钮。

② 如果 Access 显示空数据表，则可以直接在该数据表中开始输入数据，或单击其他按钮和选项卡来浏览数据库。

③ 如果 Access 显示"开始工作"页，则可以单击该页上的链接来了解有关数据库的详细信息，或单击其他按钮和选项卡来浏览数据库。

图 1-41 新建用户登录窗口

图 1-42 输入用户数据信息

④ 如果 Access 在消息栏中显示"安全警告"消息，并且你信任模板源，请单击"启用内容"按钮。如果数据库要求登录，则需要再次登录。

上机实训

实训 1 Access 2010 的启动、退出和使用帮助系统

【实训要求】

1．采用不同的方法启动 Access 2010。

2．采用不同的方法退出 Access 2010。

3．打开 Access 2010 的帮助系统，查阅如何创建空数据库，写出创建空数据库的方法与步骤。

4．打开"罗斯文"示例数据库并查看各对象。

总结与回顾

本章主要介绍了数据库管理系统 Access 2010 的基本知识和最基本的操作，这些内容是学习 Access 2010 的基础，需要理解、掌握的知识和技能如下。

1．数据库的基本概念

（1）数据

数据是描述客观事物特征的抽象化符号。实际上，凡是能够用计算机处理的对象都可以称为数据。

（2）数据库

数据库是存储在计算机存储设备上、结构化的相关数据的集合。在 Access 数据库中，数据以二维表的形式存放，表中的数据相互之间均有一定的联系。

（3）数据库管理系统

数据库管理系统是对数据库进行管理的软件。主要作用是统一管理、统一控制数据库的建立、使用和维护。

（4）数据库系统

数据库系统是一种引入了数据库技术的计算机系统。主要解决 3 个问题：组织数据；处理数据；提取处理后的数据。

（5）数据模型

数据模型是指数据库中数据与数据之间的关系。

① 层次模型：用树形结构表示数据及其联系的数据模型称为层次模型。

② 网状模型：用网状结构表示数据及其联系的数据模型称为网状模型。

③ 关系模型：用二维表表示数据及其联系的数据模型称为关系模型。

（6）关系数据库

按照关系模型建立的数据库称为关系数据库。

① 数据元素：是关系数据库中最基本的数据单位。

② 字段：二维表中的一列称为一个字段。

③ 记录：二维表中的每一行称为一个记录。

④ 数据表：具有相同字段的所有记录的集合称为数据表。一个数据库往往由若干个数据表组成。

2．正确启动和退出 Access 2010

启动 Access 2010 的方法有：通过"开始"菜单启动；通过桌面快捷方式启动；通过"开始"菜单中的 Access 2010 选项启动。

退出 Access 2010 的方法有：单击主窗口的"关闭"按钮；双击控制菜单图标；单击控制菜单图标，在下拉菜单中单击"关闭"命令；单击"文件"→"退出"菜单命令；按<Alt+F4>键。

3．了解 Access 2010 的用户界面

Access 2010 的用户界面由标题栏、菜单栏、工具栏、工作区、任务窗格组成。

4．了解 Access 2010 的数据库窗口

Access 2010 对数据库对象的所有操作都是通过数据库窗口开始的。Access 2010 的数据库窗口由标题栏、工具栏、数据库对象栏和对象列表窗口组成。

5．理解 Access 2010 的数据库对象

数据库对象是数据库中存放的数据以及对数据的操作，Access 2010 中包括表、查询、窗体、报表、模块和宏 6 种对象。

（1）表

表是 Access 2010 存储数据的地方，其他数据库对象的操作都是在表的基础上进行的。Access 2010 数据库中的表是一个二维表。

一个数据库中存储着若干个表，表之间可以通过有相同内容的字段建立关系，表之间的关系有一对一、一对多和多对多关系。

（2）查询

查询是 Access 2010 数据库的重要对象，通过查询可以筛选出所需要的记录，而查询的结果又可以作为数据库中其他对象的数据来源。

（3）窗体

窗体是数据库和用户之间的主要接口，使用窗体可以更好的形式输入数据、编辑数据、查询数据、筛选数据和显示数据。

（4）报表

报表是把数据库中的数据打印输出的特有形式。报表即能够以格式化的形式显示和输出数据，还可以对数据进行排序、分组、求和及求平均等统计计算。

（5）宏

宏是组织其他对象（表、查询、窗体、报表和页）的工具。宏可以包含一个或多个宏命令，也可以是由几个宏组成的宏组。

（6）模块

模块是用 VBA（Visual Basic for Application）语言编写的程序段。利用模块可以开发出高水平的数据库应用系统。

6．Access 2010 的帮助系统

使用 Access 2010 提供的帮助系统，可以帮助用户更快地掌握 Access 2010 的使用。使用 Access 2010 的帮助系统主要有以下方法：

① 使用"帮助"任务窗口。

② 使用<F1>快捷键方式。

③ 使用"模板"示例数据库。

思考与练习

一、选择题

1. Access 2010 是一种（　　）。

  A．数据库   B．数据库系统

  C．数据库管理软件   D．数据库管理员

2. 菜单命令名称的右侧带有三角符号表示（　　）。

  A．该命令已经被设置为工具栏中的按钮

  B．将光标指向该命令时将打开相应的子菜单

  C．当前状态下该命令无效

  D．执行该命令后会出现对话框

3. Access 数据库的对象包括（　　）。

  A．要处理的数据   B．主要的操作内容

  C．要处理的数据和主要的操作内容   D．仅为数据表

4. Access 2010 数据库的 7 个对象中，（　　）是实际存放数据的地方。

  A．表   B．查询   C．报表   D．窗体

5. Access 2010 数据库中的表是一个（　　）。

  A．交叉表   B．线型表   C．报表   D．二维表

6. 在一个数据库中存储着若干个表，这些表之间可以通过（　　）建立关系。

  A．内容不相同的字段   B．相同内容的字段

  C．第一个字段   D．最后一个字段

7. Access 2010 中的窗体是（　　）之间的主要接口。

  A．数据库和用户   B．操作系统和数据库

  C．用户和操作系统   D．人和计算机

二、填空题

1. Access 2010 是_____中的一个组件，它能够帮助我们_____。

2. Access 2010 的用户界面由_____、_____、_____、_____、_____和_____组成。

3. Access 2010 数据库中的表以行和列来组织数据，每一行称为_____，每一列称为_____。

4. Access 2010 数据库中表之间的关系有_____、_____和_____ 关系。

5. 查询可以按照不同的方式_____、_____和_____数据，查询也可以作为数据库中其他对象的_____。

6. 报表是把数据库中的数据_____的特有形式。

7. 数据访问页可以将数据库中的数据发布到_____上去。

三、判断题

1. 数据就是能够进行运算的数字。 （　　）

2. 在 Access 数据库中，数据以二维表的形式存放。 （　　）

3. 数据库管理系统不仅可以对数据库进行管理，还可以绘图。 （　　）

4. 模板数据库中的系统就是一个小型的数据库系统。 （　　）

5. 用二维表表示数据及其联系的数据模型称为关系模型。 （　　）

6. 记录是关系数据库中最基本的数据单位。 （　　）

7. 只有单击主窗口的"关闭"按钮，才能退出 Access 2010。 （　　）

8. Access 2010 对数据库对象的所有操作都是通过数据库窗口开始的。 （　　）

9. Access 2010 的数据库对象包括表、查询、窗体、报表、页、图层和通道 7 种。 （　　）

10. "罗斯文"示例数据库是一个很好的帮助示例。 （　　）

四、简答题

1. 启动 Access 2010 的方法有哪几种？

2. 退出 Access 2010 的方法有哪几种？

3. 使用 Access 2010 的帮助系统主要有哪几种方法？

4. Access 2010 数据库的对象包括哪几种？

5. Access 2010 中的"罗斯文"示例数据库的作用是什么？

第 2 章

数据库和表的创建

数据库和表都是 Access 数据库管理系统的重要对象，Access 用数据库和表来组织、存储和管理大量的各类数据。其中数据库是一个容器，它包含着各种数据与各种数据库对象。在 Access 2010 中，只有先建立了数据库，才能创建数据库的其他对象并实现对数据库的操作，因此创建数据库是进行数据管理的基础。表是最基本的数据库对象，数据库中的数据都存储在表中，表还是查询、窗体、报表、页等数据库对象的数据源。因此，要使用 Access 2010 对数据库进行管理，应该首先创建数据库和表，然后再创建相关的查询、窗体、报表等数据库对象。本章将通过创建"龙兴商城数据管理"系统中所用到的数据库和表，介绍创建数据库和表的基本方法和操作。

学习内容

- 使用"空数据库"创建数据库
- 学会数据库的基础操作
- 使用"通过数据表视图创建表"创建表
- 使用"表设计器"创建表
- 设置表中字段的各种属性

任务1　创建"龙兴商城管理"数据库

任务描述与分析

要建立"商城数据管理"系统，首先应该创建一个数据库，用来对该系统所需要的数据表进行集中管理，该数据库取名为"龙兴商城数据管理"。

通过对商城管理工作的调研，了解到龙兴商城管理的日常工作主要有：

    ① 商城内部管理人员的管理：实现内部职工查询、离职、晋升、工资发放、负责业务范围等。

    ② 招商的企业店铺日常管理：如合同管理、销售额的统计、收缴相关费用、活动策划等。

    ③ 商城中各商铺人员流动性管理：他们属于非商城固定员工，需要对其进行业绩统计、出入管理、档案管理、人员培训等。

    ④ 商城会员管理：对成为商城的会员，进行日常的维护、办理、退卡、升级、活动推广等。

    ⑤ 根据各店铺的管理需要输出各种报表。

    Access 2010 提供两种创建数据库的方法，如：创建一个空数据库、使用模板创建数据库。本任务将介绍最常用的一种，即先创建一个空数据库，然后向空数据库中添加表、查询、窗体、报表等数据库对象，这是一种灵活方便的创建数据库的方法。

方法与步骤

    步骤 1：启动 Access 2010 数据库管理系统。

    步骤 2：在 Backstage 视图中选择"新建"命令下的"空数据库"选项，如图 2-1 所示。

图 2-1　Backstage 视图创建空数据库

    步骤 3：在 Backstage 视图右侧的"文件名"文本框中输入能表明主题的数据库名称或保持默认设置，在此以输入"龙兴商城数据管理"为例。

    步骤 4：单击数据库名称文本框后面的"浏览到某个位置来存放数据库"按钮，弹出"文件新建数据库"对话框。在打开的对话框中选择数据库文件要保存的位置，这里保存为"D：\龙兴商城数据管理.accdb"，然后单击"确定"按钮，如图 2-2 所示。

    步骤 5：返回 Backstage 视图，单击"创建"命令即可创建空数据库，如图 2-3 所示。

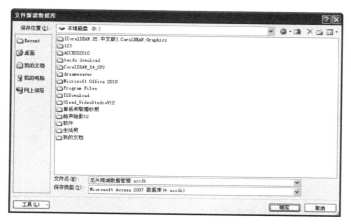

图 2-2　创建数据库存储位置操作

图 2-3　创建数据库操作

至此，一个名为"龙兴商城管理"的空数据库就建立完成了，然后就可以在该数据库中创建表和其他的数据库对象了。

相关知识与技能

1．打开数据库

要对数据库进行操作，就要使数据库处于打开状态。刚创建完一个数据库时，它是处于打开状态的，但当数据库已关闭或刚启动 Access 2010 时，则需要打开将要被操作的数据库。

（1）打开数据库的步骤

启动 Access 2010，在 Backstage 视图中单击"打开"命令，弹出"打开"对话框。在对话框的"查找范围"中选择要打开的数据库文件的存放位置（如 D:\龙兴商城管理系统），在主窗口内选择数据库文件名（如"龙兴商城管理"），然后单击"打开"按钮，如图 2-4 所示。

图 2-4　打开"龙兴商城管理"数据库

（2）选择打开数据库的方式

单击"打开"对话框的"打开"按钮右边的黑色小三角箭头，会出现一个对打开数据库给于某种限制的下拉菜单，如图 2-5 所示。

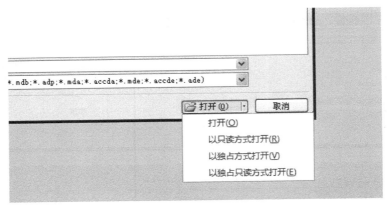

图 2-5　选择打开数据库的方式

　　① 若选择"以只读方式打开"，则打开的数据库只能查看但不能编辑，也就是说限制数据库为只读方式。

　　② 若选择"以独占方式打开"，则以独占方式打开数据库。独占方式是对网络共享数据库中数据的一种访问方式。当以独占方式打开数据库时，也就禁止了他人打开该数据库。

　　③ 若选择"以独占只读方式打开"，则这时打开的数据库既要只读（只能查看，不能编辑），又要独占（他人无权打开数据库）。

　　④ 若没有以上几种情况的限制，则可直接单击"打开"按钮。

2．同时打开多个数据库

　　启动一次 Access 2010，只能打开一个数据库，若再打开第二个数据库，则第一个数据库就要关闭。如果要打开多个数据库，可以在不退出 Access 2010 的基础上再启动一次 Access 2010，打开第二个数据库。以此类推可以打开多个数据库。

3．关闭数据库

　　完成数据库的操作后，需要将它关闭。关闭数据库的方法有：

　　① 直接单击数据库窗口右上角的"关闭"按钮 ✕。

　　② 单击菜单"文件"→"关闭数据库"命令。

4．查看或更改 Access 文件属性。

　　文档属性也称为元数据（元数据是指用于说明其他数据的数据。例如，文档中的文字是数据，而字数便是元数据），是有关描述或标识文档的详细信息。文档属性包括标识文档主题或内容的详细信息，如标题、作者姓名、主题和关键字等。

　　可以通过文档的属性轻松地组织和标识文档。此外，还可以基于文档属性搜索文档。

　　文档属性有以下 5 种类型：

　　① 标准属性：设置文档作者、标题、主题和查询关键字相关的信息，便于搜索及标识。

　　② 自动更新属性：这些属性包括文件系统属性和 Office 程序为操作者维护的统计信息，如文件大小、创建日期、文档中的字数等。

　　③ 自定义属性：可以自定义向文档分配如文本、时间或数值等信息属性。

　　④ 组织属性：如果用户所在的组织自定义了"文档信息面板"，则这些与用户的文档相关的文档属性可能是特定于用户的组织。

　　⑤ 文档库属性：这些属性与网站或公共文件夹的文档库中的文档相关。当创建一个新文

档库时，可以定义一个或多个文档库属性并对这些属性值设置规则。

（1）查看和更改当前文档的属性

步骤 1：单击"文件"按钮，打开 Backstage 视图，选择"信息"命令，如图 2-6 所示。

图 2-6　数据库信息视图

步骤 2：在图 2-6 中，单击"查看和编辑数据库属性"命令，即可弹出属性对话框，在对话框中切换到"常规"可以看到文档大小和字符数，如图 2-7 所示。

步骤 3：切换到"摘要"选项卡可以输入文档的新属性，如图 2-8 所示；切换到"统计"可以看到创建的时间等信息，如图 2-9 所示；切换到"自定义"可以自定义属性及修改属性值，如图 2-10 所示。

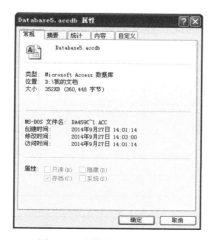

图 2-7　文档常规属性信息

图 2-8　文档摘要信息

图 2-9 文档统计信息

图 2-10 文档自定义属性信息

任务 2 使用创建"表"命令创建表

任务描述与分析

创建了"龙兴商城管理"数据库后，下一步的任务就是按照"龙兴商城管理"工作的需求在该数据库中添加相应的表了。根据前面的分析，"龙兴商城管理"数据库应包含"店铺策划活动登记表"、"店铺数据档案表"、"非商超工作人员登记表"、"费用清缴情况表"、"合同情况表"、"会员档案管理表"和"商超工作人员登记表"、"销售数据表"8 张表，根据系统功能需要还会增加如"工资表"、"固定资产统计表"等表，本任务将首先创建"商超工作人员登记表"。

"商超工作人员登记表"用来存放商超工作人员的基本数据，包括员工编号、员工姓名、性别、年龄、学历、身份证号码、联系方式、职务、籍贯、政治面貌、入职日期、是否在职、离职日期、出入卡编号、照片、备注等 16 个字段，每个字段又有数据类型和字段长度等属性。组成数据表的字段及字段的属性称为数据表的结构，因此在建立数据表时，首先要确定表的结构（字段及其属性），然后才能向表中输入具体的数据。"商超工作人员登记表"的表结构设计如表 2-1 所示。

表 2-1 "招聘员工登记表"的结构

字 段 名	数 据 类 型	字 段 大 小
员工编号	文本型	6
员工姓名	文本型	12
性别	文本型	2
年龄	数字（长整型）	默认
学历	文本型	10
身份证号码	文本型	18
联系方式	文本型	25

续表

字 段 名	数 据 类 型	字 段 大 小
职务	文本型	20
籍贯	文本型	20
政治面貌	文本型	10
入职日期	日期/时间型	默认
是否在职	是/否	默认
离职日期	日期/时间型	默认
出入卡编号	文本型	8
照片	OLE 对象类型	默认
备注	备注	默认

在 Access 2010 中，创建表有 3 种方法："使用数据表视图创建表"、"使用设计视图创建表"和"通过外部数据创建表"。其中，"使用数据表视图创建表"在创建表之前无需对表进行设计，只需根据字段及记录内容输入即可。默认状态下所有字段均为文本型，因此"使用数据表视图创建表"的方法十分简单，多数情况下不能满足用户的要求。还需要到设计视图中修改字段类型，不过此方法适合较简单的数据体系，本任务就先介绍使用"数据表视图"来创建"商超工作人员登记表"的方法。

方法与步骤

① 打开已经创建好的"龙兴商城管理"数据库，在数据库功能区菜单中选择"创建"功能菜单对象，单击功能区上的"表"按钮，即打开并创建了一个新表，如图 2-11 所示。此时也激活了表格工具选项卡。

图 2-11　"新建表"窗口

② 在图 2-11 中，单击黄色区域"单击以添加"可为新表添加字段，自动弹出的快捷菜单如图 2-12 所示，在其中为该字段选择字段类型，如文本型，输入"员工编号"并在字段功能区中设置文本型字段的长度 6，如图 2-13 所示。

图 2-12　添加字段并设置字段类型　　　　　　图 2-13　输入字段名称，并修改字段长度

③ 重复上一步，依次添加员工姓名、性别字段，添加"年龄"字段时，选择右键菜单中的数字类型，然后可在功能区中修改数字格式，如图 2-14 所示。

图 2-14　输入数字型字段名称，并修改字段格式

④ 重复上一步，依次添加学历、身份证号码、联系方式、职务、籍贯、政治面貌、字段，添加"入职日期"字段时，选择右键菜单中的日期时间类型，也可在功能区中修改，如图 2-15 所示，还可以在功能区中修改日期格式，可选择长日期还是短日期格式，如图 2-16 所示。

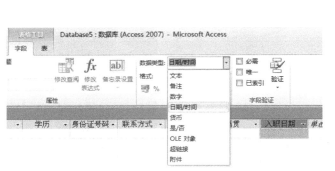

图 2-15　指定日期/时间类型　　　　　　　　图 2-16　指定日期型字段格式

⑤ 重复上一步骤，添加"是否在职"字段，可在功能区选项中设置是否在职字段的显示格式，如图 2-17 所示。

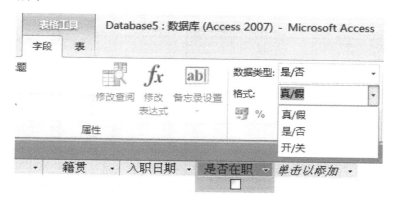

图 2-17　设置"是/否"数据类型格式

⑥ 重复上一步骤，添加"照片"字段，设置格式为 OLE 类型，添加"备注"字段，设置为备注类型，如图 2-18 和图 2-19 所示。

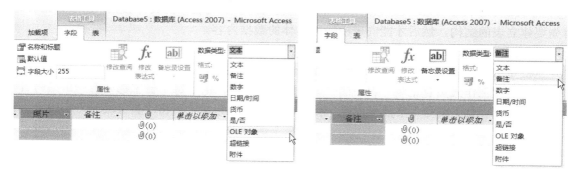

图 2-18　指定照片字段为 OLE 类型　　　　　图 2-19　指定备注字段为备注类型

注：在 Access 2010 中还提供了附件数据类型和超链接类型，图 2-18 及图 2-19 中的"曲别针"字段图标即为附件类型，可以为该字段嵌入多种格式的文档附件。

⑦ 字段设定创建完毕即可输入记录了，光标停留在每个字段下方的单元格中，即可输入字段数值，如图 2-20 所示即为输入好的数据表内容。当一条输入完成后，单击"下一步"按钮，Access 会自动添加一条新的记录，见图 2-21。

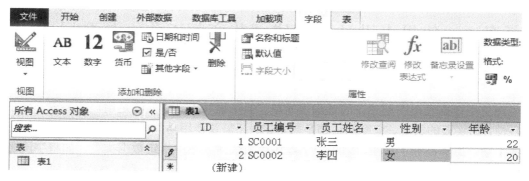

图 2-20　输入数据

图 2-21   显示部分员工信息的"商超工作人员登记表"

相关知识与技能

1. 数据表的结构和内容

数据表由表的结构与表的内容两部分组成。表结构是指组成数据表的字段及其字段属性（包括字段名、字段类型和字段宽度等），而数据表的内容是指表中的具体数据。建立数据表时，首先要建立表的结构，然后才能向表中输入具体的数据内容。

2. 主键的概念

主键是数据表中其值能唯一标识一条记录的一个字段或多个字段的组合。

如"商超工作人员登记表"表中的"员工编号"字段，由于每个员工都要有一个编号且不能相同，因此"员工编号"字段可以唯一标识表中的一条记录，可将"员工编号"字段设为该表中的主键。

一个表中只能有一个主键。如果表中有其值可以唯一标识一条记录的字段，就可以将该字段指定为主键。如果表中没有一个字段的值可以唯一标识一条记录，那么就要选择多个字段组合在一起作为主键。

使用主键可以避免同一记录的重复录入，还能加快表中数据的查找速度。

3. 自动编号

在使用数据表视图创建表时，如果在"表"数据中自动产生一个 ID，Access 2010 会自动将表的第一个字段设置为主键，并在输入窗口该字段处显示"ID"字样。当输入数据内容时，该字段自动填入阿拉伯序列数字。

任务 3   使用表设计器创建"非商超工作人员登记表"

任务描述与分析

虽然使用数据表视图创建表的过程很简单，但结果并不一定能满足用户的要求，存在一定的局限性，如字段的类型、宽度默认都是固定的，还需要使用功能区的命令来一一修改。例如，在任务 1 中，虽然添加了字段，但每个字段还得在快捷菜单中指定数据类型，如将字段名"年龄"改成数字型，而使用表设计器创建表就灵活得多。

使用表设计器创建表可以根据用户的需要设计表的字段和各种属性。本任务将使用表设计器创建"非商超工作人员登记表"。

"非商超工作人员登记表"的结构设计如表 2-2 所示。

表 2-2 "非商超工作人员登记表"的结构

字 段 名	数 据 类 型	字 段 大 小
员工编号	文本型	6
店铺编号	文本型	12
员工姓名	文本型	12
性别	文本型	2
年龄	数字（长整型）	默认
联系方式	文本型	25
学历	文本型	10
身份证号码	文本型	18
籍贯	文本型	20
入职日期	日期/时间	默认
是否在职	是/否型	默认
离职日期	日期/时间	默认
出入卡编号	文本型	8
照片	OLE 对象类型	默认
备注	备注	默认

方法与步骤

① 打开已经创建好的"龙兴商城管理"数据库，在数据库功能区菜单中选择"创建"功能菜单对象，单击功能区上的"表设计"按钮，即可打开并创建表设计视图，如图 2-22 所示。此时也激活了表格工具选项卡，增加了"设计"选项卡。图 2-23 所示为设计选项卡中的命令区域。

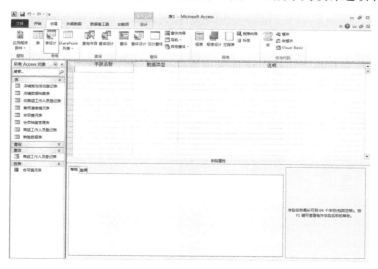

图 2-22 "表设计视图"对话框

② 在图 2-23 中，在表设计器中的"字段名称"列下输入各个字段的名称，在"数据类型"列下单击下拉列表框按钮，选择各个字段的数据类型，在"说明"的下方为某些字段添加说明，如图 2-24 所示。

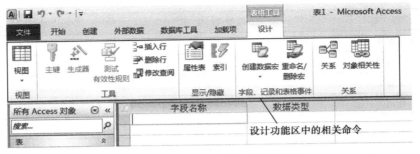

图 2-23　"设计"功能区命令选项

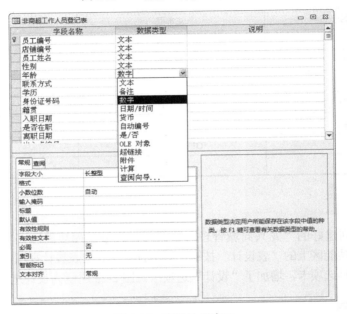

图 2-24　表设计器窗口

③ 在表设计器下方的"常规"选项卡设置字段属性，如将"是否在职"字段的默认值属性设置为"True"。有关字段属性的设置见本章任务 5，如图 2-25 所示。

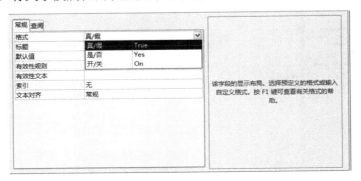

图 2-25　字段属性功能设置

④ 设计好每个字段后，单击工具栏中的"保存"按钮，打开"另存为"对话框，输入表的名称为"非商超工作人员登记表"，保存类型为"表"，如图 2-26 所示。

图 2-26　输入表名"非商超工作人员登记表"

⑤ 单击"确定"按钮，此时会弹出"尚未定义主键"提示对话框，如图 2-27 所示。

图 2-27　提示"尚未定义主键"

⑥ 单击"否"按钮，暂不为该表定义主键。至此，"非商超工作人员登记表"结构创建完毕。

⑦ 如果要向"非商超工作人员登记表"输入数据，在表设计器视图中单击功能区中的菜单"视图"→"数据表视图"命令，可打开"非商超工作人员登记表"的数据表视图，输入数据，如图 2-28 所示，输入完成后的结果如图 2-29 所示。

图 2-28　切换到数据表视图

非商超工作人员登记表

员工编号	店铺编号	员工姓名	性别	年龄	联系方式	学历	身份证号码	籍贯	入职日期	是否在职	离职
FSC0004	N01001	高建平	女	28	13663811088	大专	410107198505080610	上海	2014-3-4	☑	
FSC0005	N01001	龚乾	女	24	15803871370	本科	410112199002200046	郑州	2014-3-5	☑	
FSC0006	N01002	葛毅刚	男	30	15637100653	大专	412729198404087442	郑州	2014-3-6	☑	
FSC0007	N01002	常乐	女	33	13676926113	大专	410102198108202512	郑州	2014-3-1	☑	
FSC0008	N01002	孔子	女	26	15036000880	大专	410203198809280021	郑州	2014-3-1	☑	
FSC0009	N01002	陈锐	女	22	15324711766	本科	412921199205111531	广州	2014-3-1	☑	
FSC0010	N02003	崔赫	女	21	15323311762	大专	410112199302111625	郑州	2014-3-4	☑	
FSC0011	N02003	史美祖	女	20	15890604227	大专	410105199410171046	太原	2014-3-4	☑	
FSC0012	N03002	王爱清	女	24	13503716351	大专	412323199001207250	郑州	2014-3-6	☑	
FSC0013	N03002	李丙趁	女	25	13633868086	大专	410105198907060141	石家庄	2014-3-6	☑	
FSC0014	N01001	马振泉	男	22	13607665679	本科	410802199207152525	兰州	2014-3-6	☑	
FSC0015	N01001	徐娜	女	20	15936228010	大专	320106199403280816	北京	2014-3-5	☑	
FSC0016	N01001	程荣兰	女	28	18736009947	大专	410323198610014012	沈阳	2014-3-7	☑	
FSC0017	N01002	闫文中	女	25	13207665679	大专	411322198804120357	合肥	2014-3-7	☑	
FSC0018	N01002	张秋成	男	24	13526680981	大专	410105198908051618	桂林	2014-3-7	☐	20
FSC0019	N01002	邹爱荣	女	24	13838175870	大专	610104198908193445	洛阳	2014-3-7	☑	
FSC0020	N01002	杨素梅	女	23	13838023271	本科	410102199102013029	成都	2014-3-4	☑	
FSC0021	N01002	张同成	男	27	13903859969	大专	410108198705170527	哈尔滨	2014-3-4	☑	
FSC0022	N01002	郭强	女	25	13673711944	大专	410102198901045522	呼和浩	2014-3-5	☑	
FSC0023	N01003	朱刘忠	女	23	15136200388	大专	410103199102273711	长春	2014-3-5	☑	
FSC0024	N01003	陈慧勇	男	22	13513890809	大专	410105199202101063	济南	2014-3-5	☑	
FSC0025	N01003	王云飞	女	19	13803893721	大专	412824199504016023	杭州	2014-3-7	☑	
FSC0026	N01003	李善玉	女	20	18236777404	大专	410111199407171055	昆明	2014-3-7	☑	
FSC0027	N01003	张晓沛	女	21	13903950821	大专	410105199311016123	南宁	2014-3-7	☑	
FSC0028	N01003	崔戈夫	女	22	13526692817	本科	412928199205253825	福州	2014-3-7	☑	

记录: 第 5 项(共 36 项 无筛选器 搜索

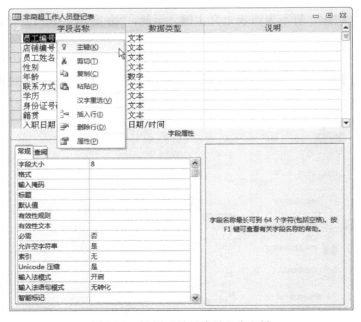

图 2-29　输入“非商超工作人员登记表”的数据

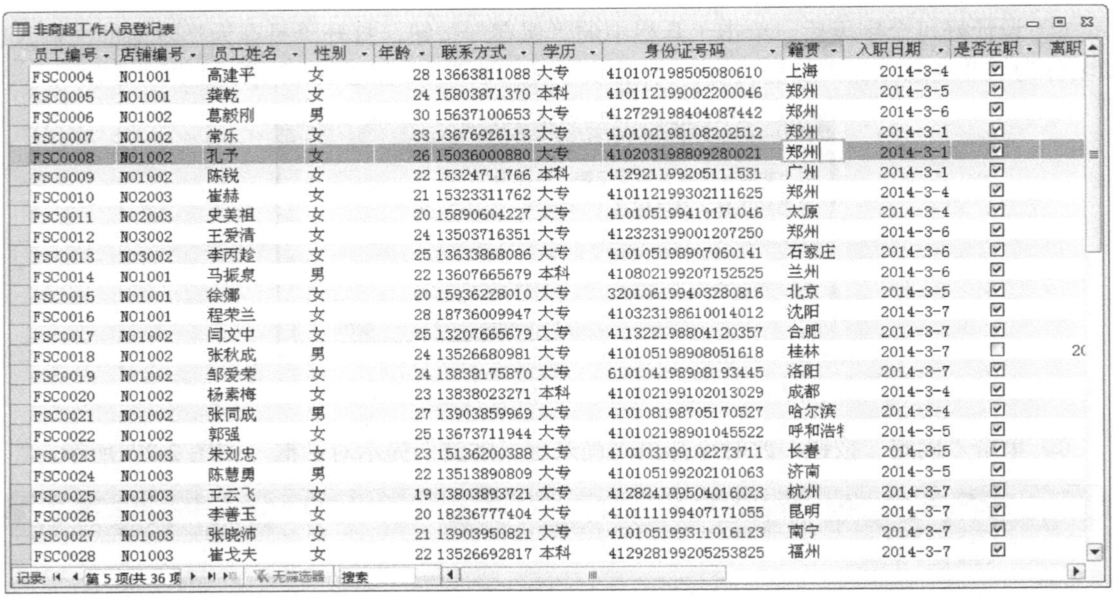

如需要将“员工编号”字段设置为主键，则应在设计视图中右键单击“员工编号”字段，在弹出的快捷菜单中单击“主键”选项，如图 2-30 所示。

图 2-30　设置“员工编号”为主键

相关知识与技能

1. 数据类型

在数据库中创建数据表，首先要确定该表所包含的字段，然后就要根据需要定义表中各个字段的数据类型。Access 2010 数据表的字段有 12 种数据类型。

（1）文本型

用于文字或文字与数字的组合。例如，姓名、政治面貌、家庭地址等；或者用于不需要计算的数字。例如，身份证号码、员工编号、电话号码、家庭邮编等。

文本类型的字段最多允许存储 255 个字符。即当一个字段被定义成文本类型时，那么这个字段的宽度不能超过 255 个字符。

（2）备注型

由于文本类型可以表示的长度有限，对于内容较多的信息就要选用备注类型，它最多能存储 65 536 个字符。备注类型主要用于长文本，例如注释或说明信息。

（3）数字

用于要进行算术计算的数据，但涉及货币的计算除外（货币要使用"货币"类型）。

数字类型按照字段的大小又可分为：字节型、整型、长整型、单精度型、双精度型等。字节型占 1 个字节宽度，可表示 0～255 之间的整数；整型占 2 个字节宽度，可表示-32 768～+32 767 的整数；长整型占 4 个字节宽度，它能表示的数字范围就更大了。单精度型可以表示小数，双精度型可以表示更为精确的小数。

在实际应用中，要根据实际需要来定义数字字段的数字类型。比如，表示人的年龄用字节型就可以了，但如果表示的是产品的单价，由于需要小数，则要采用单精度型。

（4）日期/时间

用于表示日期和时间。这种类型的数据有多种格式可选。如：常规日期（yyyy-mm-dd hh:mm:ss）、长日期（yyyy 年 mm 月 dd 日）、长时间（hh:mm:ss）等。

（5）货币

用于表示货币值，并且计算时禁止四舍五入。

（6）自动编号

在添加记录时自动给每一个记录插入的唯一顺序（每次递增 1）或随机编号。

（7）是/否

用于只可能是两个值中的一个（如"是/否"、"真/假"、"开/关"）的数据。用这种数据类型可以表示是否团员、婚否、是否在职等情况。

（8）OLE 对象

OLE 是对象嵌入与链接的简称。如果一个字段的数据类型被定义为 OLE 对象类型，则该字段中可保存声音、图像等多媒体信息。

（9）超链接

用于存放链接到本地或网络上的地址（是带有颜色和下画线的文字或图形，单击后可以转向 Internet 上的网页，还可以转到新闻组或 Gopher、Telnet 和 FTP 站点）。

（10）查阅向导

用于实现查阅另外表中的数据，它允许用户选择来自其他表或来自值列表的值。

（11）附件

附加到数据库记录中的图像、电子表格文件、文档、图表及其他类型的被支持文件，类似于将文件附加到电子邮件中。

（12）计算字段

计算的结果。计算必须引用同一张表中的其他字段，可以使用表达式生成器创建计算。

2．设置主键的方法

（1）将表中的一个字段设置为主键

如果要设置表中的一个字段为主键，则可以打开表的设计视图，用鼠标右击要设置的字段所在的行，在弹出的快捷菜单中选择"主键"，那么该字段左侧的按钮上就会出现钥匙形的主键图标🔑。

（2）将表中的多个字段组合设置为主键

如果要将表中的多个字段组合设置为主键，则要在按住<Ctrl>键的同时，用鼠标分别单击选择字段左侧的按钮，当选中的字段行变黑时，用鼠标右击黑条，在弹出的快捷菜单中选择"主键"，这时所有被选择的字段左侧的按钮上都会出现钥匙形的主键图标🔑。

3．使用"表设计器"创建表的基本步骤

① 单击"创建"功能区中的"表设计"，打开表设计器。

② 在表设计器中，输入各个字段的名称，在"数据类型"下单击下拉列表框按钮，选择各个字段的数据类型，并设置各字段的相关属性。

③ 设计好每个字段后，单击工具栏中的"保存"按钮，在打开的"另存为"对话框中，输入表的名称，单击"确定"按钮。

④ 创建完表的结构后，单击"设计"功能区的"视图"→"数据表视图"命令，打开表的数据表视图，输入数据。

任务4　利用外部数据创建"合同情况表"

任务描述与分析

如果有已经存在的、规则的、其他类型的数据文件，那么可以通过导入或链接的形式快速创建数据表。以这种方式创建数据表，可以节省大量的设计时间，并且可以很好地保持与源数据继承性。

公司里往往有这种情况，龙兴商城在招商过程中就把合同录入到一个 Excel 表中，要制作一个 Access 数据库管理系统就需要将这个 Excel 表导入到数据库中。Excel 合同信息表主要有如下字段：合同编号、店铺编号、店铺名称、法人姓名、联系电话、品牌名称、合同签订日期、入驻日期、签订年限、合作形式、结算方式、押金、店铺面积等。表的数据结构如表 2-3 所示。

表 2-3　"合同信息表"的结构

字　段　名	数　据　类　型	字段大小
合同编号	文本型	6
店铺编号	文本型	8
店铺名称	文本型	20
法人姓名	文本型	10
联系电话	文本型	25
品牌名称	文本型	20
合同签订日期	日期/时间型	默认
入驻日期	日期/时间型	默认

续表

字 段 名	数 据 类 型	字 段 大 小
签订年限	数字型	1
合作形式	文本型	10
结算方式	文本型	10
押金	数字型	5
店铺面积	数字型	

针对外部数据，Access 2010 可以执行以下 3 个方面的操作：

① 将源数据导入当前数据库的新表中。

② 向表中追加一份记录的副本。

③ 通过创建链接表来链接到数据源。

下面以龙兴商城数据管理系统为例，将现有的 Excel 工作表作为数据源，在数据库中完成新表的创建。如图 2-31 所示为 Excel 工作表的源数据。

	A	B	C	D	E	F	G	H	I	J	K	L
1	合同编号	店铺编号	店铺名称	法人姓名	联系电话	品牌名称	合同签订日期	入驻日期	签订年限	合作行式	结算方式	押金
2	HT201403011	NO1001	秋水依人	刘星星	13122565558	秋水依人	2014年4月5日	2014年5月1日	2	扣底	月结	5000
3	HT201403022	NO1005	阿玛尼时尚男装	张正伟	18939266790	阿玛尼	2014年3月3日	2014年4月1日	5	扣底	月结	5000
4	HT201403013	NO1002	CC&DD小屋	李重阳	13211072205	CC&DD	2014年4月1日	2014年4月10日	3	扣底	月结	5000
5	HT201404010	NO1006	范思哲时尚男装	赵泉盛	18103210544	范思哲	2014年5月20日	2014年6月10日	2	扣底	月结	20000
6	HT201404011	NO1007	巴宝莉	刘方	13607679436	巴宝莉	2014年4月20日	2014年5月11日	2	返点	月结	20000
7	HT201404015	NO2001	李宁休闲服饰	杨东风	18603857677	李宁	2014年4月6日	2014年5月6日	3	保租	季节	10000
8	HT201405012	NO2004	阿迪达斯	梁燕	13683809638	阿迪达斯	2014年3月5日	2014年4月5日	2	返点	月结	10000
9	HT201405017	NO3001	新百伦世界	高勇	13903746679	新百伦	2014年6月1日	2014年7月8日	3	保租	月结	10000
10	HT201405005	NO2003	耐克精品	张向阳	15803706388	耐克	2014年1月10日	2014年3月11日	8	返点	季节	10000
11	HT201404017	NO2002	安踏运动	闫会方	13663815626	安踏	2014年2月8日	2014年3月8日	2	返点	月结	10000
12	HT201403019	NO1004	法国曼诺·比菲	陈珍珍	18603863243	曼诺·比菲	2014年3月1日	2014年3月10日	3	保租	月结	5000
13	HT201406001	NO3002	匡威天下	甘宇祥	18937159518	匡威	2014年4月5日	2014年5月5日	3	保租	季节	10000
14	HT201403015	NO1003	伊丝·艾蒂	孙丽丽	13305710015	伊丝·艾蒂	2014年3月1日	2014年3月15日	2	扣底	月结	5000

图 2-31 Excel 源文档数据

方法与步骤

步骤 1：单击"外部数据"选项卡"导入并链接"组中的 Excel 按钮，如图 2-32 所示。

图 2-32 将外部数据引入 Excel 文档

步骤 2：弹出"获取外部数据-Excel 电子表格"对话框，单击"浏览"按钮，如图 2-33 所示。

图 2-33　浏览文件

图 2-34　打开源文档

步骤 3：弹出"打开"对话框，选择要打开的 Excel 文件，然后单击"打开"按钮，如图 2-34 所示。

步骤 4：返回"获取外部数据-Excel 电子表格"对话框，其他选项保持默认设置，单击"确定"按钮，如图 2-35 所示。

步骤 5：弹出"导入数据表向导"对话框，选择需要导入数据的工作表，单击"下一步"按钮，如图 2-36 所示

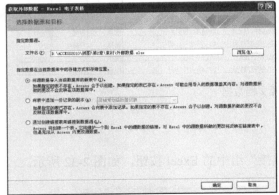

图 2-35　创建新表

图 2-36　选择工作表

步骤 6：工作表中如果有列标题，那么在接下来的"导入数据表向导"对话框中选择"第一行包含列标题"选项，这样导入后，工作表列标题将作为表的字段名称。然后单击"下一步"按钮，如图 2-37 所示。

步骤 7：在"导入数据表向导"对话框中设置字段选项，第一列的"字段名称"保持不变，为"合同编号"，"数据类型"设置为"文本型"，"索引"设置为"有/无重复"，如图 2-38 所示。

图 2-37　第一行包含列标题

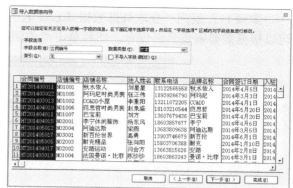

图 2-38　设置字段类型选项

步骤 8：在对话框下面单击"店铺编号"列，为该列设置字段选项为文本类型，如图 2-39 所示。依此类推，分别设置"店铺名称"、"法人姓名"、"联系电话"、"品牌名称"、"合同签订日期""入驻时间"等各个字段信息，如图 2-40 所示，设置完成后单击"下一步"按钮。

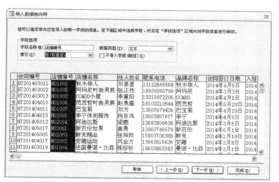

图 2-39　设置第二个字段类型选项

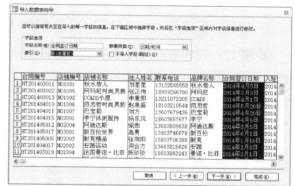

图 2-40　设置其他字段类型选项

步骤 9：在该对话框中设置主键。选中"我自己选择主键"按钮，并将"合同编号"设置为主键，单击"下一步"按钮，如图 2-41 所示。

步骤 10：在该对话框中输入表的名称，或继承 Excel 工作表的名称，单击"完成"按钮，如图 2-42 所示。

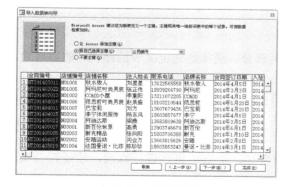

图 2-41　设置主键

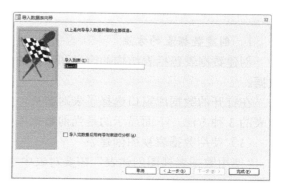

图 2-42　设置表名称

步骤 11：返回"获取外部数据-Excel 电子表格"对话框，询问是否要保存这些导入步骤。可以根据需要确定是否保存，然后单击"关闭"按钮，如图 2-43 所示。

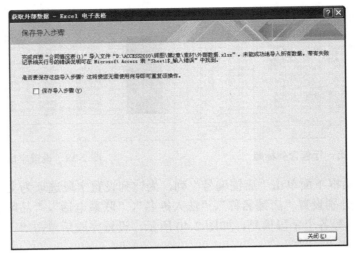

图 2-43　完成创建并询问是否保存步骤

步骤 12：完成后的最终结果如图 2-44 所示。

II	合同编号	店铺编号	店铺名称	法人姓名	联系电话	品牌名称	合同签订日期	入驻日期	签订年
1	HT201403011	NO1001	秋水依人	刘星星	13122565558	秋水依人	2014年4月5日	2014年5月1日	2
2	HT201403022	NO1005	阿玛尼时尚男装	张正伟	18939266790	阿玛尼	2014年3月3日	2014年4月1日	5
3	HT201403013	NO1002	CC&DD小屋	李重阳	13211072205	CC&DD	2014年4月1日	2014年4月10日	3
4	HT2014040101	NO1006	范思哲时尚男装	赵泉盛	18103210544	范思哲	2014年5月20日	2014年6月10日	2
5	HT201404011	NO1007	巴宝莉	刘方	13607679436	巴宝莉	2014年4月20日	2014年5月11日	2
6	HT201404015	NO2001	李宁休闲服饰	杨东风	18603857677	李宁	2014年4月6日	2014年5月6日	3
7	HT201405012	NO2004	阿迪达斯	梁燕	13683809638	阿迪达斯	2014年3月5日	2014年4月5日	2
8	HT201405017	NO3001	新百伦世界	高勇	13903746679	新百伦	2014年6月1日	2014年7月8日	3
9	HT201405005	NO2003	耐克精品	张向阳	15803706388	耐克	2014年1月10日	2014年3月11日	8
10	HT201404017	NO2002	安踏运动	闫会方	13663815626	安踏	2014年2月8日	2014年3月8日	2
11	HT201403019	NO1004	法国曼诺·比菲	陈珍珍	18603863243	曼诺·比菲	2014年3月1日	2014年3月10日	3
12	HT201406001	NO3002	匡威天下	甘字祥	18937159518	匡威	2014年4月5日	2014年5月5日	3
13	HT201403015	NO1003	伊丝·艾蒂	孙丽丽	13305710015	伊丝·艾蒂	2014年3月1日	2014年3月15日	2
*	####								

图 2-44　完成创建数据表的结果

相关知识与技能

1. 创建数据表的方法

创建数据表包括表结构的定义和数据的录入两部分，通常是先定义表的结构，然后再录入数据。

在打开的数据库窗口选择了表对象后，主窗口内显示的内容分两部分：前 3 行显示的是创建表的 3 种方法，下面显示的是当前数据库中已定义的表。创建表的 3 种方法介绍如下。

（1）使用数据表视图创建表

"使用数据表视图创建表"需要对表中字段的名称、类型、属性进行修改，才能符合实际需要。

（2）使用表设计器创建表

"使用表设计器创建表"是指使用设计视图创建表，创建的只是表的结构，数据需要在表的数据视图中输入。

（3）通过外部引入数据创建表

"通过外部引入数据创建表"是指有成型的数据源，不需要再经过复杂烦琐的输入，直接导入到 Access 中的过程。

2．数据表的视图及其切换

数据表有两种视图：设计视图和数据表视图。

（1）设计视图

设计视图是用来编辑表结构的视图，在设计视图中，可以输入、编辑、修改数据表的字段名称、字段类型、字段说明和设置字段的各种属性。在导航窗格中的表对象中选择一个表，双击打开后，单击工具栏上"设计"功能组中的"视图"按钮，从中选择"设计视图"则打开该表的设计视图。图 2-45 所示是"店铺策划活动登记表"的设计视图。

图 2-45　店铺策划活动登记表的表结构

（2）数据表视图

数据表视图是用来浏览和编辑数据表数据内容的视图。在数据表视图中，不仅可对数据表进行数据的输入、编辑和修改，还可以查找和替换数据，对记录进行插入、删除的操作，还可以对数据表按某个字段、某种方式进行排序和筛选，设置数据表的显示格式。在导航窗格中的表对象中选择一个表，双击打开后，单击工具栏上"设计"功能组中的"视图"按钮，从中选择"数据表视图"则打开该数据表视图。图 2-46 所示是"店铺策划活动登记表"的数据表视图。

ID	店铺编号	品牌名称	活动内容	活动费用	责任人	推广开始日	推广截止日	活动地点	备注	单击以添加
1	NO1001	秋水依人	促销	2000	张世杰	2014-6-3	2014-6-30	商场1楼		
2	NO1002	CC&DD	打折	5000	张凤琴	2014-9-2	2014-9-30	商场1楼		
3	NO1003	伊丝·艾蒂	演艺	15000	畅建国	2014-5-5	2014-5-10	商场外围		
4	NO1004	曼诺·比菲	打折	5000	曲腾汐	2014-5-1	2014-5-15	商场1楼		
5	NO1005	阿玛尼	促销	5000	顾安娜	2014-4-28	2014-5-10	商场3楼		
6	NO1006	范思哲	促销	10000	任桧梅	2014-3-1	2014-3-9	商场3楼		
7	NO1007	巴宝莉	促销	8000	李郇	2014-5-14	2014-5-31	商场3楼		
8	NO2001	李宁	演艺	25000	吴喜凤	2014-6-15	2014-6-30	商场外围		
9	NO2002	安踏	演艺	20000	左平	2014-6-8	2014-6-30	商场外围		
10	NO2003	耐克	促销	8000	马恒昌	2014-4-25	2014-5-15	商场2楼		
11	NO2004	阿迪达斯	促销	8000	刘平	2014-6-30	2014-7-15	商场2楼		
12	NO3001	新百伦	促销	8000	刘跃生	2014-7-10	2014-7-31	商场2楼		
13	NO3002	匡威	促销	8000	李金忠	2014-6-6	2014-6-10	商场2楼		
*	####									

图 2-46　"店铺策划活动登记表"的数据表视图

（3）数据表视图的转换

无论是在设计视图下还是在数据表视图下，右键单击该视图的标题栏，在弹出的快捷菜单中进行选择，可切换到另一种视图下。还可以单击 Access 2010 窗口"开始"功能区下的"视图"按钮，在其下拉菜单中进行切换。

任务 5　设置"商超工作人员登记表"的字段属性

任务描述与分析

在创建数据表时，首先要创建表的结构，即要对表中各字段的属性进行设置，字段的属性除了包括名称、类型外，还包括诸如字段大小、字段标题、数据的显示格式、字段默认值、有效性规则和输入掩码等属性。这些属性的设置可以使数据库表的输入、管理和使用更加方便、安全和快捷。

本任务将设置"商超工作人员登记表"表字段的基本属性，包括设置字段大小、字段标题、数据的显示格式、有效性规则及有效性文本、默认值和输入掩码等。

方法与步骤

1．设置"员工编号"字段的大小为 6 个字符

① 打开"商超工作人员登记表"的设计视图，选中"员工编号"字段。

② 在下面"常规"选项卡的"字段大小"一行中输入"6"，如图 2-47 所示。

图 2-47　设置字段大小

③ 关闭并保存对"商超工作人员登记表"的修改（设置了字段大小）。切换到数据表视图，此时"员工编号"字段只能输入 6 个字符。

2．设置"员工姓名"字段的标题为"姓名"

① 打开"商超工作人员登记表"的设计视图，选中"员工姓名"字段。

② 在下面的"常规"选项卡的"标题"一行中输入"姓名"，如图 2-48 所示。

图 2-48　设置字段标题

③ 关闭并保存对"商超工作人员登记表"的修改（设置了字段标题）。切换到数据表视图，可以看到"员工姓名"字段的标题被修改为"姓名"，如图 2-49 所示。注意：并未修改数据表结构中的字段名。

ID	员工编号	姓名	性别	年龄	学历	身份证号码	联系方式	职务	籍贯	政治面貌
1	SC001	锥松琴	女	21	大专	410103196711132463	13663856306	督导	郑州	团员
2	SC002	孟玉梅	女	20	本科	41010519570308384X	15516177356	督导	郑州	团员
3	SC003	关书琴	女	22	本科	410102193909042527	13838580876	督导	郑州	团员
4	SC004	冯继明	男	24	本科	410802195312234531	13849590085	经理	南阳	团员
5	SC005	贺顺利	男	25	中专	41362 3869683	13623869683	业务主管	新乡	团员
6	SC006	田世平	男	21	大专	41010319460402031X	13523058365	督导	开封	团员
7	SC007	张渝	女	26	大专	210103197709102446	13783580471	收银	大连	团员
8	SC008	石萍	女	25	大专	412701195707271521	15638009639	收银	周口	团员
9	SC009	张一风	女	30	大专	410503195802041513	13613820561	会计	周口	团员
10	SC010	王国强	男	46	硕士	410103194804161918	13526644691	市场总监	商丘	党员
11	SC011	王牧歌	女	27	大专	410103196007281924	13633816792	出纳	抚顺	团员
12	SC012	刘慧卿	女	26	大专	14222519781216002X	13523713708	行政专员	安阳	团员
13	SC013	魏建国	男	41	本科	410105195307171020	13298195666	渠道总监	郑州	党员
14	SC014	王怡	女	34	硕士	410105195709011644	13766092892	策划总监	郑州	党员
15	SC015	王甲林	女	28	本科	410105195404162732	13608688109	品牌经理	许昌	党员
16	SC016	张桂红	女	50	高中	410105197105314424	13526887800	仓储主管	三门峡	团员
17	SC017	吕玉霞	女	41	高中	410522196802113242	13837133906	行政主管	漯河	团员
18	SC018	王文超	男	37	大专	410328371013055	13103834365	副总经理	信阳	党员
19	SC019	张志勤	女	30	本科	410103194907013723	13607665679	外联经理	郑州	团员
20	SC020	陈慧玲	女	32	研究生	620106196511115301	13676985539	总经理	沈阳	党员

图 2-49　已经修改了"姓名"字段的标题

3．设置"入职日期"字段的显示格式为"长日期"格式

① 打开"商超工作人员登记表"的设计视图，选中"入职日期"字段。

② 在下面的"常规"选项卡的"格式"行中单击右边的下拉箭头，在弹出的下拉菜单中选择"长日期"，如图 2-50 所示。

图 2-50　"入职日期"的格式选择"长日期"

③ 关闭并保存对"商超工作人员登记表"的修改（改变了"入职日期"的显示格式）。切换到数据表视图，可以看到"入职日期"字段的显示格式被改变了，如图 2-51 所示。

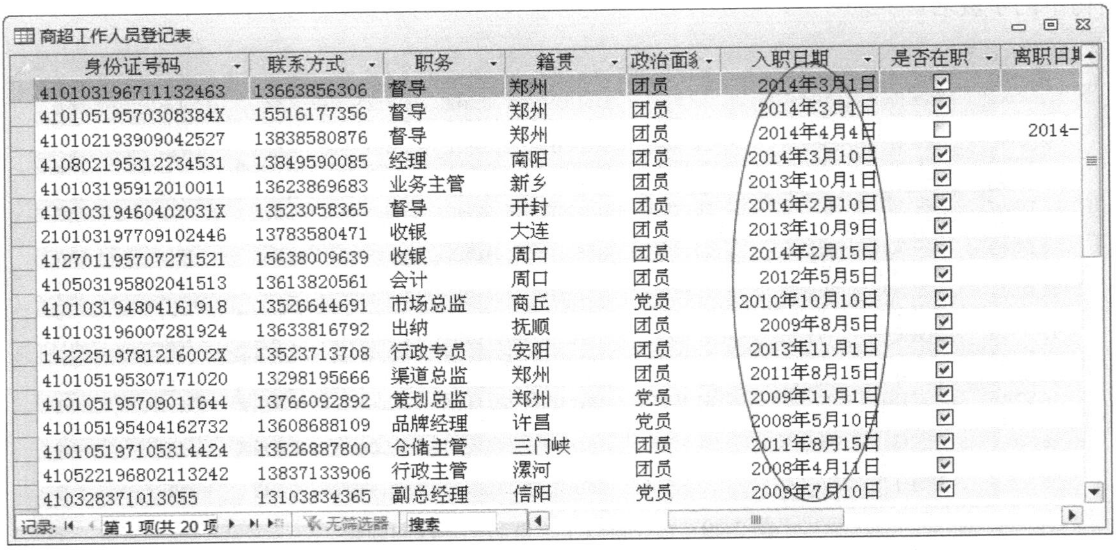

图 2-51　"入职日期"的显示格式被改变了

4. 设置"年龄"字段只能输入 18~60 之间的数据

① 打开"商超工作人员登记表"的设计视图，选中"年龄"字段。

② 在下面的"常规"选项卡中单击"有效性规则"右边的 按钮，如图 2-52 所示。

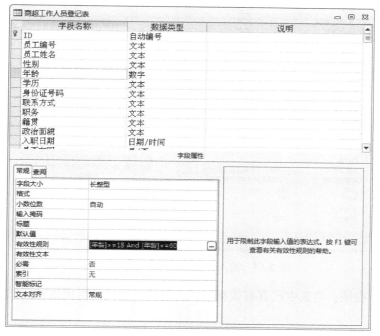

图 2-52 选择"年龄"字段，单击"有效性规则"右边的 按钮

③ 弹出"表达式生成器"对话框，在此框内输入"[年龄]>=18 And [年龄]<=60"，然后单击"确定"按钮，如图 2-53 所示。

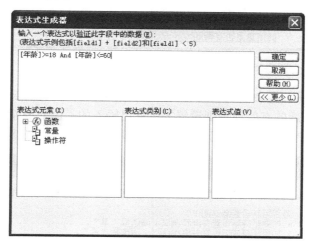

图 2-53 有效性规则的表达式生成器

④ 回到表设计视图，在"常规"选项卡的"有效性文本"框内输入"只能输入 18~60 之间的数据"提示信息，如图 2-54 所示。

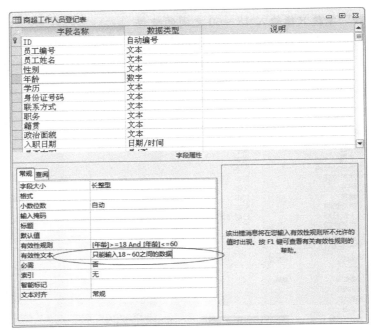

图 2-54　输入有效性规则和有效性文本

⑤ 关闭设计视图。当表中已存有数据时，会提示"是否用新规则来测试现有数据？"，如图 2-55 所示。

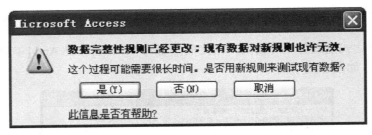

图 2-55　提示"是否用新规则来测试现有数据？"

⑥ 单击"是"按钮，又会出现"是否用新设置继续测试？"的提示框，如图 2-56 所示。这是因为现有数据是在新的有效性规则设置之前就已输入的，因此与新的有效性规则有冲突。新的有效性规则不能改变现有数据，但对于后来再输入的数据可以起到限制作用。

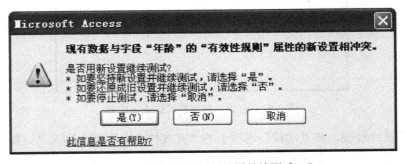

图 2-56　提示"是否用新设置继续测试？"

⑦ 单击"是"按钮，返回到数据库窗口。此时，对于"年龄"字段，新的有效性规则已经设置，以后再输入或修改"年龄"字段的数据时，将会对输入内容进行限制，即只能输入 18～60 之间的数据。

⑧ 打开"商超工作人员登记表"的数据表视图，在第 1 条记录的"年龄"字段处修改数据为"15"，回车后会发现输不进去，并弹出提示对话框，其中显示的是"有效性文本"中设置的内容，如图 2-57 所示。这是由于输入的数据不符合"年龄"字段的有效性规则。

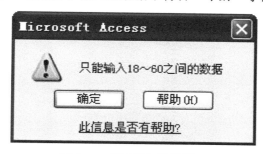

图 2-57 提示录入数据错误

5．设置"是否在职"字段的默认值为"是（yes）"

由于现在员工登记表中大多数员工已是正式员工，均在职工作，因此可以将"是否在职"字段的默认值设置为"是（Yes）"。当录入数据时，记录中该字段的值默认为"是（Yes）"，可省略该字段值的录入。当新记录的"是否在职"字段的值应为"否"时，只需单击该单元格，将小方块的对号去掉即可。设置"是否在职"字段的默认值的操作步骤如下。

① 打开"商超工作人员登记表"的设计视图，选中"是否在职"字段。

② 在下面的"常规"选项卡中的"默认值"行输入"Yes"，如图 2-58 所示。

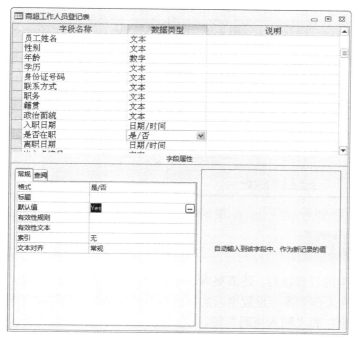

图 2-58 设置"是否在职"字段的默认值为"yes"

③ 关闭并保存对"商超工作人员登记表"的修改（设置了字段的默认值）。

切换到数据表视图，再输入数据时，会发现"是否在职"字段的默认值为"Yes"。

6. 设置"身份证号码"字段只能输入 18 位阿拉伯数字

① 打开"商超工作人员登记表"的设计视图，选中"身份证号码"字段。

② 在下面的"常规"选项卡中的"输入掩码"行输入"000000000000000000"，如图 2-59 所示。

图 2-59　设置输入掩码

③ 保存对表字段的更改，然后打开表的数据视图。会发现"身份证号码"字段只能输入 18 位阿拉伯数字，否则将出现出错提示框，如图 2-60 所示。

图 2-60　出错提示

相关知识与技能

在完成了表结构的设置以后，还需要对表中各字段的属性值进行设置，目的是减少输入错误，方便操作，提高工作效率。设置字段的属性包括"字段大小"、"字段标题"、"数据的显示格式"、"有效性规则"和"输入掩码"等。

设置字段属性在表的"设计"视图中进行，表中的每一个字段都有一系列的属性描述。当选定某个字段时，"设计"视图下方的"字段属性"区域便会显示出该字段的相关属性。

1．"字段大小"属性

"字段大小"属性可控制字段使用的空间大小，只能对"文本"或"数字"数据类型的字段大小设置该属性。"文本"型字段的取值范围是 0～255，默认值为 255，可以输入取值范围内的整数；"数字"型字段的大小是通过单击"字段大小"属性框中的按钮，从下拉列表框中选取某一类型的。

2．"字段标题"属性

字段标题是字段的另一个名称，字段标题和字段名称可以相同，也可以不同。当未指定字段标题时，标题默认为字段名。

字段名称通常用于系统内部的引用，而字段标题通常用来显示给用户看。在表的数据视图中，显示的是字段标题，在窗体和报表中，相应字段的标签显示的也是字段标题。而在表的"设计"视图中，显示的是字段名称。

3．"格式"属性

"格式"属性用以确定数据的显示方式和打印方式。

对于不同数据类型的字段，其格式的选择有所不同。"数字"、"自动编号"、"货币"类型的数据有常规数字、货币、欧元、固定、标准、百分比等显示格式；"日期/时间"类型的数据有常规日期、长日期、中日期、短日期、长时间等显示格式；"是/否"类型的数据有真/假、是/否、开/关显示格式。

"OLE 对象"类型的数据不能定义显示格式，"文本"、"备注"、"超链接"类型的数据没有特殊的显示格式。

"格式"属性只影响数据的显示方式，而原表中的数据本身并无变化。

4．"有效性规则"和"有效性文本"属性

"有效性规则"是用于限制输入数据时必须遵守的规则。利用"有效性规则"属性可限制字段的取值范围，确保输入数据的合理性并防止非法数据输入。

"有效性规则"要用 Access 2010 表达式来描述。Access 2010 表达式将在第 4 章中介绍。

"有效性文本"是用来配合"有效性规则"使用的。当输入的数据违反了"有效性规则"时，系统会用设置的"有效性文本"来提示出错。

5．"默认值"属性

在一个数据库中往往有一些字段的数据内容相同或相似，将这样的字段的值设置成默认值可以简化输入，提高效率。

6．"输入掩码"属性

"输入掩码"是一种输入格式，有字面显示字符（如括号、句号或连字符）和掩码字符（用于指定可以输入数据的位置及数据种类、字符数量等）构成，用于设置数据的输入格式。"输入掩码"可以在输入数据时保持统一的格式，还可以检查输入错误。使用 Access 提供的"输入掩码向导"可以为"文本"和"日期型"字段设置"输入掩码"。

例如，要设置"非商超工作人员档案"表中"入职日期"的"输入掩码"属性，使"入职日期"字段的输入格式为"短日期（如 1980-8-30）"格式。操作步骤如下：

① 打开"非商超工作人员登记表"的设计视图，选中"入职日期"字段。

② 在下面的"常规"选项卡中单击"输入掩码"右边的 按钮，如图 2-61 所示。

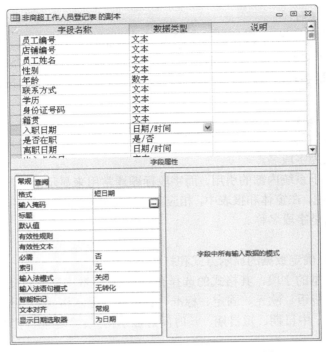

图 2-61　单击"输入掩码"属性右边的按钮

③ 打开"输入掩码向导"的第一个对话框，在"输入掩码"列表中选择"短日期"选项，如图 2-62 所示。

④ 单击"下一步"按钮，打开"输入掩码向导"的第二个对话框，在对话框中输入确定的掩码方式和分隔符，如图 2-63 所示。

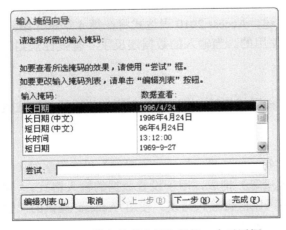

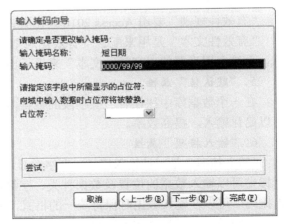

图 2-62　"输入掩码向导"的第一个对话框　　　图 2-63　"输入掩码向导"的第二个对话框

这里对"入职日期"指定的掩码格式为："0000/99/99"。"0"表示此处只能输入一个数，且必须输入；"9"表示此处只能输入一个数，但并非必须输入；"/"表示分隔符，可直接跳过。

⑤ 单击"下一步"按钮，在"输入掩码向导"的最后一个对话框中单击"完成"按钮，设置结果如图 2-64 所示。

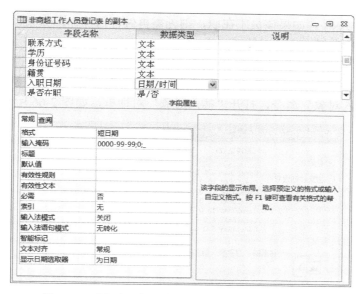

图 2-64　"入职日期"字段"输入掩码"的设置结果

任务 6　为"商超工作人员登记表"输入数据内容

任务描述与分析

在任务 3 中已经使用"表设计器"创建了"商超工作人员登记表"的结构，在任务 5 中，又为"商超工作人员登记表"的字段设置了属性，本任务将向"商超工作人员登记表"输入数据。实际上，创建数据库表都要分两步进行：一是建立表的结构，即对组成表的各字段的属性进行设置，二是向表中输入数据。

方法与步骤

1. 打开"商超工作人员登记表"的数据表视图

① 打开"龙兴商城管理"数据库，选定表对象，双击打开"商超工作人员登记表"的数据视图，如图 2-65 所示。

图 2-65　打开"商超工作人员登记表"的数据表视图

② 由左至右，从第一个字段开始输入"商超工作人员登记表"给出的各数据。每输入一个字段值后按下回车键或"Tab"键，就可顺序输入下一个字段值了。

③ 在输入"是否在职"字段这类"是否型"数据时只需在复选框中单击鼠标左键，即可出现一个对钩"√"符号，表示该员工在职。如果已设置该字段的默认值为"Yes"，则该字段

处会自动出现对钩"√"。如果该员工在职，则无需再做任何操作；如果该员工离职，则需要在复选框中单击鼠标左键，去掉对钩"√"。

④ 备注型字段用以输入较长的文本内容，主要存放诸如"简历"、"说明"等内容。

⑤ 在输入"照片"字段等字段 OLE 对象类型字段的数据时，单击鼠标右键，在弹出的快捷菜单中选择"插入对象"命令，打开"插入对象"对话框，如图 2-66 所示。

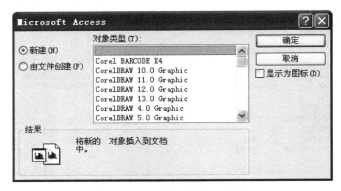

图 2-66 "插入对象"对话框

⑥ 在"插入对象"对话框中有两个选项——"新建"和"由文件创建"。如果选择"新建"，则创建一个文件插到表中，这个文件可以是位图、Excel 图表、PowerPoint 幻灯片、Word 图片等；如果选择"由文件创建"，即要插入的图片已经保存在计算机中。员工的照片已经保存在计算机中了，所以应选择"由文件创建"，然后在地址栏输入照片保存的位置"D:\Access 2010\抓图\第 2 章\素材"，此时对话框如图 2-67 所示。

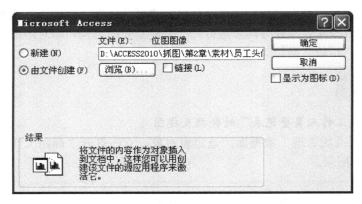

图 2-67 在"插入对象"对话框中选择"由文件创建"

⑦ 单击"浏览"按钮，打开保存照片的文件夹，选择要插入的图片，如图 2-68 所示。

⑧ 单击"确定"按钮，即将选择的员工照片保存到"商超工作人员登记表"的"照片"字段，此时"商超工作人员登记表"的照片字段显示的是"位图图像"。在"照片"字段中双击鼠标，可打开该图片文件进行查看，如图 2-69 所示。

⑨ 将第一条记录的所有内容都输入结束后，按下<Enter>键或<Tab>键，就可以输入第二条记录的内容。如此类推，即可将"商超工作人员登记表"的所有记录输入完毕。

⑩ 所有的记录都输入完毕后，单击系统工具栏的"保存"按钮，保存输入结果。

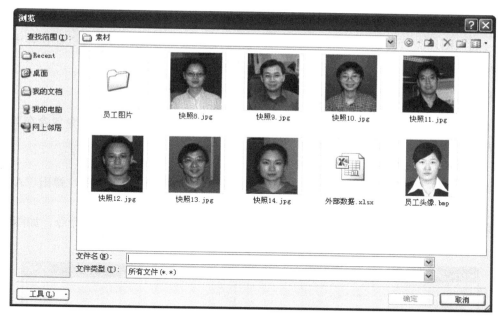

图 2-68　要插入的员工照片

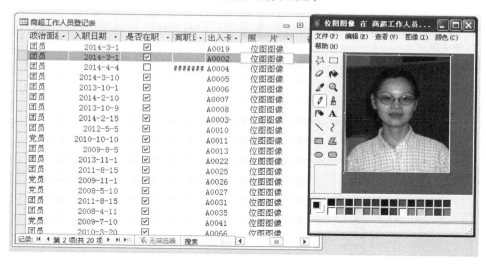

图 2-69　打开插入的员工照片进行查看

相关知识与技能

　　给数据表输入记录数据是建立表的重要步骤,工作量大,尤其需要认真、细心,尽量不出错。下面给出几点提示。

　　① 每次输入一条记录时,表会自动添加一条新的空记录,并在该记录最左方的"选择器"中显示出一个"*"号,表示这是一条新记录。

　　② 对于选定准备输入的记录,其最左方的"选择器"中显示出一个箭头符号 ▶,表示该记录为当前记录。

　　③ 对于正在输入的记录,其最左方的"选择器"中显示出一个铅笔符号 ✐,表示该记录正处在输入或编辑状态中。

④ Access 2010 的 OLE 对象字段中可以是位图、Excel 图表、PowerPoint 幻灯片、Word 图片等；插入图片类型可以是 BMP、JPG 等，但只有 BMP（位图）格式可以在窗体中正常显示，因此在插入照片之前，应将照片文件转化为 BMP（位图）格式。

拓展与提高　自定义功能区

使用 Access 2010 时，可以通过创建自定义选项卡和自定义组将常用命令包含在其中，从而可以方便地调用命令，提高工作效率。

1．新建功能区选项卡及更改默认选项卡

步骤 1：单击"文件"按钮，打开 Backstage 视图，选择"选项"命令，弹出"Access 选项"对话框，然后选择"自定义功能区"选项卡。

步骤 2：在对话框右侧的"自定义功能区"列表中选择"新建选项卡"命令，如图 2-70 所示。

图 2-70　自定义功能区

步骤 3：在对话框右侧会出现"新建选项卡"项及"新建组"项，在该命令项上右击，则弹出快捷菜单，从中选择"重命名命令"，如图 2-71 所示。将选项卡命名为"我的工具组"，将新建组命名为"经典法宝"。同理，还可再单击图 2-70 中的"新建组命令"，将第二个组命名为"无敌工具"。

步骤 4：在对话框左侧会出现 Access 2010 所带的相关命令列表，如图 2-72 所示，这里的每一个命令均可成为自定义功能组中的一个命令，光标停留在右侧"经典法宝"组上，从左侧命令列表中选择常用的命令，单击"添加"选项，即可将命令添加至工具组中，如图 2-73 所示。

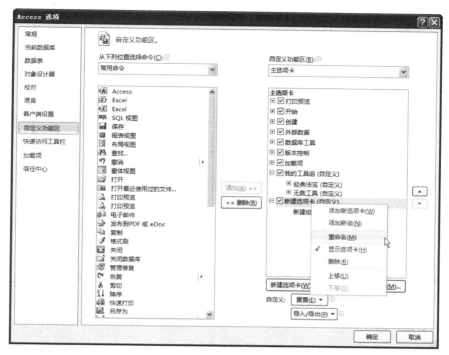

图 2-71　重命名选项卡

图 2-72　常用命令列表

图 2-73　给功能组中添加命令项

步骤 5：光标停留在右侧"无敌工具"组上，从左侧命令列表中选择常用的命令，单击"添加"选项，即可将命令添加至工具组中，如图 2-74 所示。

图 2-74　继续添加功能组

步骤 6：切换到数据库中，打开任何一个表，这时在功能区中即出现刚刚定义的功能选项卡及命令，如图 2-75 所示。

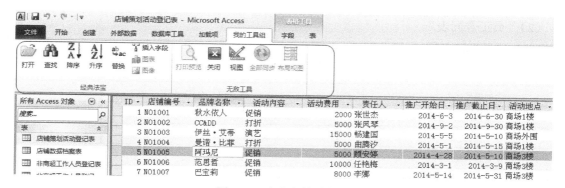

图 2-75 自定义的功能组

上机实训

实训 1 创建"员工工资表"、"员工合同表"、"部门分配表"和"网络账号分配"表

【实训要求】

1. 使用"向导"的方法创建"员工工资表"。
2. 使用"通过输入数据创建表"的方法创建"员工合同表"。
3. 使用"表设计器"的方法创建"部门分配表"和"网络账号分配表"。
4. 按照表格设计录入每个表的数据。
5. "龙兴商城管理"数据库中共有 8 张表，要求全部建立并输入数据，在任务中未完成的要在该实训时完成。

各表结构如下：

（1）"员工工资表"

字 段 名	数 据 类 型	字 段 大 小
合同编号（主键）	文本型	6
姓名	文本型	8
岗位名称	文本型	10
基本工资	数字型（长整型）	6
岗位工资	数字型（长整型）	6
工龄工资	数字型（长整型）	6
交通补助	数字型（长整型）	6
午餐补助	数字型（长整型）	6
通讯补助	数字型（长整型）	6
住房公积金	数字型（长整型）	6
养老金	数字型（长整型）	6
医疗保险	数字型（长整型）	6
考勤奖	数字型（长整型）	6

（2）"员工合同表"

字 段 名	数 据 类 型	字 段 大 小
员工编号（主键）	文本型	6
合同编号（主键）	文本型	6
合同开始日期	日期/时间型（短日期）	10
续约期	数字型（单精度）	1
是否自动续约	是/否型	1
调岗变动记录		50
是否同意调岗	是/否型	1
是否离职	是/否型	1
离职日期	日期/时间型（短日期）	10
备注		

（3）"部门分配表"

字 段 名	数 据 类 型	字 段 大 小
部门编号（主键）	文本型	6
部门名称	文本型	10
部门地址	文本型	50
部门负责人	文本型	10
部门电话	文本型	12
部门传真	文本型	12
部门群号	文本型	8
上级部门	文本型	10

（4）"网络账号分配表"

字 段 名	数 据 类 型	字 段 大 小
员工编号（主键）	文本型	6
网络登录账号	文本型	12
网络登录密码	文本型	2
分配邮箱账号	文本型	20
邮箱密码	文本型	10
使用机器编号	文本型	6
座位编号	文本型	6

实训 2　设置各表的字段属性并建立表间关系

【实训要求】

1. 设置"员工工资表"中各字段的属性

① 设置"考勤奖"字段标题为"全勤奖"。

② 设置"交通补助"字段的显示格式为"000.0"。

③ 设置"通讯补助"字段有效性规则为"通讯补助小于等于 300"及有效性文本为"补助封顶每月 300 元"。

④ 设置"员工编号"字段默认值为"YG001"。

2．设置"正式员工档案表"中各字段的属性

① 设置"学历"字段标题为"最高学历"。

② 设置"入职日期"字段的显示格式为"长日期"。

③ 设置"岗位名称"字段有效性规则为"只能输入市场专员、市场经理和市场总监"及有效性文本为"输入岗位名称错误"。

④ 设置"是否党员"字段默认值为"Yes"。

⑤ 设置"员工编号"字段只能输入 5 位数字。

3．设计并设置各表中的字段属性

要求学生自己设计并设置各表的字段属性和输入掩码，要将表的属性全部设置完善。

总结与回顾

本章主要介绍了如何使用 Access 2010 创建数据库和表的方法及相关技能。需要理解掌握的知识、技能如下。

1．创建数据库的方法

使用创建空数据库、本机带的模板和从网上下载的模板 3 种方法，其中最常用方法是先创建一个空数据库，然后往数据库中添加表。

2．创建表的方法

创建表的方法主要有使用表向导、使用表设计器和通过输入数据创建表 3 种方法，其中最常用方法是使用表设计器创建表。

3．表的组成

数据表由表的结构与表的内容两部分组成。表结构是指组成数据表的字段及其字段属性（包括字段名、字段类型和字段宽度等），而数据表的内容是指表中的具体数据。建立数据表时，首先要建立表的结构，然后才能向表中输入具体的数据内容。

4．表的两种视图

表有两种视图，一是设计视图，在这个视图中可实现表结构的定义和修改；二是数据表视图，在这种视图下看到的是表中的数据内容，可进行增加、删除、修改记录等操作。

无论是在设计视图下还是在数据表视图下，用鼠标右击该视图的标题栏，可切换到另一种视图下。

5．表的字段类型

（1）文本型

用于文字、文字与数字的组合或者不需要计算的数字，例如：姓名、职称、通信地址、学号、课程编号、电话号码、邮编等。文本类型的字段最多允许存储 255 个字符。

（2）备注型

主要用于保存长文本，例如注释或说明信息。

（3）数字

用于要进行算术计算的数据。数字类型按照字段的大小又可分为：字节型、整型、长整型、单精度型、双精度型等。字节型占 1 个字节宽度，可表示 0～255 之间的整数；整型占 2 个字节宽度，可表示–32 768～+32 767 之间的整数；长整型占 4 个字节宽度，它能表示的数字范围就更大了。单精度型可以表示小数，双精度型可以表示更为精确的小数。

（4）日期/时间

用于表示日期和时间。有多种选择格式，如常规日期、长日期、短日期等。

（5）货币

用于表示货币值，并且计算时禁止四舍五入。

（6）自动编号

在添加记录时自动给每一个记录插入的唯一顺序（每次递增 1）或随机编号。

（7）是/否

用于只可能是两个值中的一个（例如"是/否"、"真/假"、"开/关"）的数据。如表示是否团员、婚否、是否在职等情况。

（8）OLE 对象

如果一个字段的数据类型被定义为 OLE 对象类型，则该字段中可保存声音、图像等多媒体信息。

（9）超链接

用于存放链接到本地或网络上的地址（是带有颜色和下画线的文字或图形，单击后可以转向 Internet 上的网页）。

（10）查阅向导

用于实现查阅另外表中的数据，它允许用户选择来自其他表或来自值列表的值。

6．主键

主键是数据表中其值能唯一标识一条记录的一个字段或多个字段的组合。使用主键可以避免同一条记录的重复录入，还能加快表中数据的查找速度。一个表中只能有一个主键。

7．字段属性

（1）字段大小

"字段大小"属性可控制字段使用的空间大小。只能对"文本"或"数字"数据类型的字段大小设置该属性。

（2）字段标题

字段标题是字段的另一个名称。当未指定字段标题时，字段名默认为字段标题。

字段名称通常用于系统内部的引用，而字段标题通常用来显示给用户看。在表的数据视图、窗体和报表中，显示的是字段标题；在表的设计视图中，显示的是字段名称。

（3）数据的显示格式

数字、自动编号、货币类型的数据有常规数字、货币、欧元、固定、标准、百分比等显示格式；日期/时间类型的数据有常规日期、长日期、中日期、短日期、长时间等显示格式；是/否类型的数据有真/假、是/否、开/关显示格式。

OLE 对象类型的数据不能定义显示格式，文本、备注、超链接类型的数据没有特殊的显示格式。

（4）有效性规则及有效性文本

"有效性规则"用来防止非法数据输入到表中，对数据输入起着限定作用。有效性规则用 Access 2010 表达式来描述。

"有效性文本"是用来配合有效性规则使用的。当输入的数据违反了有效性规则时，系统会用设置的"有效性文本"来提示出错。

（5）默认值

如果一个字段在多数情况下取一个固定的值，则可以将这个值设置成字段的默认值。

（6）输入掩码

"输入掩码"是一种输入格式，有字面显示字符（如括号、句号或连字符）和掩码字符（用于指定可以输入数据的位置及数据种类、字符数量等）构成，用于设置数据的输入格式。"输入掩码"可以在输入数据时保持统一的格式，还可以检查输入错误。

思考与练习

一、选择题

1. 建立表的结构时，一个字段由（   ）组成。

   A. 字段名称　　　　　B. 数据类型　　　　　C. 字段属性　　　　D. 以上都是

2. Access 2010 中，表的字段数据类型中不包括（   ）。

   A. 文本型　　　　　　B. 数字型　　　　　　C. 窗口型　　　　　D. 货币型

3. Access 2010 的表中，（   ）不可以定义为主键。

   A. 自动编号　　　　　B. 单字段　　　　　　C. 多字段　　　　　D. OLE 对象

4. 可以设置"字段大小"属性的数据类型是（   ）。

   A. 备注　　　　　　　B. 日期/时间　　　　　C. 文本　　　　　　D. 上述皆可

5. 在表的设计视图中，不能完成的操作是（   ）。

   A. 修改字段的名称　　　　　　　　　　　　　B. 删除一个字段

   C. 修改字段的属性　　　　　　　　　　　　　D. 删除一条记录

6. 关于主键，下列说法错误的是（   ）。

   A. Access 2010 并不要求在每一个表中都必须包含一个主键。

   B. 在一个表中只能指定一个字段为主键。

   C. 在输入数据或对数据进行修改时，不能向主键的字段输入相同的值。

   D. 利用主键可以加快数据的查找速度。

7. 如果一个字段在多数情况下取一个固定的值，则可以将这个值设置成字段的（   ）。

   A. 关键字　　　　　　B. 默认值　　　　　　C. 有效性文本　　　D. 输入掩码

二、填空题

1. _____是为了实现一定的目的按某种规则组织起来的数据的集合。

2. 在 Access 2010 中表有两种视图，即_____视图和_____视图。

3. 如果一张数据表中含有"照片"字段，那么"照片"字段的数据类型应定义为_____。

4. 如果字段的取值只有两种可能，字段的数据类型应选用_____类型。

5. _____是数据表中其值能唯一标识一条记录的一个字段或多个字段组成的一个组合。

6. 如果字段的值只能是 4 位数字，则该字段的输入掩码的定义应为_____。

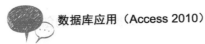

三、判断题

1. 要使用数据库必须先打开数据库。 （ ）
2. "文件"→"关闭"菜单命令可退出 Access 2010 应用程序。 （ ）
3. 最常用的创建表的方法是使用表设计器。 （ ）
4. 表设计视图中显示的是字段标题。 （ ）
5. 在表的设计视图中也可以进行增加、删除、修改记录的操作。 （ ）
6. 要修改表的字段属性，只能在表的设计视图中进行。 （ ）
7. 文本类型的字段只能用于英文字母和汉字及其组合。 （ ）
8. 字段名称通常用于系统内部的引用，而字段标题通常用来显示给用户看。 （ ）
9. 如果一个字段要保存照片，该字段的数据类型应被定义为"图像"类型。 （ ）
10. "有效性规则"用来防止非法数据输入到表中，对数据输入起着限定作用。 （ ）

四、简答题

1. 创建数据库和表的方法有哪些？
2. 简述使用"表设计器"创建表的基本步骤。
3. 什么是主键？
4. "有效性文本"的作用是什么？

第3章

数据表的基本操作

在实际应用中，建立数据表后，往往还需要根据用户的要求对数据表的字段和记录数据进行添加、删除和修改，以及对数据表进行一些诸如查找、替换、排序、筛选等操作。本章主要学习数据表常用的基本操作，重点学习数据表的编辑修改、查找替换、数据的排序筛选及数据表的格式设置。

学习内容

- ● 表结构的添加、删除和编辑修改
- ● 数据记录的添加、删除和编辑修改
- ● 数据的查找与替换
- ● 数据的排序与筛选
- ● 数据表的修饰

任务1 对"商超工作人员登记表"进行表结构的编辑修改

任务描述与分析

在使用"龙兴商城管理"数据库的过程中，可能会发现原来设计的表不能满足管理工作的要求，需要对表中的字段进行添加、删除和修改等操作。如"商超工作人员登记表"中原来的字段较少，信息量不够，需要增加字段，而有些字段又因为在管理工作中用得不多而需要删除，还有些字段需要修改字段名称、数据类型和字段属性。编辑修改字段也称为修改表结构，一般是在表的设计视图中进行，但有些操作也可以在表的数据视图中进行。本任务将对"商超工作人员登记表"的表结构进行修改。

方法与步骤

1. 将"商超工作人员登记表"的"职务"字段的名称修改为"岗位名称"

若仅修改字段的名称，则可以在表的数据视图中进行，操作步骤如下。

① 打开"龙兴商城管理"数据库中的"商超工作人员登记表"的数据视图。

② 将鼠标移到需要修改的字段（职务）的列选定器上。

③ 双击鼠标，此时字段处于编辑状态，将字段名称"职务"修改为"岗位名称"，然后单击回车键确认，如图 3-1 所示。

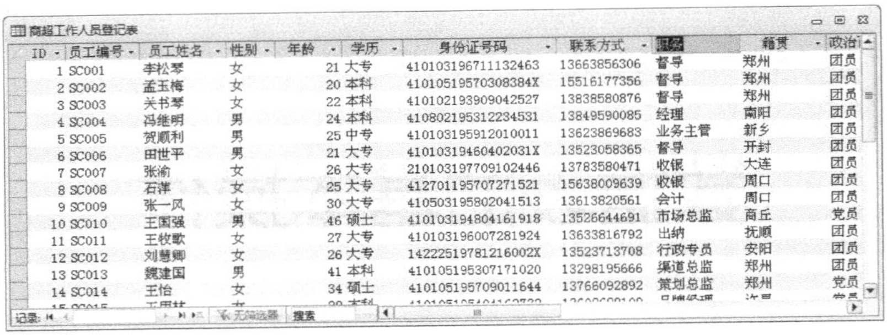

图 3-1　在表的数据视图中修改字段名称

2. 将"商超工作人员登记表"的"离职日期"字段修改为"工龄"

"离职日期"是日期型字段，而"工龄"是数字型字段，即不仅要修改数据表的字段名称，还需要修改字段类型，这样的修改最好在表的设计视图中进行，操作步骤如下。

① 打开"龙兴商城管理"数据库中的"商超工作人员登记表"的设计视图。

② 在"字段名称"列上单击需要修改名称的字段名（离职日期），将字段名称修改为所需名称（工龄）。

③ 再在该字段的"数据类型"列上单击向下的小黑箭头，在下拉列表框中选择新的数据类型（数字型）。

④ 在表的设计视图窗口下方的"字段属性"选项卡的"字段大小"中单击向下的小黑箭头，将该字段的大小修改为"整型"，如图 3-2 所示。

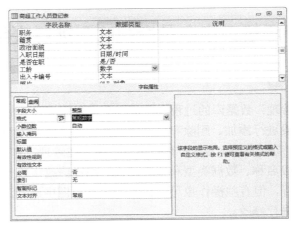

图 3-2　在表设计器中修改字段名、字段类型和设置字段属性

3．改变字段的顺序

数据表字段的最初排列位置与数据表创建时字段的输入顺序是一致的。如果要改变字段排列位置，只需要移动字段位置即可。

① 在表的数据视图中可以移动字段的位置。操作方法是：将鼠标移到字段的列选定器上，单击鼠标选中字段列，然后拖动选中的字段到合适的位置即可，如图 3-3 所示。

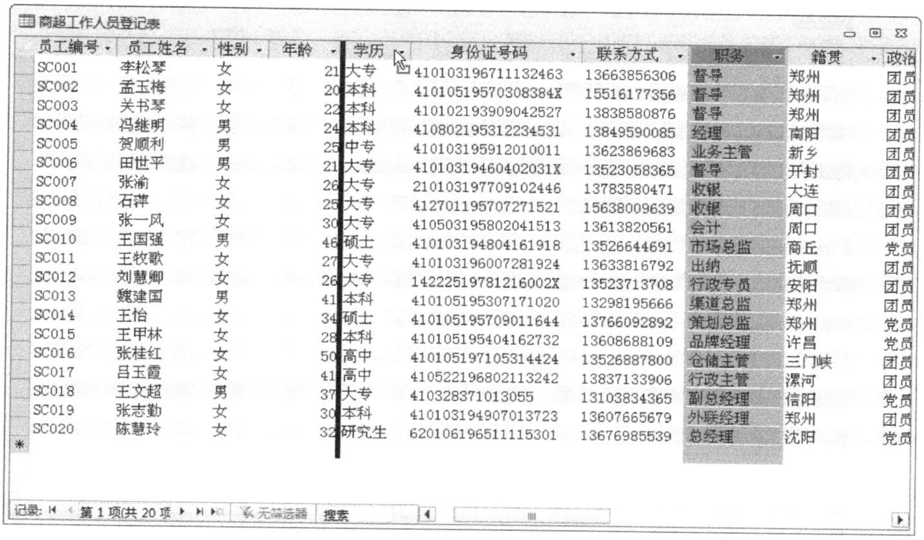

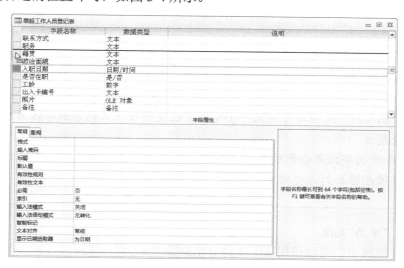

图 3-3　在表的数据视图中改变字段顺序

② 在表的设计视图中也可以移动字段的位置。操作方法是：单击要移动字段的行选择器，然后拖动其到合适的位置即可，如图 3-4 所示。

图 3-4　在表设计器中改变字段顺序

4．在"商超工作人员登记表"的"职务"字段之前添加"部门"字段

① 打开表的设计视图。

② 将鼠标移到"职务"字段上单击，在"设计"选项卡功能区中选择"插入行"命令，

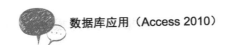

或者选中"职务"字段所有行，右键单击从快捷菜单中选择"插入行"命令按钮，在"职务"字段前就添加了一个新的空字段，而该位置原来的字段自动向下移动。

③ 在空字段中输入字段名称（部门）、选择数据类型（文本）和设置字段的属性（字段长度等），如图 3-5 所示。

图 3-5 插入"部门"字段

提示

① 在数据视图中也可以添加字段，选择要添加字段的位置，单击鼠标右键，在弹出的快捷菜单中选择"插入列"选项即可插入一个空列，但这种情况只能添加字段名称，而不能设置数据类型和字段属性。

② 插入一个新的字段不会影响其他字段，如果在查询、窗体或报表中已经使用该表，则需要将添加的字段也增加到这些对象中去。

5．将字段"学历"删除

在表的设计视图中，可以使用以下 3 种方法删除"学历"字段：

① 单击行选择器选中"学历"字段，然后按<Delete>键。

② 将鼠标移动到"学历"字段，单击"字段"功能区中的"删除行"命令按钮。

③ 将鼠标移动到"学历"字段，然后单击鼠标右键，在弹出的快捷菜单中选择"删除行"命令，如图 3-6 所示。

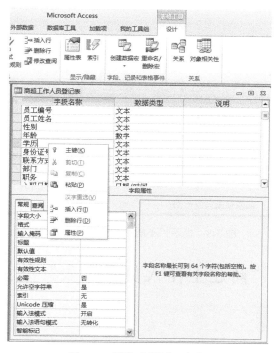

图 3-6　删除"学历"字段

当删除的字段包含数据时，系统会出现一个警告信息对话框，提示用户将丢失此字段的数据，如图 3-7 所示。如果表是空的，则不会出现警告信息对话框。

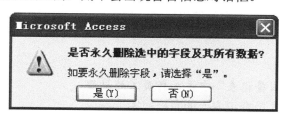

图 3-7　删除字段警告信息对话框

相关知识与技能

1. 修改表的结构

数据库的表在创建完成之后，可以修改表的结构，包括修改字段名称、数据类型和字段属性等。修改表的结构还包括添加字段、删除字段、改变字段的顺序等。

2. 修改表的主关键字

如果需要改变数据表中原有的主关键字，可以重新设置主关键字。操作步骤如下：

① 打开表设计器。

② 选择新的主关键字的字段名。

③ 在该字段上单击鼠标右键，从弹出的快捷菜单中选择"主键"命令，就可将该字段重新设置为主关键字。

由于一个数据表中只能有一个主关键字，一旦重新设置了新的主关键字，数据表中原有的

主关键字将被取代。

如果该数据表已与别的数据表建立了关系，则当重新设置主关键字时，会弹出提示对话框，提示要先取消关系，然后才能重设主键，如图 3-8 所示。

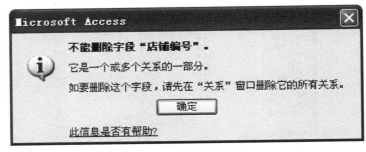

图 3-8　提示"不能更改主键"对话框

任务 2　修改"商超工作人员登记表"的记录数据

任务描述与分析

一个数据表建立以后，随着时间的推移和情况的变化，需要不断地对数据表中的数据内容进行修改。如"商超工作人员登记表"，若公司进了新的员工，需要增加新记录，若有员工调走或离职，需删除记录，员工的工龄、职务发生了变化，工作进行了调整、员工晋升及调岗都要对记录进行修改。所有对表内容的编辑操作，均在数据表视图中进行。

方法与步骤

1. 在"商超工作人员登记表"中添加新员工的记录

① 打开"商超工作人员登记表"的数据视图。

② 把光标定位在表的最后一行。

③ 输入新的数据，在每个数据后按 < Tab > 键（或<Enter>键）跳至下一个字段。

④ 在记录末尾，按< Tab >键（或<Enter>键）转至下一个记录。

🔊 提示 ●--

在表的数据视图中把光标定位在最后一行有两种方法：

① 直接用鼠标在最后一行单击。

把光标定位在最后一行后，相当于增加了一条新记录，但记录的每个字段都为空，光标定位在第一个字段，如图 3-9 所示。

② 右击记录行最左边的记录指示器，在弹出的快捷菜单中选择"新记录"命令，如图 3-10 所示。

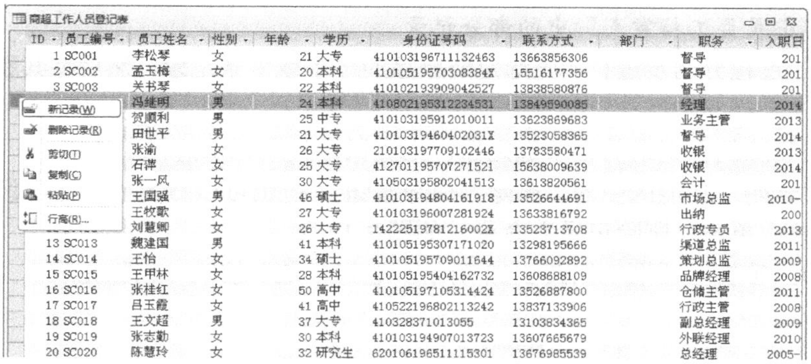

图 3-9　选择"插入"→"新记录"命令

图 3-10　在数据视图末尾增加一条新记录

2．修改"商超工作人员登记表"中的记录数据

现要求修改"李松琴"员工的记录数据，职务由"督导"改为"市场专员"，学历由"大专"改为"本科"。操作步骤如下：

① 打开"商超工作人员登记表"的数据视图。

② 把光标定位在"李松琴"（第 1 条记录）的"职务"字段内容上并双击"督导"，输入"市场专员"。

③ 再将光标移到"学历"字段上双击，输入"本科"，如图 3-11 所示。

图 3-11　修改"李松琴"的"职务"和"学历"字段的值

3．删除"正式员工档案表"中的部分记录

删除记录的过程分两步进行。先选定要删除的一条或多条记录，然后将其删除。操作步骤如下：

① 单击要删除的首记录的记录选定器，拖曳鼠标到尾记录的记录选定器。

② 单击"开始"功能区中的"删除"命令按钮 ；也可以右键单击选中记录的区域，在弹出的快捷菜单中单击"删除记录"命令，如图 3-12 所示。

③ 系统弹出警告对话框，如图 3-13 所示，选择"是"按钮，删除完成。

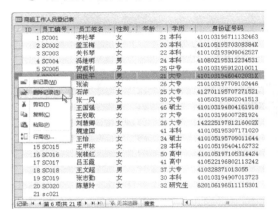

图 3-12　删除记录　　　　　　　　图 3-13　"删除"警告对话框

提示

如果其他表中包含相关记录则不能删除。为了避免删除错误，在删除记录前最好对表进行备份。

相关知识与技能

修改数据表主要包括添加记录、删除记录和修改记录数据。修改数据表是在数据表视图中进行的。

当数据表中有部分数据相同或相似时，可以利用复制和粘贴操作来简化输入，提高输入速度。操作步骤如下：

① 选中要复制的记录。

② 单击"开始"功能区中的"复制"按钮或按快捷键<Ctrl+C>。

③ 选中要复制的位置，单击"开始"功能区中的"粘贴"就能将所复制的记录内容粘贴到指定的字段处。

完成所有对表内容的编辑操作后，按组合键<Ctrl+S>保存数据。

任务 3 查找和替换"商超工作人员登记表"中的记录数据

任务描述与分析

在数据表中查找特定的数据，或者用给定的数据来替换某些数据是数据管理中常用的操作之一，本任务将查找"商超工作人员登记表"中学历为"本科"的记录；将"职务"字段中的"市场专员"替换为"客户经理"。查找和替换操作也都在表的数据视图中进行。

方法与步骤

1．在"商超工作人员登记表"中查找"学历"字段为"本科"的记录

① 打开"龙兴商城管理"数据库中"商超工作人员登记表"的数据视图。

② 单击"学历"字段选定器，将"学历"字段全部选中。

③ 单击"开始"功能选项卡中的"查找"命令，打开"查找和替换"对话框的"查找"选项卡。

④ 在"查找内容"框中输入"本科"，其他设置不变，单击"查找下一个"按钮，则将第一个学历为"本科"的记录找到，找到的结果反白显示，如图 3-14 所示。

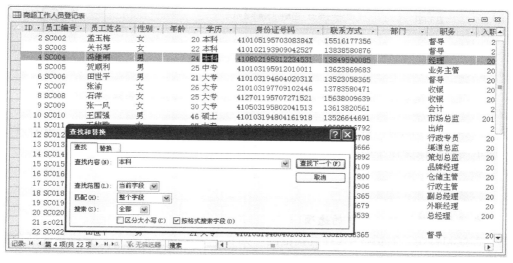

图 3-14 查找学历为"本科"的记录

⑤ 再次单击"查找下一个"按钮，则将下一个学历为"本科"的记录找到，依次类推。

如果在数据表中没有查找到指定的内容或所有的查找已经完成，系统会出现一个提示框，告知搜索任务结束，如图 3-15 所示。

图 3-15 搜索完成提示框

2.将"商超工作人员登记表"中"职务"字段中的"市场专员"全部替换为"客户经理"

① 打开"龙兴商城管理"数据库中"商超工作人员登记表"的数据视图。

② 单击"职务"字段选定器，选中"职务"的所有字段。

③ 单击"开始"功能选项卡中的"替换"命令，打开"查找和替换"对话框中的"替换"选项卡。

④ 在"查找内容"框中输入"市场专员"，在"替换为"框中输入"客户经理"，"匹配"下拉列表中选择"字段任何部分"，其他设置不变，单击"全部替换"按钮，如图 3-16 所示。

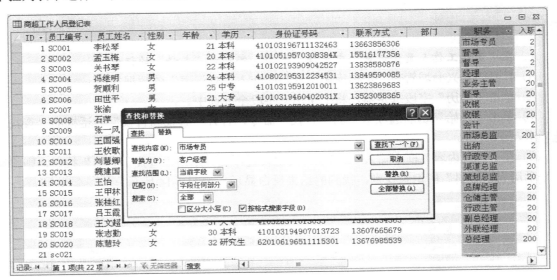

图 3-16　将"职务"字段中的"市场专员"替换为"客户经理"

⑤ 可以看到，"职务"字段中的"市场专员"已全部替换为"客户经理"，并打开信息提示框，提示用户替换操作不能撤销，单击"是"按钮，完成替换操作。

相关知识与技能

1."查找和替换"对话框中的选项

在"查找和替换"对话框中，"查找范围"列表框用来确定是在整个表还是在哪个字段中查找数据；"匹配"列表框用来确定匹配方式，包括"整个字段"、"字段任何部分"和"字段开头"3 种方式。"搜索"列表框用于确定搜索方式，包括"向上"、"向下"和"全部"3 种方式。

2.查找中使用通配符

在查找中可以使用通配符进行更快捷的搜索。通配符的含义如表 3-1 所示。

表 3-1　通配符的含义

字符	含义	示例
*	与任何个数的字符匹配。在字符串中，它可以当作第一个或最后一个字符使用	St* 可以找到 Start、Student 等所有以 St 开始的字符串数据

续表

字符	含　义	示　例
?	与单个字符匹配	B?ll 可以找到 ball、bell、bill 等
[]	与方括号内任何单个字符匹配	B[ae]ll 可以找到 ball 和 bell，但是找不到 bill
!	匹配任何不在方括号之内的字符	B[!ae]ll 可以找到 bill，但是找不到 ball 和 bell
-	与某个范围内的任何一个字符匹配，必须按升序指定范围	B[a-c]d 可以找到 bad、bbd、bcd
#	与任何单个数字字符匹配	2#0 可以找到 200、210、220 等

3．"记录导航"工具栏的使用

表的数据视图下面的状态栏上有"记录导航"工具栏，如图 3-17 所示。上面有一些工具按钮和文本框，这些按钮用来移动当前记录的位置，依次是"第一条记录"、"上一条记录"、"记录编号"、"下一条记录"、"最后一条记录"、"到新纪录"。

图 3-17　"记录导航"工具栏

任务 4　对"销售数据表"和"店铺数据档案表"按要求进行排序

任务描述与分析

在向 Access 的数据表中输入数据时，一般是按照输入记录的先后顺序排列的。但在实际应用中，可能需要将记录按照不同要求重新排列顺序。本任务将对"销售数据表"和"店铺数据档案表"按照要求重新排列记录的顺序。对于"销售数据表"将按照"原价"从高到低重新排列顺序；对于"店铺数据档案表"将先按照"店铺面积"从低到高排列，店铺面积相同者，再按照"进驻商城的时间"从低到高排列。排序操作也是在数据视图中完成的。

方法与步骤

1．对于"销售数据表"，按照"原价"从高到低排序

① 打开"销售数据"表的数据视图。

② 单击"原价"字段选定器，将"原价"字段全部选中。

③ 单击"开始"功能区中的降序按钮（若从低到高排序，单击升序按钮），排序完成。排序后的结果如图 3-18 所示。

销售单编号	员工编号	品牌名称	产品名称	产品条码	规格	颜色	数量	原价	会员价	实
11	FSC0008	阿迪达斯	运动装	AD5655665	XL	灰	2	885	785	
5	FSC0005	阿玛尼	西裤	AM4392222	″33	黑	1	722	688	
3	FSC0004	伊丝·艾蒂	新款上衣	YS10395733	XXXL	粉	1	688	653	
12	FSC0008	阿迪达斯	运动装	AD9843873	XXXL	红	1	650	580	
7	FSC0006	巴宝莉	T恤	BR3934934	XXL	白	1	512	438	
1	FSC0001	曼诺·比菲	针织上衣	MN10039348	XXL	白	1	459	412	
2	FSC0001	曼诺·比菲	牛仔裤	MN10067341	XL	蓝	1	356	320	
9	FSC0006	安踏	T恤	AT89348878	XL	蓝	1	325	325	
15	FSC0001	曼诺·比菲	手包	MN10023347	TB101	棕	1	320	320	
4	FSC0001	曼诺·比菲	无领上衣	MN1002344	M	黄	2	289	289	
13	FSC0007	曼诺·比菲	时尚女裤	MN10059348	M	绿	1	266	246	
6	FSC0001	曼诺·比菲	长裙	MN1002311	S	黑	1	265	195	
8	FSC0003	李宁	T恤	LN98998732	XXXL	白	1	255	255	
10		阿迪达斯	运动装	AD8349455	M	灰	1	159	159	
14	FSC0002	曼诺·比菲	短裙	MN10012345	M	黑	1	158	158	

图 3-18　对"原价"按降序排序的结果

2. 对于"店铺数据档案表"，先按照"店铺面积"升序排序，店铺面积相同者，再按照"进驻商城时间"升序排序

这是多字段排序。首先根据第一个字段按照指定的顺序进行排序，当第一个字段具有相同的值时，再按照第二个字段的值进行排序，以此类推，直到按全部指定字段排序完毕。

操作步骤如下：

① 打开"店铺数据档案表"的数据视图。

② 单击"开始"选项卡的"排序和筛选"命令组中的"高级"→"高级筛选/排序"命令，如图 3-19 所示。打开"筛选"设计窗口，如图 3-20 所示。

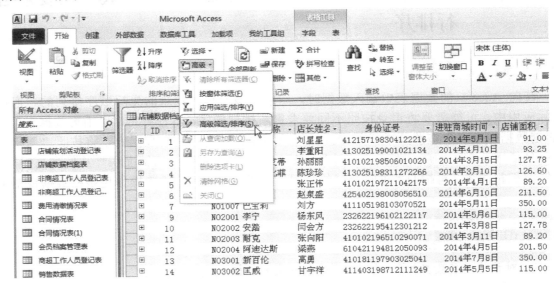

图 3-19　筛选/排序选项

③ 在筛选网格第一列字段的下拉列表中选择"店铺面积"，在排序下拉列表中选择"升序"，在第二列的字段下拉列表中选择"进驻商城时间"，第二列的排序下拉列表中选择"降序"，如图 3-20 所示。

④ 单击"排序和筛选"命令组的→"高级"→"应用筛选/排序"命令，得到排序后的结果如图 3-21 所示。

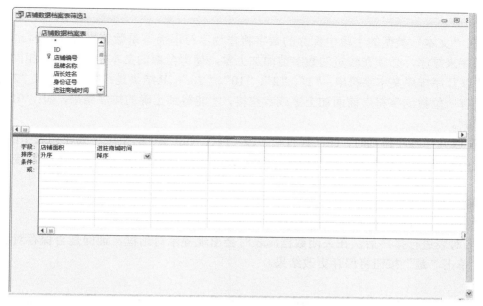

图 3-20　“筛选”设计窗口

店铺数据档案表

ID	店铺编号	品牌名称	店长姓名	身份证号	进驻商城时间	店铺面积	合作形式	店员人数	经营
5	NO1005	阿玛尼	张正伟	410102197211042175	2014年4月1日	89.20	加盟	5	男装
11	NO2003	耐克	张向阳	410102196510290071	2014年3月11日	89.20	直营	5	运动
1	NO1001	秋水依人	刘星星	412157198304122216	2014年5月1日	91.00	直营	8	女装
2	NO1002	CC&DD	李重阳	413025199001021134	2014年4月10日	93.25	直营	10	女装
9	NO2001	李宁	杨东风	232622196102122117	2014年5月6日	115.00	直营	10	运动
14	NO3002	匡威	甘宇祥	411403198712111249	2014年5月5日	115.00	加盟	8	运动
4	NO1004	曼诺·比菲	陈珍珍	413025198311272266	2014年3月10日	126.60	加盟	6	女装
3	NO1003	伊丝·艾蒂	孙丽丽	410102198506010020	2014年3月15日	127.78	直营	6	女装
10	NO2002	安踏	闫会方	232622195412301212	2014年3月8日	127.78	加盟	7	运动
12	NO2004	阿迪达斯	梁燕	610421194812050093	2014年4月5日	201.50	加盟	10	运动
6	NO1006	范思哲	赵泉盛	425402198008056510	2014年6月10日	211.50	加盟	12	男装
13	NO3001	新百伦	高勇	410181197903025041	2014年7月8日	350.00	直营	12	运动

记录: 第 1 项(共 13 项　无筛选器　搜索

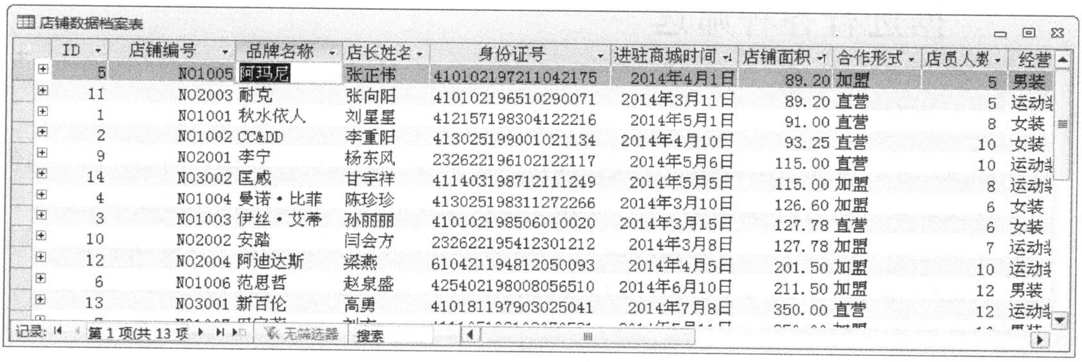

图 3-21　多字段排序后的结果

相关知识与技能

1．排序的概念

“排序”是将表中的记录按照一个字段或多个字段的值重新排列。若排列的字段值是从小到大排列的，则称为“升序”；若排序的字段值是从大到小排列的，则称为“降序”。对于不同的字段类型，有不同的排序规则。

2．排序的规则

① 数字按大小排序，升序时从小到大排序，降序时从大到小排序。

② 按照 26 个英文字母的顺序排序（大小写视为相同），升序时按 A→Z 排序，降序时按 Z→A 排序。

③ 中文按照汉语拼音字母的顺序排序，升序时按 a→z 排序，降序时按 z→a 排序。

④ 日期和时间字段，是按日期值的顺序排序，升序排序按日期时间值由小到大，降序排序按日期时间值由大到小。

⑤ 数据类型为备注、超级链接或 OLE 对象的字段不能排序（Access 2010 版备注型可以

排序）。

⑥ 在"文本"类型的字段中保存的数字将作为字符串而不是数值来排序。因此，如果要以数值顺序来排序，必须在较短的数字前面加上零，使得全部的文本字符串具有相同的长度。例如，要以升序排序文本字符串："1"、"2"、"10"、"20"，其结果是："1"、"10"、"2"、"20"。必须在仅有一位数的字符串前面加上零或者空格，才能得到正确的排序结果，如："01"、"02"、"10"、"20"。

⑦ 在以升序顺序排列时，任何含有空字段（包含 Null 值）的记录将列在列表中的第一条。如果字段中同时包含 Null 值和空字符串，包含 Null 值的字段将在第一条显示，紧接着是空字符串。

3．排序后的处理

① 排序后，排序方式与表一起保存。

② 当对表进行排序后，在关闭数据库表时会出现提示对话框，询问是否保存对表的布局的更改，单击"是"按钮将保存更改结果。

任务 5　对"销售数据表"中"商超工作人员登记表"的数据进行各种筛选

任务描述与分析

在实际应用中，常需要从数据表中找出满足一定条件的记录进行处理。例如，从"销售数据表"中查找某些店铺的销售情况，从"商超工作人员登记表"中查找职务为督导的员工，为他们上调工资；从"商超工作人员登记表"中找出部门类别为"市场部"的进行部门更换等。类似这样的操作称为"筛选"。凡是经过筛选的表中，只有满足条件的记录可以显示出来，而不满足条件的记录将被隐藏。

Access 2010 提供了 5 种筛选方式：按选定内容筛选、按窗体筛选、按筛选目标筛选、内容排除筛选和高级筛选/排序。本任务将通过对"正式员工档案表"的记录数据进行不同要求的筛选来学习这 5 种筛选方式的操作。

方法与步骤

1．按选定内容筛选

在"商超工作人员登记表"中，筛选出所有女同事的记录。

这是一种简单的筛选方式，只需将鼠标定位在需要筛选出来的字段值中，然后执行"筛选"命令即可，这时在数据表中仅保留选定内容所在的记录。

① 打开"商超工作人员登记表"的数据视图。

② 把光标定位在"性别"列中任意一个值为"女"的单元格中，单击"性别"后面的小三角形，在列表中，将"性别"为"女"的项目选中，其他项去掉对钩，如图 3-22 所示。筛选结果如图 3-23 所示。

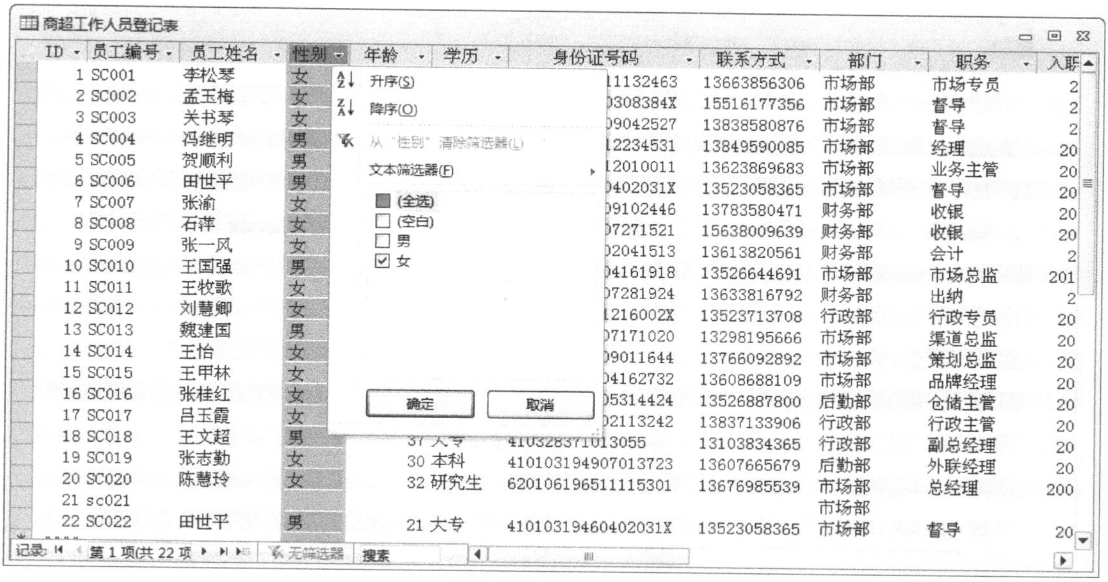

ID	员工编号	员工姓名	性别	年龄	学历	身份证号码	联系方式	部门	职务	入职
1	SC001	李松琴	女			11132463	13663856306	市场部	市场专员	2
2	SC002	孟玉梅	女			0308384X	15516177356	市场部	督导	2
3	SC003	关书琴	女			09042527	13838580876	市场部	督导	2
4	SC004	冯继明	男			12234531	13849590085	市场部	经理	20
5	SC005	贺顺利	男			12010011	13623869683	市场部	业务主管	20
6	SC006	田世平	男			0402031X	13523058365	市场部	督导	20
7	SC007	张渝	女			09102446	13783580471	财务部	收银	20
8	SC008	石萍	女			07271521	15638009639	财务部	收银	20
9	SC009	张一风	女			02041513	13613820561	财务部	会计	2
10	SC010	王国强	男			04161918	13526644691	市场部	市场总监	201
11	SC011	王牧歌	女			07281924	13633816792	财务部	出纳	2
12	SC012	刘慧卿	女			1216002X	13523713708	行政部	行政专员	20
13	SC013	魏建国	男			07171020	13298195666	市场部	渠道总监	20
14	SC014	王怡	女			09011644	13766092892	市场部	策划总监	20
15	SC015	王甲林	女			04162732	13608688109	市场部	品牌经理	20
16	SC016	张桂红	女			05314424	13526887800	后勤部	仓储主管	20
17	SC017	吕玉霞	女			02113242	13837133906	行政部	行政主管	20
18	SC018	王文超	男	37	大专	410328371013055	13103834365	行政部	副总经理	20
19	SC019	张志勤	女	30	本科	410103194907013723	13607665679	后勤部	外联经理	20
20	SC020	陈慧玲	女	32	研究生	620106196511115301	13676985539	市场部	总经理	200
21	sc021							市场部		
22	SC022	田世平	男	21	大专	41010319460402031X	13523058365	市场部	督导	20

图 3-22 按“选定内容”筛选

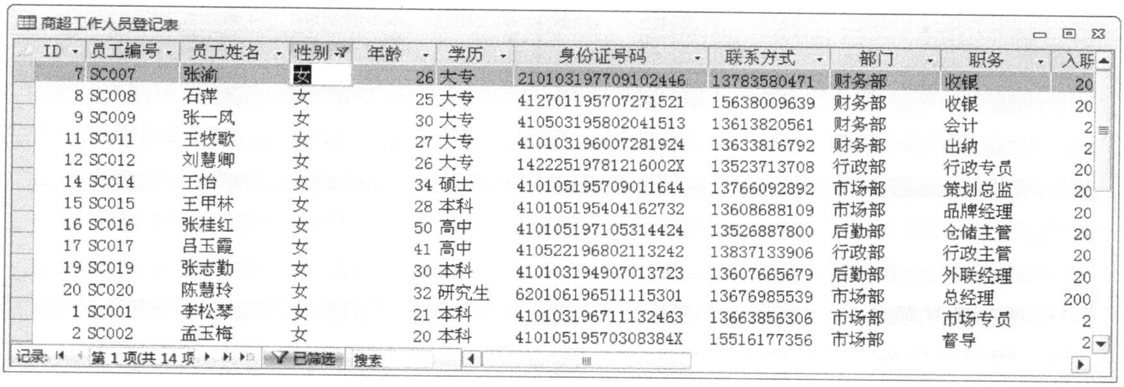

ID	员工编号	员工姓名	性别	年龄	学历	身份证号码	联系方式	部门	职务	入职
7	SC007	张渝	女	26	大专	210103197709102446	13783580471	财务部	收银	20
8	SC008	石萍	女	25	大专	412701195707271521	15638009639	财务部	收银	20
9	SC009	张一风	女	30	大专	410503195802041513	13613820561	财务部	会计	2
11	SC011	王牧歌	女	27	大专	410103196007281924	13633816792	财务部	出纳	2
12	SC012	刘慧卿	女	26	大专	14222519781216002X	13523713708	行政部	行政专员	20
14	SC014	王怡	女	34	硕士	410105195709011644	13766092892	市场部	策划总监	20
15	SC015	王甲林	女	28	本科	410105195404162732	13608688109	市场部	品牌经理	20
16	SC016	张桂红	女	50	高中	410105197105314424	13526887800	后勤部	仓储主管	20
17	SC017	吕玉霞	女	41	高中	410522196802113242	13837133906	行政部	行政主管	20
19	SC019	张志勤	女	30	本科	410103194907013723	13607665679	后勤部	外联经理	20
20	SC020	陈慧玲	女	32	研究生	620106196511115301	13676985539	市场部	总经理	200
1	SC001	李松琴	女	21	本科	410103196711132463	13663856306	市场部	市场专员	2
2	SC002	孟玉梅	女	20	本科	41010519570308384X	15516177356	市场部	督导	2

图 3-23 按“选定内容”筛选的结果

2．按窗体筛选

在“商超工作人员登记表”中，筛选出所属部门为“市场部”和“行政部”的员工。

这是一种快速筛选的方法，并且可以对两个以上字段的值进行筛选。按窗体筛选时，数据表转变为一个记录形式，并且在每个字段上都出现一个下拉列表框，可以从每个列表框中选取一个值作为筛选的内容。

① 打开“商超工作人员登记表”的数据视图。

② 单击“开始”选项卡的“排序和筛选”命令组中的“高级”→“按窗体筛选”命令，这时表的数据视图只有一条记录，在“部门”的下拉列表中选择“市场部”，如图 3-24 所示，然后单击表下方的“或”选项卡，再在“部门”的下拉列表中选择“行政部”。

③ 单击“排序/筛选”命令组中的“高级”→“应用筛选/排序”命令，则显示筛选结果，如图 3-25 所示。

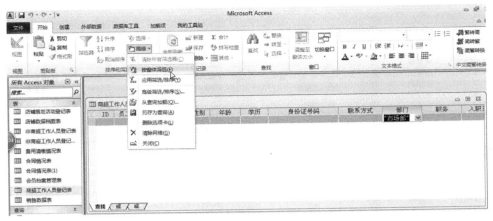

图 3-24　按窗体筛选

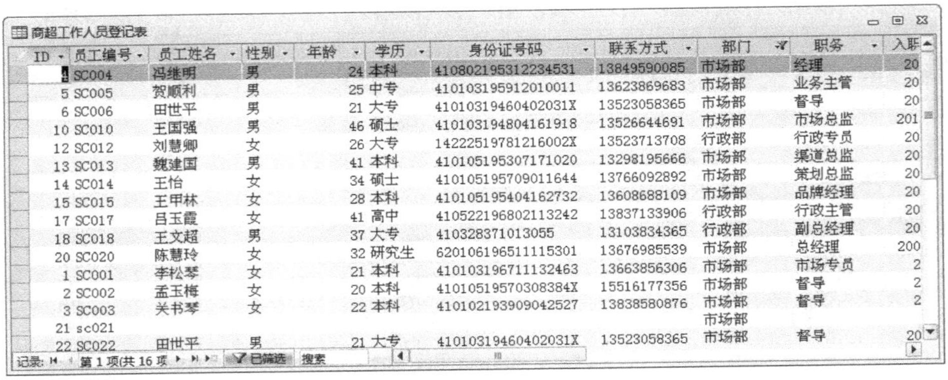

图 3-25　按窗体筛选的结果

3．按筛选目标筛选

在"销售数据表"中，筛选出原价>400 的产品记录。

按筛选目标筛选是使用输入的值（或条件表达式）来查找仅包含该值的记录（或满足该条件表达式的记录）。

① 打开"销售数据表"的数据视图。

② 在"原价"列中单击鼠标右键，在弹出的快捷菜单中的"数字筛选器"菜单中选择"大于"并输入筛选条件">400"，如图 3-26 所示。然后按回车键得到筛选结果，如图 3-27 所示。

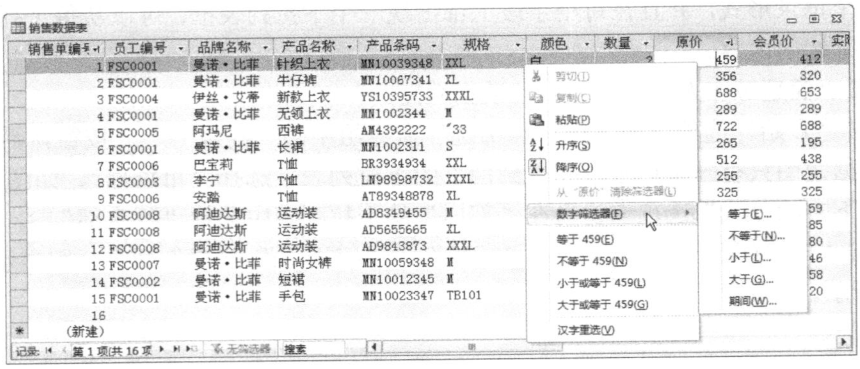

图 3-26　按筛选目标筛选

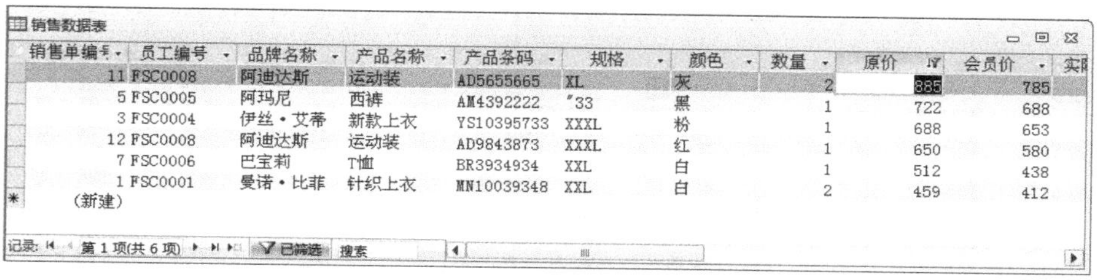

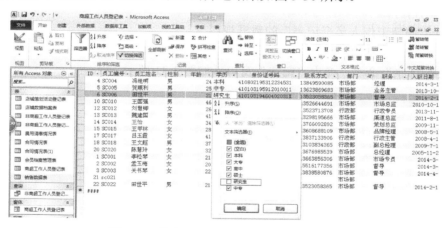

图 3-27　按筛选目标筛选的结果

4．内容排除筛选

在"商超工作人员登记表"中，筛选出除"研究生"以外的其他员工记录。

内容排除筛选是指在数据表中保留与选定内容不同的记录。

① 打开"商超工作人员登记表"的数据视图。

② 把光标定位在"学历"列中任意一个值为"研究生"的单元格中，单击功能组中的"筛选器"命令，如图 3-28 所示，将"研究生"复选框中的对钩去掉，其他均选中，则显示出除"研究生"以外的其他记录；或在"研究生"单元格上右击，在弹出的快捷菜单中选择不包含，并输入"研究生"，如图 3-29 所示。最终的筛选结果如图 3-30 所示。

图 3-28　筛选出除"研究生"外的其他记录

图 3-29　筛选出除"研究生"外的其他记录

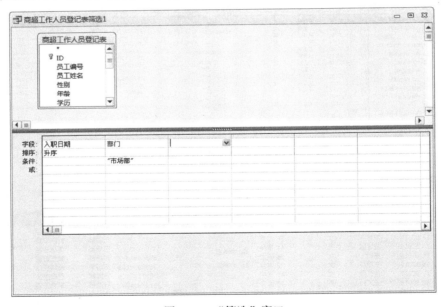

ID ·	员工编号 ·	员工姓名 ·	性别 ·	年龄 ·	学历 $\mathcal{Y}$	身份证号码 ·	联系方式 ·	部门 $\mathcal{Y}$	职务 ·	入职
4	SC004	冯继明	男	24	本科	410802195312234531	13849590085	市场部	经理	20
5	SC005	贺顺利	男	25	中专	410103195912010011	13623869683	市场部	业务主管	20
10	SC010	王国强	男	46	硕士	410103194804161918	13526644691	市场部	市场总监	201
12	SC012	刘慧卿	女	26	大专	14222519781216002X	13523713708	行政部	行政专员	20
13	SC013	魏建国	男	41	本科	410105195307171020	13298195666	市场部	渠道总监	20
14	SC014	王怡	女	34	硕士	410105195709011644	13766092892	市场部	策划总监	20
15	SC015	王甲林	女	28	本科	410105195404162732	13608688109	市场部	品牌经理	20
17	SC017	吕玉霞	女	41	高中	410522196802113242	13837133906	行政部	行政主管	20
18	SC018	王文超	男	37	大专	410328371013055	13103834365	行政部	副总经理	20
1	SC001	李松琴	女	21	本科	410103196711132463	13663856306	市场部	市场专员	2
2	SC002	孟玉梅	女	20	本科	41010519570308384X	15516177356	市场部	督导	2
3	SC003	关书琴	女	22	本科	410102193909042527	13838580876	市场部	督导	2
21	sc021							市场部		
22	SC022	田世平	男	21	大专	41010319460402031X	13523058365	市场部	督导	20

记录: ⏮ 第 1 项(共 14 项 ▶ ▶⏭ ▶ ▼ 已筛选 搜索 ◀ ⸽ ▶

图 3-30　筛选出除"研究生"外的其他记录的结果

5. 高级筛选/排序

在"商超工作人员登记表"中，筛选出"部门"为"市场部"的员工，并按入职日期先后排序。

前面 4 种筛选都属于简单筛选，而使用"高级筛选/排序"可以根据比较复杂的条件对数据进行筛选并且排序。

① 打开"商超工作人员登记表"的数据视图。

② 光标定位在"部门"列，单击"开始"选项卡，选择"排序与筛选"功能组→"高级"→"高级筛选/排序"命令，弹出"筛选"窗口，如图 3-31 所示。

图 3-31　"筛选"窗口

③ 在筛选设计网格第一列字段下拉列表中选择"入职日期"，选择排序项为"升序"，在第二列"条件"中输入""市场部""，注意这里的引号是西文字符。

④ 单击命令组中"高级"中的"应用筛选"按钮，完成高级筛选。筛选后的结果如图 3-32 所示。

图 3-32 筛选出"部门"为"市场部"的员工，并按入职日期先后排序

1．筛选的概念

筛选是指仅显示那些满足某种条件的数据记录，而把不满足条件的记录隐藏起来的一种操作。

2．筛选方式

Access 2010 提供了 5 种筛选方式：按选定内容筛选、按窗体筛选、按筛选目标筛选、内容排除筛选和高级筛选/排序。

（1）按选定内容筛选

"按选定内容筛选"是以数据表中的某个字段值为筛选条件，将满足条件的值筛选出来。

（2）按窗体筛选

如果"按选定内容筛选"不容易找到要筛选的记录或希望设置多个筛选条件时，可以使用"按窗体筛选"。按窗体筛选记录时，Access 将记录表变成一个空白的视图窗体，每个字段是一个列表框。用户通过单击相关的字段列表框选取某个字段值作为筛选的条件。对于多个筛选条件的选取，还可以单击窗体底部的"或"标签确定字段之间的关系。

（3）按筛选目标筛选

"按筛选目标筛选"是通过在窗体或数据表中输入筛选条件（值或条件表达式）来筛选满足条件（包含该值或满足该条件表达式）的所有记录。

（4）内容排除筛选

"内容排除筛选"是指在数据表中将满足条件的记录筛选出去，而保留那些不满足条件的记录。

（5）高级筛选

"高级筛选"即使用"高级筛选/排序"功能，适合于较为复杂的筛选需求。用户可以为筛选指定筛选条件和准则，同时还可以将筛选出来的结果排序。

任务 6 设置"商超工作人员登记表"的格式

如果不进行设置，表数据视图的格式是 Access 2010 默认的格式，如图 3-33 所示就是"商超工作人员登记表"的默认格式，用户很可能对这种默认格式不满意。本任务将通过对"商超工作人员登记表"格式的设置学习在表数据视图中调整表的外观的方法，包括修改数据表的格式、设置字体及字号、改变行高和列宽及背景色彩等。

图 3-33   "商超工作人员登记表"的默认格式

方法与步骤

1．设置列宽和行高

可以通过手动调节和设定参数这两种方法来设置表的列宽和行高。

（1）手动调节列宽

由于"商超工作人员登记表"各列的数据宽度不同，因此应根据实际需要手动调节列宽。将鼠标移动到表中两个字段的列定位器的交界处，待鼠标变成上下十字箭头形状后，按下鼠标左键，向左或向右拖曳至所需要的列宽度，如图 3-34 所示。

图 3-34   手动调节列宽

（2）通过设定参数来调节行高

由于“商超工作人员登记表”各行的高度应该相同，因此可以通过设定参数来调节行高。在数据表中，选中多行，在行前标识上右击，弹出快捷菜单，从中选择“行高”命令，如图 3-35 所示，弹出“行高”对话框，如图 3-36 所示。

ID	员工编号	员工姓名	性别	年龄	学历	身份证号码	联系方式	部门	职务	入职日期
1	SC001	李松琴	女	21	本科	410103196711132463	13663856306	市场部	市场专员	2014-3-
		孟玉梅	女	20	本科	41010519570308384X	15516177356	市场部	督导	2014-3-
		关书琴	女	22	本科	410102193909042527	13838580876	市场部	督导	2014-4-
		冯继明	男	24	本科	410802195312234531	13849590085	市场部	经理	2014-3-1
		贺顺利	男	25	中专	410103195912010011	13623869683	市场部	业务主管	2013-10-
		田世平	男	21	研究生	41010319460402031X	13523058365	市场部	督导	2014-2-1
		张渝	女	26	大专	210103197709102446	13783580471	财务部	收银	2013-10-
		石萍	女	25	大专	412701195707271521	15638009639	财务部	收银	2014-2-1
		张一风	女	30	大专	410503195802041513	13613820561	财务部	会计	2012-5-
		王国强	男	46	硕士	410103194804161918	13526644691	市场部	市场总监	2010-10-1

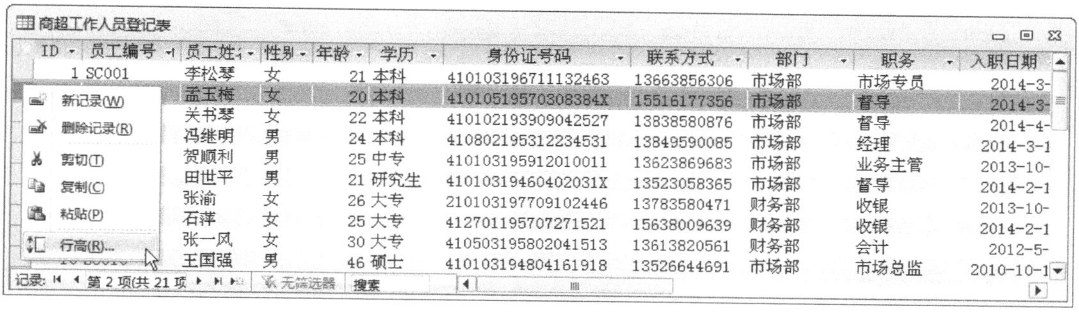

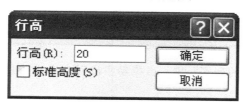

图 3-35　行高设置快捷菜单

图 3-36　“行高”对话框

在对话框中输入行高的参数（如“20”），单击“确定”按钮。设置了行高参数为“20”以后的“商超工作人员登记表”如图 3-37 所示。

ID	员工编号	员工姓名	性别	年龄	学历	身份证号码	联系方式	部门	职务	入职日期
1	SC001	李松琴	女	21	本科	410103196711132463	13663856306	市场部	市场专员	2014-3-
2	SC002	孟玉梅	女	20	本科	41010519570308384X	15516177356	市场部	督导	2014-3-
3	SC003	关书琴	女	22	本科	410102193909042527	13838580876	市场部	督导	2014-4-
4	SC004	冯继明	男	24	本科	410802195312234531	13849590085	市场部	经理	2014-3-1
5	SC005	贺顺利	男	25	中专	410103195912010011	13623869683	市场部	业务主管	2013-10-
6	SC006	田世平	男	21	研究生	41010319460402031X	13523058365	市场部	督导	2014-2-1
7	SC007	张渝	女	26	大专	210103197709102446	13783580471	财务部	收银	2013-10-
8	SC008	石萍	女	25	大专	412701195707271521	15638009639	财务部	收银	2014-2-1
9	SC009	张一风	女	30	大专	410503195802041513	13613820561	财务部	会计	2012-5-
10	SC010	王国强	男	46	硕士	410103194804161918	13526644691	市场部	市场总监	2010-10-1
11	SC011	王牧歌	女	27	大专	410103196007281924	13633816792	财务部	出纳	2009-8-

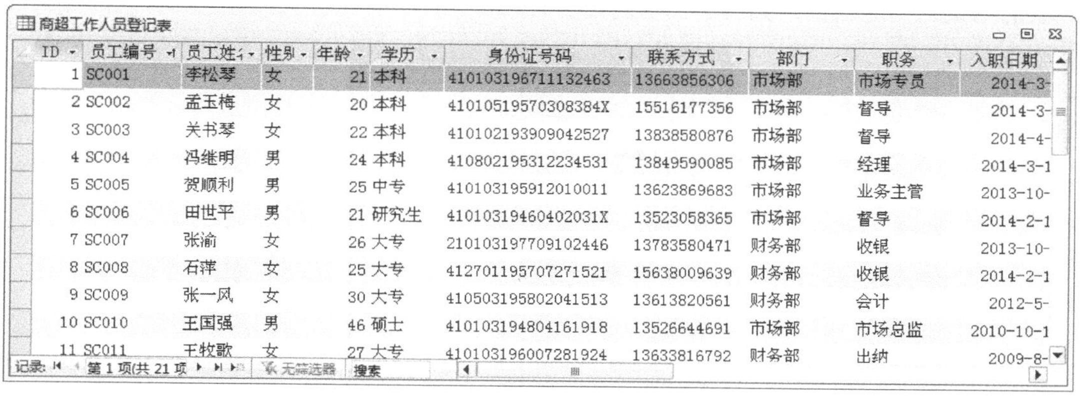

图 3-37　设置行高参数为“20”的“商超工作人员登记表”

2．隐藏列/取消隐藏列

若要将“商超工作人员登记表”中的“身份证号码”列暂时隐藏起来，操作步骤如下：

① 打开“商超工作人员登记表”的数据视图。

② 单击“身份证号码”字段的列选定器选中该列，单击鼠标右键，在弹出的快捷菜单中选择“隐藏字段”命令，如图 3-38 所示，则“身份证号码”字段被隐藏起来。

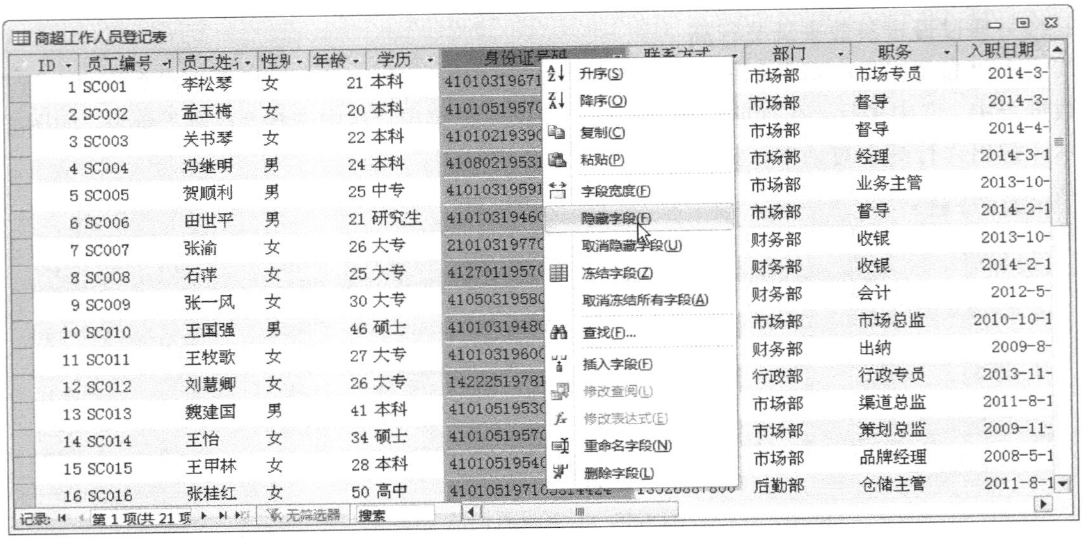

图 3-38　选择"隐藏字段"命令

说明 ---

　　在前面讲到的"设置表的列宽"中，当拖动字段列右边界的分隔线超过左边界时，也可以隐藏该列。

　　如果要将隐藏的列重新显示出来，操作步骤如下：

　　① 选中任何一列，单击鼠标右键，在弹出的快捷菜单中选择"取消隐藏字段"命令，打开"取消隐藏列"对话框，如图 3-39 所示。

图 3-39　"取消隐藏列"对话框

　　② 在"列"列表框中，选中"身份证号码"复选框，单击"关闭"按钮，则"身份证号码"字段就在数据表中重新显示出来。

🔊 **说明** --

　　隐藏列是将数据表中的某些列隐藏起来，在数据表中不显示出来。隐藏列并没有将这些列删除，这样做的目的是为了在数据表中只显示那些需要的数据。撤销隐藏列是将隐藏的列重新显示出来。

3．冻结/取消冻结列

　　在实际应用中，有的数据表的字段较多，数据表显得很宽，屏幕不能把数据表的所有字段都显示出来，只能通过水平滚动条，当要比对两个或多个间隔较远的字段时很不方便。此时可以利用"冻结列"的功能将表中一部分重要的字段固定在屏幕上，所有冻结的列将自动连续排列于表的左端。

　　如果要冻结"商超工作人员登记表"中的"员工编号"和"员工姓名"字段，操作步骤如下：

　　① 打开"商超工作人员登记表"的数据视图。

　　② 选定"员工编号"和"员工姓名"两列，单击鼠标右键，在弹出的快捷菜单中选择"冻结字段"命令，则这两列就被显示在表格的最左边，如图 3-40 所示。

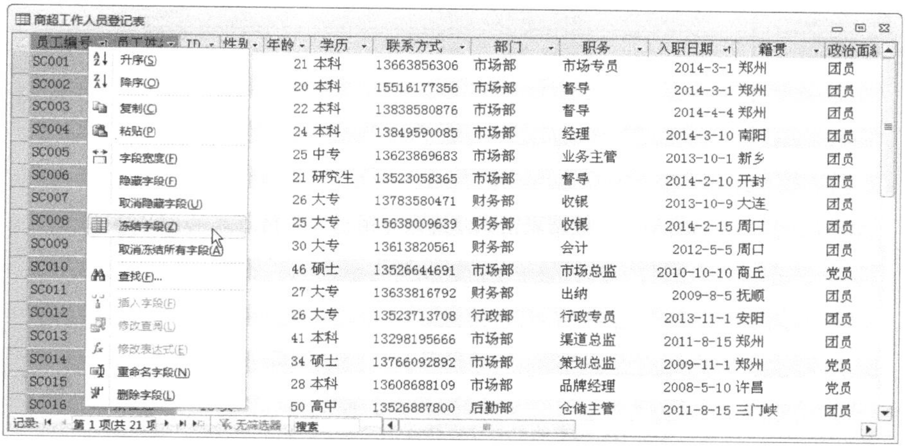

图 3-40　选择"冻结字段"命令

此时拖动水平滚动条，这两个字段始终显示在窗口的最左边，如图 3-41 所示。

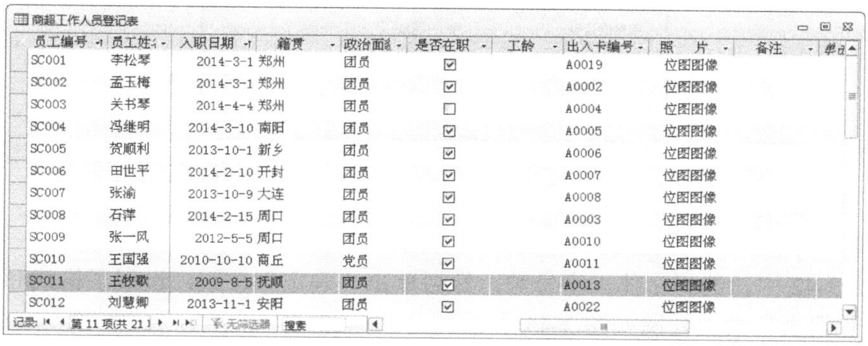

图 3-41　冻结了"员工编号"列和"员工姓名"列以后的效果

如果要取消冻结列，只需单击菜单"格式"→"取消对所有列的冻结"命令即可。

4．设置数据表的样式

表数据视图默认的表格样式是白底、黑字、细表格线形式。根据需要可以改变表数据视图的样式，使表格变得更加多样化，更加美观。下面设置员工表的样式。

（1）设置"商超工作人员登记表"的格式

① 打开"商超工作人员登记表"的数据视图。

② 单击"开始"功能选项卡，选择"文本格式"命令组中的各项命令可修改数据表格式，如图 3-42 所示。单击下拉三角形打开"设置数据表格式"对话框，设置"商超工作人员登记表"的表格格式：单元格效果（平面）、背景色（蓝色）、网格线颜色（白色）、边框（实线）、水平和垂直下画线（点线）等，然后单击"确定"按钮，如图 3-43 所示。

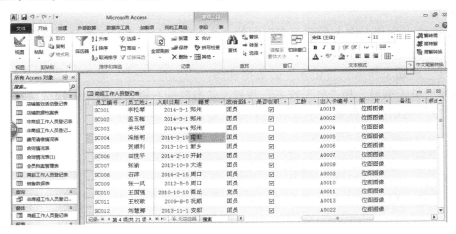

图 3-42　数据表格式修饰命令组（文本格式）

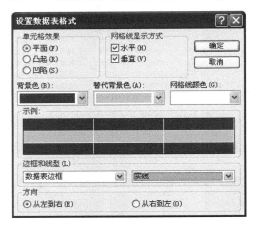

图 3-43　"设置数据表格式"对话框

（2）设置"商超工作人员登记表"的字体

① 打开"商超工作人员登记表"的数据视图。

② 在图 3-42 中，选择字体、字号等，然后单击"确定"按钮，设置了格式和字体的"商超工作人员登记表"数据视图如图 3-44 所示。

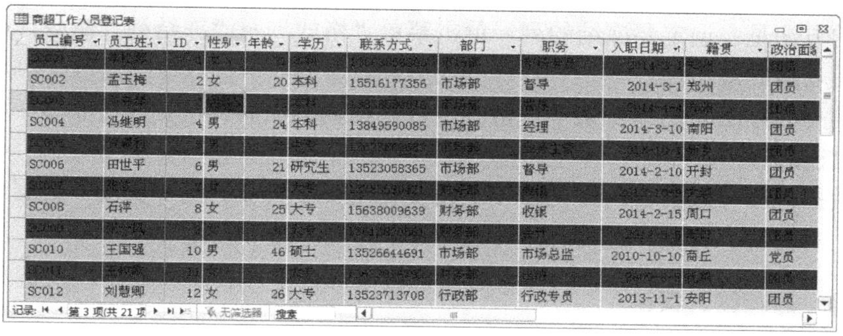

图 3-44　设置了格式和字体的"商超工作人员登记表"数据视图

相关知识与技能

1．设置表数据视图格式的意义

如果不进行设置，表数据视图的格式是 Access 2010 默认的格式，这种默认格式往往不能令人满意。因此在建立了数据表以后，通常需要调整表的外观。设置表数据视图格式包括设置数据表的样式、设置字体及字号、改变行高和列宽、调整字段的排列次序和背景色彩等。

2．调整表的列高和行宽

调整表的列高和行宽有用手动调节和设定参数两种方法。

① 手动调节：将鼠标移动到表中两个字段的列定位器（或两条记录的行定位器）的交界处，待鼠标变成上下十字箭头形状后，按下鼠标左键，向左右（上下）拖曳至所需要的列宽度（行高度）。

② 设定参数调节：单击菜单"格式"→"行高"（或"列宽"）命令，弹出"行高"（或"列宽"）对话框，在对话框中输入行高（或列宽）的参数，单击"确定"按钮。

③ 可以通过双击字段的右边界改变列的宽度，并使之达到最佳设置，这时列的宽度与字段中最长的数据的宽度相同。

④ 不因为重新设定列的宽窄而改变表中字段的"字段大小"属性所允许的字符长度，它只是简单地改变字段列在表数据视图中显示区域的宽度。

3．隐藏列/取消隐藏列

当一个数据表的字段较多，使得屏幕的宽度无法全部显示表中所有的字段时，可以将那些不需要显示的列暂时隐藏起来。

隐藏不是删除，只是在屏幕上不显示出来而已，当需要再显示时，还可以取消隐藏恢复显示。

隐藏列的方法是：选中要隐藏的列，单击菜单"格式"→"隐藏列"命令，即可以隐藏所选择的列。

取消隐藏列的方法是：单击菜单"格式"→"取消隐藏列"命令，在打开的"取消隐藏列"对话框中选中要取消隐藏的列的复选框，单击"关闭"按钮。

在使用鼠标拖动来改变列宽时，当拖动列右边界的分隔线超过左边界时，也可以隐藏该列。

4．冻结/取消冻结列

对于较宽的数据表而言，在屏幕上无法显示出全部字段内容，给查看和输入数据带来不便。此时可以利用"冻结列"的功能将表中一部分重要的字段固定在屏幕上。

冻结列的方法是：选定要冻结的列，单击菜单"格式"→"冻结列"命令，则选中的列就被"冻结"在表格的最左边。

取消冻结列的方法是：单击菜单"格式"→"取消对所有列的冻结"命令。

5．设置数据表样式

设置表数据视图样式的目的是为了使表格变得更加多样化，更加美观。数据表的样式包括单元格效果、网格线、背景、边框、字体、字形、字号和字的颜色等。

项目拓展　保存筛选条件

在实际应用中，需要经常按照某种条件对数据表进行筛选。当退出 Access 后，若希望下次还能使用这个筛选条件，就需要保存筛选条件。

1．保存高级筛选中的条件

当退出"筛选"窗口时，系统会提示用户是否保存对表的更改，如图 3-45 所示。

图 3-45　保存筛选

单击"是"按钮，系统将保存筛选条件。下一次打开表时，单击工具栏上"应用筛选"按钮，筛选就会自动进行。

2．保存多个筛选

若在一个表上已经建立好一个筛选，如果又建立了一个新的筛选，最初的筛选条件就会被覆盖。如果想在一个表上建立多个筛选，而且想把这些筛选都保存下来，可以选择"文件"菜单中的"保存为查询"命令。操作步骤如下：

① 在建立高级筛选的"筛选"窗口中，单击"高级"中的"另存为查询"命令，如图 3-46 所示，打开"另存为查询"对话框，如图 3-47 所示。

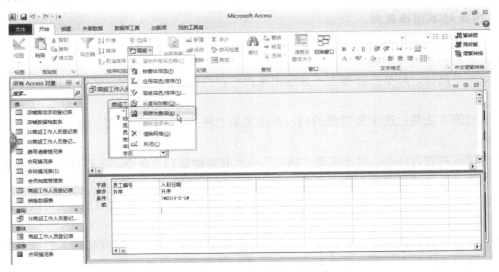

图 3-46　"另存为查询"命令

图 3-47　"另存为查询"对话框

② 输入要保存筛选的名称，单击"确定"按钮。

下次想使用这个筛选时，可以打开这个查询运行。

上机实训

实训 1　表的修改、查找与替换

【实训要求】

1．插入字段

在"龙兴商城管理"数据库的"商超工作人员登记表"中，添加"毕业院校"字段，其字段属性为文本，20，并自拟数据输入。

2．添加记录

① 为"商超工作人员登记表"添加 2 条记录，数据自拟。

② 为"销售数据表"添加 2 条记录，数据自拟。

③ 为"店铺数据档案表"添加 2 条记录，数据自拟。

3．修改字段

① 将"店铺数据档案表"的"进驻商城时间"字段改为"进驻日期"。

② 在"销售数据表"中的"销售单编号"字段后插入一列，设置字段名称为"销售日期"，类型为"日期"，"长日期格式"。

4．修改记录

在"商超工作人员登记表"中，将每位员工的"入职日期"字段的值增加一年。

5．查找数据

在"商超工作人员登记表"中，查找性别为"女"的记录；查找"姓名"中包含"张"的记录；查找在 1981 年以前出生的员工的记录。

6．替换数据

在"商超工作人员登记表"中，将所有性别为"女"的记录的"职务"字段都替换为"销售主管"。

实训 2　记录数据的排序、筛选与表的修饰

【实训要求】

1．记录数据的排序

① 在"店铺数据档案表"中，按"店铺名称"字段升序排序，要注意汉字排序的规则。

② 在"店铺数据档案表"中，按"进驻日期"从小到大排序。

③ 在"店铺数据档案表"中，按"店铺面积"和"身份证号码"两个字段进行排序，店铺面积相同者，再按身份证号码从小到大排序。

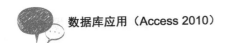

2．记录数据的筛选

① 在"商超工作人员登记表"中，筛选显示出所有"工龄"高于 5 的员工。

② 在"商超工作人员登记表"中，筛选显示出所有年龄>30 的员工。

3．表的修饰

对"招聘员工登记表"的数据视图进行修饰，要求设置表数据视图的单元格效果、网格线、背景、边框、字体、字形、字号和字的颜色等。

总结与回顾

本章主要学习数据表常用的基本操作，重点学习数据表的编辑修改、查找替换、数据的排序筛选及数据表的格式设置。需要理解掌握的知识、技能如下。

1．表结构的添加、删除和编辑修改

表结构的修改包括字段名称、数据类型和字段属性等。修改表的结构还包括添加字段、删除字段、改变字段的顺序等。修改表的结构是在表的设计视图中完成的。

2．修改表的主关键字

如果需要改变数据表中原有的主关键字，一般采用重新设置主关键字的方法。

一个数据表中只能有一个主关键字，因此重新设置了主关键字以后，原有的主关键字将被新的主关键字取代。

如果该数据表已与别的数据表建立了关系，则要先取消关系，然后才能重设主关键字。

3．数据表的编辑修改

修改数据表主要包括添加记录、删除记录和修改记录数据。修改数据表是在数据表视图中进行的。

4．数据的查找与替换

查找和替换操作也都在表的数据视图中进行。先选择要查找和替换的内容，在"查找和替换"对话框中输入查找范围和查找方式，确定后即可完成查找和替换操作。

5．数据的排序

"排序"是将表中的记录按照一个字段或多个字段的值重新排列。有"升序"和"降序"两种排列方式。

排序规则如下：

① 数字按大小排序。

② 英文字母按照 26 个字母的顺序排序（大小写视为相同）。

③ 中文按照汉语拼音字母的顺序排序。

④ 日期和时间字段按日期值的顺序排序。

⑤ 数据类型为备注、超级链接或 OLE 对象的字段不能排序。

⑥ "文本"类型的数字作为字符串排序。

6．数据的筛选

（1）筛选的概念

从数据表中找出满足一定条件的记录称为"筛选"。

（2）5 种筛选方式

① 按选定内容筛选。

② 按窗体筛选。

③ 按筛选目标筛选。

④ 内容排除筛选。

⑤ 高级筛选/排序。

7．设置数据表的格式

设置数据表格式的目的是为了使数据表醒目美观，更加符合用户的要求。

设置数据表格式包括设置数据表的样式、字体及字号，行高和列宽，字段的排列次序和设置背景色彩等。

思考与练习

一、选择题

I. 在表的设计视图的"字段属性"框中，默认情况下，"标题"属性是（　　）。

    A. 字段名　　　　B. 空　　　　　　　C. 字段类型　　　　　　D. Null

2. 在表的设计视图中，要插入一个新字段，应将光标移动到位于插入字段之后的字段上，在"插入"菜单中选择（　　）命令。

    A. 新记录　　　　B. 新字段　　　　　C. 行　　　　　　　　　D. 列

3. 在表的数据视图中把光标定位在最后一行可以单击"插入"菜单，选取（　　）命令。

    A. 新记录　　　　B. 新字段　　　　　C. 行　　　　　　　　　D. 列

4. 在对某字符型字段进行升序排序时，假设该字段存在 4 个值："100"、"22"、"18"和"3"，则最后排序结果是（　　）。

    A. "100"、"22"、"18"、"3"　　　　　　B. "3"、"18"、"22"、"100"

    C. "100"、"18"、"22"、"3"　　　　　　D. "18"、"100"、"22"、"3"

5. 在对某字符型字段进行升序排序时，假设该字段存在 4 个值："中国"、"美国"、"俄罗斯"和"日本"，则最后排序结果是（　　）。

    A. "中国"、"美国"、"俄罗斯"、"日本"

    B. "俄罗斯"、"日本"、"美国"、"中国"

    C. "中国"、"日本"、"俄罗斯"、"美国"

    D. "俄罗斯"、"美国"、"日本"、"中国"

6. 在查找和替换操作中，可以使用通配符，下列不是通配符的是（　　）。

    A. *　　　　　　　B. ?　　　　　　　C. !　　　　　　　　　D. @

二、填空题

I. 对表的修改分为对_____的修改和对_____的修改。

2. 在"查找和替换"对话框中，"查找范围"列表框用来确定在哪个字段中查找数据，"匹配"列表框用来确定匹配方式，包括_____、_____ 和_____3 种方式。

3. 在查找时，如果确定了查找内容的范围，可以通过设置_____来减小查找的范围。

4. 数据类型为_____、_____或_____的字段不能排序。

5. 设置表的数据视图的列宽时，当拖动字段列右边界的分隔线超过左边界时，将会_____

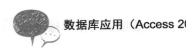

该列。

6. 数据检索是组织数据表中数据的操作，它包括_____和_____等。

7. 当冻结某个或某些字段后，无论怎样水平滚动窗口，这些被冻结的字段列总是固定可见的，并且显示在窗口的_____。

8. Access 2010 提供了_____、_____、_____、_____、_____ 5种筛选方式。

三、判断题

1. 编辑修改表的字段（也称为修改表结构），一般是在表的设计视图中进行的。　　　　（　　）

2. 修改字段名时不影响该字段的数据内容，也不会影响其他基于该表创建的数据库对象。（　　）

3. 数据表字段的最初排列顺序与数据表创建时字段的输入顺序是一致的。　　　　（　　）

4. 一个数据表中可以有多个主关键字。　　　　（　　）

5. 删除记录的过程分两步进行。先选定要删除的记录，然后将其删除。　　　　（　　）

6. 查找和替换操作是在表的数据视图中进行的。　　　　（　　）

7. 在 Access 中进行排序，英文字母是按照字母的 ASCII 码顺序排序的。　　　　（　　）

8. 隐藏列的目的是为了在数据表中只显示那些需要的数据，而并没有删除该列。　　　　（　　）

四、简答题

1. 修改字段的数据类型会出现什么问题？如何解决？

2. 简述多字段排序的排序过程。

3. 在 Access 2010 中，排序记录时中文、英文和数字的排序规则是什么？

4. 如何使用鼠标拖动的方法隐藏字段列？

第4章

查询的创建与应用

　　建立数据库的目的，是在数据库中保存大量的数据，并能够按照一定的条件从数据库中检索出需要的信息。在 Access 2010 中，进行数据检索是通过创建查询并运行查询来实现的。

　　使用查询可以查看、添加、更改或删除数据库中的数据。使用查询可以回答有关数据的特定问题，使用查询可以筛选数据、执行数据计算和汇总数据、执行数据管理任务，也可以利用查询来组合不同表中的信息，从而为相关数据项提供一个统一的视图。使用查询可以迅速从数据表中获得需要的数据，还可以通过查询对表中的数据进行添加、删除和修改操作，查询结果还可以作为窗体、报表、查询和页的数据来源，从而增加数据库设计的灵活性。就"龙兴商城管理"数据库来说，我们需要检索员工的基本信息，查询员工家庭信息、统计员工工资，这些都是查询。本章主要是以大家已经建立的"龙兴商城管理"数据库为例，介绍创建各种查询的方法和步骤。

学习内容

● 表间关系的概念，学会定义表间关系
● 查询的概念及作用
● 使用查询向导创建各种查询
● 查询设计视图的使用方法
● 在查询设计网格中添加字段、设置查询条件的各种操作方法
● 计算查询、参数查询、交叉表查询的创建方法
● 操作查询的设计和创建方法

任务1 定义"龙兴商城管理"数据库的表间的关系

任务描述与分析

　　龙兴商城在管理过程中，不允许商城中各商铺自设收银，均由商城统一办理收款，每月都要给各个商铺按照入驻时签订的合同，根据不同的合作方式商城扣除一部分费用，剩余款由财务返回各个合同签订人。这时财务就要根据每月的销售数据表，查询当月每个店铺的销售情况，并查询合同，扣除清缴的费用，将余款返回给商家。店铺法人要根据销售情况表查询当月本店的销售情况、每个员工的销售情况、办理会员的情况，好为本店员工发工资、奖金等，这一简单的操作，需要在"龙兴商城管理"数据库中打开不同表进行，因此需要为数据表建立各种关系。

　　在"龙兴商城数据管理系统"内的数据并不是孤立的，而是有着各种各样的关联，"销售数据表"用于统计当天商城内所有的销售记录，"合同情况表"记录签订合同的基本情况，"店铺数据档案表"记录店铺的基本情况，如面积、位置、员工人数等。这些数据不在同一个表中显示，而财务在使用时也不需要完全了解更多的详细情况，这样，数据之间需要一种"关系"联结起来，满足这种需求，形成一种"有用的"数据集合。这种"关系"的建立是基于不同的字段来联结的。

　　"合同情况表"和"店铺数据档案表"通过"合同编号"建立"关系"，可以获得店铺的详细信息；"销售数据表"和"非商超工作人员登记表"基于"费用清缴情况表"中的"员工编号"、"店铺编号"字段联结起来，形成了一个新的数据集合："非商超工作人员登记表"、"会员档案管理表"、"店铺策划活动登记表"基于表中的"员工编号"、"店铺编号"字段建立3个表的关系，可以获得商铺人员业务的完整信息。

方法与步骤

1．建立关系

　　① 打开"龙兴商城管理"数据库，单击"数据库工具"功能卡，在"关系"命令组中，单击工具栏的"关系"按钮，如图4-1所示，打开关系命令工具组，如图4-2所示。

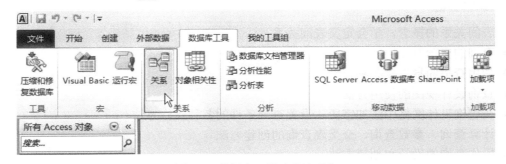

图4-1　数据库工具功能选项卡

　　② 在工具组中，单击"显示表"命令，打开"显示表"对话框，框内显示数据库中所有的表，如图4-3所示。

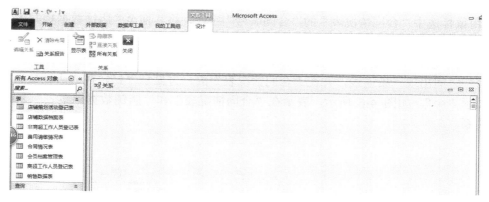

图 4-2 关系命令工具组

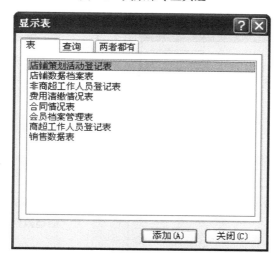

图 4-3 "显示表"对话框

③ 将数据库中的表添加到"关系"窗口中，添加后的结果如图 4-4 所示。

图 4-4 "关系"设置对话框

④ 用鼠标选中"合同情况表"的"合同编号"字段，将其拖至"店铺数据档案表"的"合同编号"字段上，弹出"编辑关系"对话框，选中"实施参照完整性"，如图 4-5 所示。

⑤ 单击"创建"按钮，这时在"关系"窗口中可以看出：在"合同情况表"和"店铺数据档案表"之间出现一条连线，并在"合同情况表"的一方显示"1"，在"店铺数据档案表"的一方显示"∞"，如图 4-6 所示。表示在"合同情况表"和"店铺数据档案表"之间建立了一对多关系。

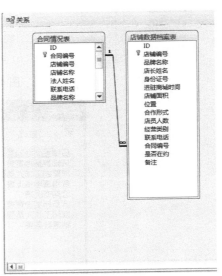

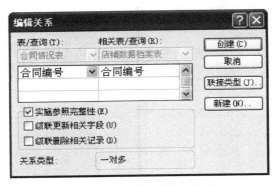

图 4-5 "编辑关系"对话框

图 4-6 "合同情况表"和
"店铺数据档案表"之间的关系

⑥ 用同样的方法，将"销售数据表"、"非商超工作人员登记表"和"费用清缴情况表"中的"员工编号"、"店铺编号"字段联结起来，形成一个新的数据集合："非商超工作人员登记表"、"会员档案管理表"、"店铺策划活动登记表"，基于表中的"员工编号"和"店铺编号"字段建立 3 个表的关系，如图 4-7 所示。

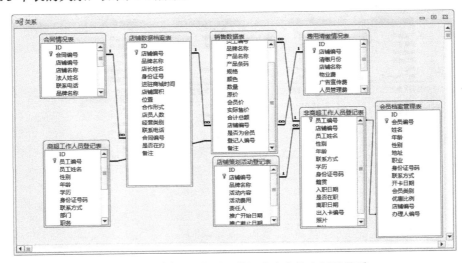

图 4-7 "龙兴商城管理"数据库中各表之间的关系

2．编辑、删除关系

① 打开导航窗格，在"数据库工具"功能选项卡中单击"关系"按钮 ，此时打开"关系"窗口，即可查看表间关系。

② 右键单击表示表间关系的连线，在弹出的快捷菜单中选择"编辑关系"选项，弹出"编辑关系"对话框。

③ 在"编辑关系"对话框的列表中选择要建立关系的表和字段，单击"确定"按钮，即可编辑、修改表间关系。

④ 在"关系"窗口，右键单击表示表间关系的连线，在弹出的快捷菜单中选择"删除"选项，弹出如图 4-8 所示的提示信息，单击"是"按钮，即可删除表间关系。

图 4-8　确定是否删除表间关系

相关知识与技能

1．关系的概念

关系是在两个表的字段之间所建立的联系。通过关系，使数据库表间的数据合并起来，形成"有用"的数据，以便于以后应用查询、窗体、报表。

2．关系类型

表间关系有三种类型：一对一关系、一对多关系、多对多关系。

① 一对一关系：若 A 表中的每一条记录只能与 B 表中的一条记录相匹配，同时 B 表中的每一条记录也只能与 A 表中的一条记录相匹配，则称 A 表与 B 表为一对一关系。这种关系类型不常用，因为大多数与此相关的信息都在一个表中。

② 一对多关系：若 A 表中的一条记录能与 B 表中的多条记录相匹配，但 B 表中的一条记录仅与 A 表中的一条记录相匹配，则称 A 表与 B 表为一对多关系。其中"一"方的表称为父表，"多"方的表称为子表。

③ 多对多关系：若 A 表中的一条记录能与 B 表中的多条记录相匹配，同时 B 表中的一条记录也能与 A 表中的多条记录相匹配，则称 A 表与 B 表为多对多关系。

多对多关系的两个表，实际上是与第三个表的两个一对多关系。因此在实际工作中，用的最多的是一对多关系。

建立表间关系的类型取决于两个表中相关字段的定义。如果两个表中的相关字段都是主键，则创建一对一关系；如果仅有一个表中的相关字段是主键，则创建一对多关系。

3．参照完整性

若已为"合同情况表"和"店铺数据档案表"建立了一对多的表间关系，并实施了参照完整性，则如果在"店铺数据档案表"的"合同编号"字段中输入的数据与"合同情况表"中的部门编号不匹配时，就会弹出如图 4-9 所示的出错提示信息。

图 4-9　出错提示

反之，如果在"店铺数据档案表"中有某部门的编号，就不能删除"合同情况表"中该部门的基本信息，否则会弹出如图 4-10 所示的出错提示信息。

图 4-10　出错提示

由于设置参照完整性能确保相关表中各记录之间关系的有效性，并且确保不会意外删除或更改相关的数据，所以在建立表间关系时，一般应同时"实施参照完整性"。

对于实施参照完整性的关系，还可以选择是否级联更新相关字段和级联删除相关记录。

如果选择了"级联更新相关字段"，则更改主表的主键值时，自动更新相关表中对应的数值；否则仅更新主表中与子表无关的主键的值。

如果选择了"级联删除相关记录"，则删除主表中的记录时，自动删除相关表中的有关记录；否则，仅删除主表中与子表记录无关的记录。

📢 说明 --

在"关系"窗口中，如果表间关系显示为：<u>1</u> <u>∞</u>，表示在定义表间关系时选择了"实施参照完整性"；如果表间关系显示为：——，表示在定义表间关系时没有选择"实施参照完整性"。

任务 2　利用查询向导查询"部门"信息

任务描述与分析

数据库的表对象中保存着大量的数据，不同类别的数据保存在不同的表中。我们在实际工作中，需要从这些表中检索出所关心的信息。

查询就是以数据库中的数据作为数据源，根据给定的条件，从指定数据库的表或查询中检索出用户要求的记录数据，形成一个新的数据集合。"查询"的字段可以来自数据库中的一个表，也可以来自多个互相之间有"关系"的表，这些字段组合成一个新的数据表视图。当改变表中的数据时，查询中的数据也会相应地发生改变，因此我们通常称查询结果为"动态记录集"。使用查询不仅可以以多种方式对表中数据进行查看，还可以使用查询对数据进行计算、排序和筛选等操作。

在 Access 2010 中可以使用两种方式创建查询，分别为使用向导创建查询和使用设计视图创建查询。由于 Access 2010 提供了使用方便的创建查询向导，所以一般情况下先用"向导"创建较简单的查询，然后在查询设计视图中对向导所创建的查询进行进一步的修改，以满足特定的需要。

本任务查询的部门信息来自于"龙兴商城管理"数据库中的"合同情况表"以及相关表，下面利用 Access 2010 提供的查询向导分别检索不同的"合同"信息。

方法与步骤

1．单一表内，查询数据的详细情况

这里查询合同信息表中，合同编号、店铺名称、法人姓名、联系电话、签订日期等。

① 打开"龙兴商城管理"数据库，单击"创建"功能选项卡，在"查询"命令组中选择"查询向导"命令，出现如图 4-11 所示的"新建查询"对话框。

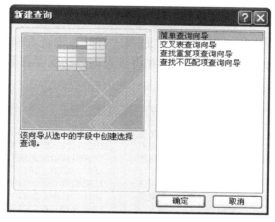

图 4-11　"新建查询"对话框

② 在"新建查询"对话框中，单击"简单查询向导"选项，然后单击"确定"按钮，打开"简单查询向导"的第一个对话框，如图 4-12 所示。

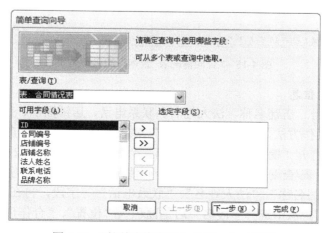

图 4-12　"简单查询向导"的第一个对话框

③ 在对话框的"表/查询"列表中选择"合同情况表"，在"可用字段"列表框中分别双击"合同编号"、"店铺名称"、"法人姓名"、"联系电话"、"合同签订日期"等字段，如图 4-13 所示，将其添加到"选定字段"列表框中。设置完成后，单击"下一步"按钮，打开"简单查询向导"的第二个对话框，如图 4-14 所示。

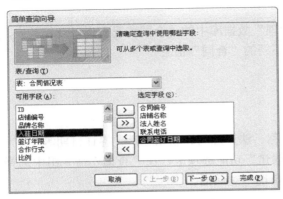

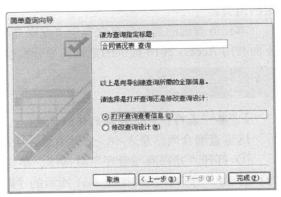

图 4-13 "简单查询向导"添加查询字段对话框　　　图 4-14 "简单查询向导"的第二个对话框

④ 输入查询标题"合同情况表 查询"，选择"打开查询查看信息"，单击"完成"按钮。这时会以"数据表"的形式显示查询结果，并将该查询自动保存在数据库中，如图 4-15 所示。

合同编号	店铺名称	法人姓名	联系电话	合同签订日期
HT201204050				
HT201403011	秋水依人	刘星星	13122565558	2014年4月5日
HT201403013	CC&DD小屋	李重阳	13211072205	2014年4月1日
HT201403015	伊丝·艾蒂	孙丽丽	13305710015	2014年3月1日
HT201403019	法国曼诺·比菲	陈珍珍	18603863243	2014年3月1日
HT201403022	阿玛尼时尚男装	张正伟	18939266790	2014年3月3日
HT201404010	范思哲时尚男装	赵泉盛	18103210544	2014年5月20日
HT201404011	巴宝莉	刘方	13607679436	2014年4月20日
HT201404015	李宁休闲服饰	杨东风	18603857677	2014年4月6日
HT201404017	安踏运动	闫会方	13663815626	2014年2月8日
HT201405005	耐克精品	张向阳	15803706388	2014年1月10日
HT201405012	阿迪达斯	梁燕	13683809638	2014年3月5日
HT201405017	新百伦世界	高勇	13903746679	2014年6月1日
HT201406001	匡威天下	甘宇祥	18937159518	2014年4月5日

记录：第 1 项(共 14 项) 无筛选器 搜索

图 4-15 "合同情况表 查询"的运行结果

2．多表数据查询信息

这里查询合同编号、店铺名称、法人姓名、联系电话、店铺面积、位置、合作形式等。

① 按照前面的操作方法，打开"新建查询"对话框，单击"简单查询向导"选项，然后单击"确定"按钮，打开"简单查询向导"的第一个对话框，如图 4-12 所示。

② 在对话框的"表/查询"列表中选择"合同情况表"，在"可用字段"列表框中分别双击"合同编号"、"店铺名称"、"法人姓名"、"联系电话"等字段，再在"表/查询"列表中选择"店铺数据档案表"，从中选择字段名"店铺面积"、"位置"、"合作形式"等，将其添加到"选定字段"列表框中，如图 4-16 所示。设置完成后，单击"下一步"按钮，打开"简单查询

向导"的第二个对话框,如图 4-17 所示。

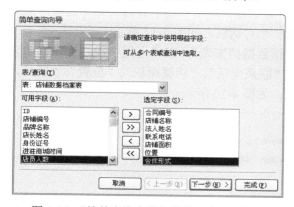

图 4-16 "简单查询向导"的第一个对话框

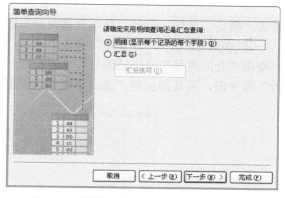

图 4-17 "简单查询向导"的第二个对话框

③ 在对话框中选择"明细(显示每个记录的每个字段)",单击 "下一步"按钮,打开"简单查询向导"的第三个对话框,如图 4-18 所示。

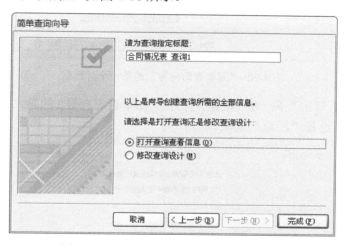

图 4-18 "简单查询向导"的第三个对话框

④ 为该查询取名为"合同情况表查询 1",查询结果如图 4-19 所示。

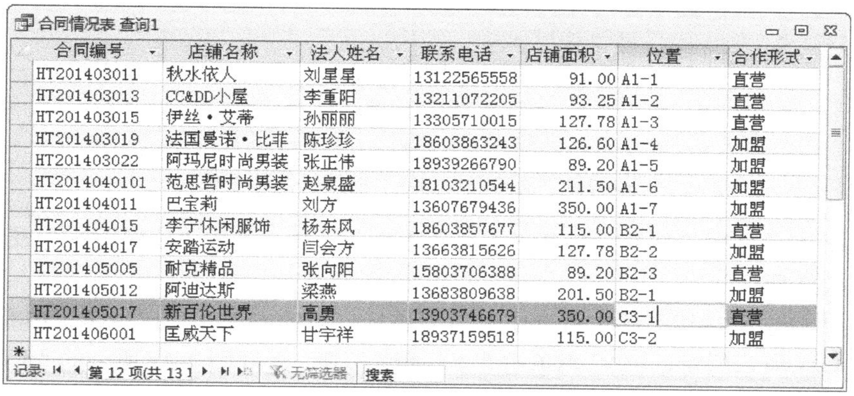

合同编号	店铺名称	法人姓名	联系电话	店铺面积	位置	合作形式
HT201403011	秋水依人	刘星星	13122565558	91.00	A1-1	直营
HT201403013	CC&DD小屋	李重阳	13211072205	93.25	A1-2	直营
HT201403015	伊丝·艾蒂	孙丽丽	13305710015	127.78	A1-3	直营
HT201403019	法国曼诺·比菲	陈珍珍	18603863243	126.60	A1-4	加盟
HT201403022	阿玛尼时尚男装	张正伟	18939266790	89.20	A1-5	加盟
HT201404011	范思哲时尚男装	赵泉盛	18103210544	211.50	A1-6	加盟
HT201404011	巴宝莉	刘方	13607679436	350.00	A1-7	加盟
HT201404015	李宁休闲服饰	杨东凤	18603857677	115.00	B2-1	直营
HT201404017	安踏运动	闫会方	13663815626	127.78	B2-2	加盟
HT201405005	耐克精品	张向阳	15803706388	89.20	B2-3	直营
HT201405012	阿迪达斯	梁燕	13683809638	201.50	B2-1	加盟
HT201405017	新百伦世界	高勇	13903746679	350.00	C3-1	直营
HT201406001	匡威天下	甘宇祥	18937159518	115.00	C3-2	加盟

记录: ⃒◀ 第 12 项(共 13 项) ▶ ▶⃒ ⃒⃒⃒ 无筛选器 搜索

图 4-19 "信息查询"的运行结果

3．查询商铺面积及员工人数

① 按照前面的操作方法，打开"新建查询"对话框，单击"简单查询向导"选项，然后单击"确定"按钮，打开"简单查询向导"的第一个对话框，如图 4-12 所示。

② 在对话框的"表/查询"列表中选择"店铺数据档案表"，在"可用字段"列表框中分别双击"合同编号"、"店铺编号"、"店长姓名"、"联系电话"、"店铺面积"、"位置"、"店员人数"等字段，将其添加到"选定字段"列表框中，如图 4-20 所示。

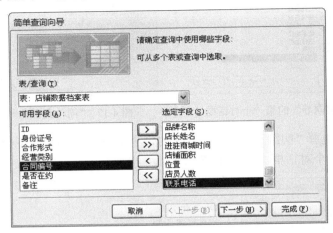

图 4-20 "简单查询向导"的第一个对话框

③ 设置完成后，单击"下一步"按钮，打开 "简单查询向导"的第二个对话框，如图 4-21 所示，在对话框中，选择"汇总"选项。

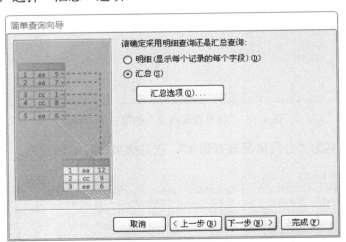

图 4-21 "简单查询向导"的第二个对话框

④ 单击"汇总选项"按钮，打开"汇总选项"对话框，选中"店铺面积"及"店员人数"字段，如图 4-22 所示。

⑤ 单击"确定"按钮，确定查询中对日期进行分组的方式（当选中字段中有日期型数据时会出现图 4-23 所示的对话框），再单击"下一步"按钮，返回图 4-21 所示的"简单查询向导"的第二个对话框。

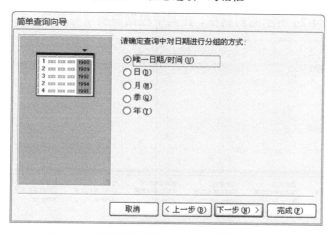

图 4-22　"汇总选项"对话框

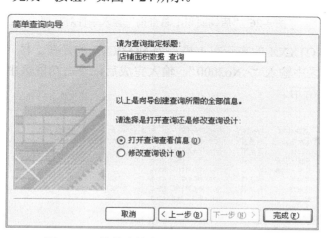

图 4-23　"汇总选项"针对日期型数据对话框

⑥　单击"下一步"按钮，打开"简单查询向导"的最后一个对话框，输入查询标题"店铺面积数据"，单击"完成"按钮，如图 4-24 所示。

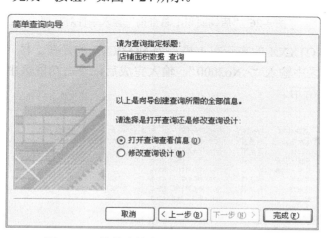

图 4-24　"简单查询向导"的最后一个对话框

⑦　在数据表视图中显示的查询结果如图 4-25 所示。

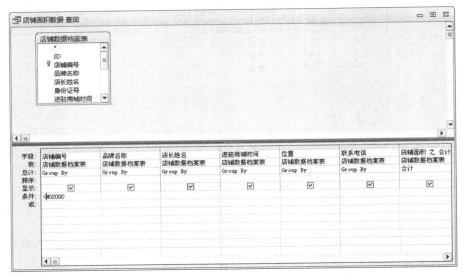

图 4-25 "店铺面积汇总查询"的运行结果

⑧ 由图 4-25 的运算结果可看出，汇总查询可以完成对表中数据按某类分组的统计工作，包括汇总、平均、最大、最小和计数。但若根据条件查询汇总，可以在图 4-24 中选择"修改查询设计"，弹出如图 4-26 所示的对话框，在其中根据需要填写条件，可以根据条件汇总数据。

图 4-26 "店铺面积汇总查询"输入条件对话框

⑨ 店铺编号为 NO1XXX 的表示在 1 楼，为 NO2XXX 的是在 2 楼，若想统计 1 楼的店铺面积数据，则在条件区中输入"<No2000"，输入完成后，单击功能区中的"运行"按钮，最终查询结果如图 4-27 所示。

图 4-27 "店铺面积 1 楼汇总查询"的运行结果

相关知识与技能

1．查询的类型

根据对数据源操作方式和操作结果的不同，Access 2010 中的查询可以分为 5 种类型：选择查询、参数查询、交叉表查询、操作查询和 SQL 查询。

① 选择查询：是最基本、最常用的查询方式。它是根据指定的查询条件，从一个或多个表获取满足条件的数据，并且按指定顺序显示数据。选择查询还可以将记录进行分组，并计算总和、计数、平均值及不同类型的总计。

② 参数查询：是一种交互式的查询方式，它可以提示用户输入查询信息，然后根据用户输入的查询条件来检索记录。例如，可以提示输入两个日期，然后检索在这两个日期之间的所有记录。若用参数查询的结果作为窗体、报表和数据访问页的数据源，还可以方便地显示或打印出查询的信息。

③ 交叉表查询：是将来源于某个表中的字段进行分组，一组列在数据表的左侧，一组列在数据表的上部，然后可以在数据表行与列的交叉处显示表中某个字段的各种计算值。比如计算数据的平均值、计数或总和。

④ 操作查询：不仅可以进行查询，而且可以对该查询所基于的表中的多条记录进行添加、编辑和删除等修改操作。

⑤ SQL 查询：是使用 SQL 语句创建的查询。前面介绍的几种查询，系统在执行时自动将其转换为 SQL 语句执行。用户也可以使用"SQL"视图直接书写、查看和编辑 SQL 语句。有一些特定查询（如联合查询、传递查询、数据定义查询、子查询）必须直接在"SQL"视图中创建 SQL 语句。关于 SQL 查询将在第 5 章中详细介绍。

2．查询的视图

查询的视图有 3 种方式，分别是数据表视图、设计视图和 SQL 视图。

（1）查询的数据表视图

查询的数据表视图是以行和列的格式显示查询结果数据的窗口。

在导航窗格选择查询对象，单击导航窗格的"打开"工具按钮，则以数据表视图的形式打开当前查询。

（2）查询的设计视图

查询的设计视图是用来设计查询的窗口。使用查询设计视图不仅可以创建新的查询，还可以对已存在的查询进行修改和编辑。

在导航窗格中，在查询列表中右击前面保存的"店铺面积数据查询"对象，弹出快捷菜单，从中选择"设计视图"，图 4-28 所示就是"店铺面积数据查询"的设计视图。

查询设计视图由上下两部分构成，上半部分是创建的查询所基于的全部表和查询，称为查询基表，用户可以向其中添加或删除表和查询。具有关系的表之间带有连线，连线上的标记是两表之间的关系，用户可添加、删除和编辑关系。

查询设计视图的下半部为查询设计窗口，称为"设计网格"。利用设计网格可以设置查询字段、来源表、排序顺序和条件等。

（3）查询的 SQL 视图

SQL 视图是一个用于显示当前查询的 SQL 语句窗口，用户也可以使用 SQL 视图建立一个

SQL 特定查询，如联合查询、传递查询或数据定义查询，也可对当前的查询进行修改。

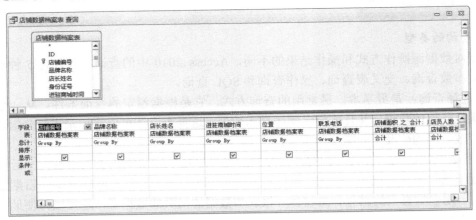

图 4-28　"店铺面积数据查询"的设计视图

　　在导航窗格中，打开任何一个查询对象，在该对象标题栏上右击，选择"SQL 视图"，则以 SQL 视图的方式打开当前查询。图 4-29 所示是"店铺面积数据查询"的 SQL 视图。

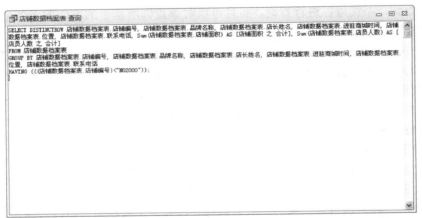

图 4-29　"店铺面积数据查询"的 SQL 视图

3．总计查询的计算类型

在总计查询时，可以使用以下两种计算类型。

① 对所有记录计算总计：查询结果是对所有记录的统计。最终的统计结果只有一行。

② 对记录进行分组计算总计：对记录按某类别进行分组，查询结果是对每一组中的记录的统计。

4．计算的汇总值

计算的汇总值可以是汇总、平均、计数、最小和最大，其含义如下。

① 汇总：分别求取每组记录或所有记录的指定字段的总和。

② 平均：分别求取每组记录或所有记录的指定字段的平均值。

③ 最小：分别求取每组记录或所有记录的指定字段的最小值。

④ 最大：分别求取每组记录或所有记录的指定字段的最大值。

⑤ 计数：求取每组记录或所有记录的记录条数。

　　总计查询也可以使用"简单查询向导"来创建。

🔊 提示 ┣---

　　创建"总计"查询应按以下规则：

　　① 如果要对记录组进行分类汇总，一定要将表示该类别的字段选为"选定字段"。

　　② 如果该查询对所有的记录进行汇总统计，则不用选择类别字段。这时统计结果只有一条记录，是对所有记录进行汇总的结果。

　　③ 汇总计算的字段必须是数值型字段。

任务 3　利用设计视图查询"非商超工作人员登记表"信息

任务描述与分析

　　店铺面积信息的查询是在查询向导的提示下一步步完成的，而要更灵活地创建各种查询，则需要在查询设计视图中进行，同时，利用"简单查询向导"建立的查询，也可以在设计视图中修改。在查询设计视图中所能进行的操作主要包括：表或查询的操作、字段的操作、设计网格的操作、条件和排序顺序操作等。而表的操作分为添加表或查询、手工添加表之间的连接、删除表或查询。下面利用"设计视图"来实现"非商超工作人员登记表"及相关信息的查询，同时介绍如何对已创建的查询进行修改。

方法与步骤

1．利用设计视图查询员工档案基本信息

　　① 打开"龙兴商城管理"数据库，单击"创建"功能选项卡，在"查询"命令组中选择"查询设计"命令，出现如图 4-30 所示的"新建查询"窗口，并弹出"显示表"对话框。

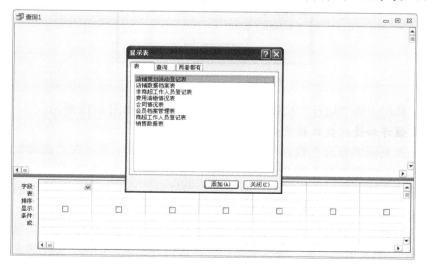

图 4-30　"新建查询"窗口

② 在"显示表"对话框中，选中"非商超工作人员登记表"，把"非商超工作人员登记表"添加到设计网格上部的表区域内，选中"店铺数据档案表"，把"店铺数据档案表"添加到设计网格上部的表区域内；关闭"显示表"对话框。

③ 在"非商超工作人员登记表"中，双击"员工编号"，将"员工编号"字段添加到设计网格中；重复上述步骤，将"非商超工作人员登记表"中的"店铺编号"、"员工姓名"、"性别"、"联系方式"和"店铺数据档案表"中的"店长姓名"、"店铺面积"、"位置"都添加到设计网格中，如图 4-31 所示。

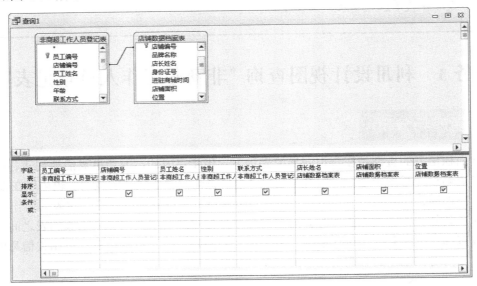

图 4-31　添加表、字段后的查询设计视图

④ 单击工具栏上的"保存"按钮 ，打开"另存为"对话框，输入查询名称"各个店铺员工情况表"，单击"确定"按钮，如图 4-32 所示。

图 4-32　"另存为"对话框

⑤ 单击工具栏上的"运行"按钮 ，显示查询结果，如图 4-33 所示。

2．创建商铺详细情况数据档案查询

① 打开"龙兴商城管理"数据库，单击"创建"功能选项卡，在"查询"命令组中选择"查询设计"命令，出现如图 4-30 所示的对话框。

② 在"新建查询"窗口中，打开"显示表"对话框，分别将导航窗格中的各个表对象添加到设计网格上部的表区域内，关闭"显示表"对话框。

③ 在"店铺数据档案表"中，双击"店铺编号"，将"店铺编号"和"店铺面积"字段添加到设计网格中。重复上述步骤，将"非商超工作人员登记表"中的"员工姓名"、"学历"字段和"合同情况表"中的"店铺名称"、"法人姓名"、"联系电话"字段及"会员档案管理表"

中的"姓名"字段都添加到设计网格中。

员工编号	店铺编号	员工姓名	性别	联系方式	店长姓名	店铺面积	位置
FSC0004	NO1001	高建平	女	13663811088	刘星星	91.00	A1-1
FSC0005	NO1001	龚乾	女	15803871370	刘星星	91.00	A1-1
FSC0014	NO1001	马振泉	男	13607665679	刘星星	91.00	A1-1
FSC0015	NO1001	徐娜	女	15936228010	刘星星	91.00	A1-1
FSC0016	NO1001	程荣兰	女	18736009947	刘星星	91.00	A1-1
FSC0007	NO1002	常乐	女	13676926113	李重阳	93.25	A1-2
FSC0008	NO1002	孔予	女	15036000880	李重阳	93.25	A1-2
FSC0009	NO1002	陈锐	女	15324711766	李重阳	93.25	A1-2
FSC0017	NO1002	闫文中	男	13207665679	李重阳	93.25	A1-2
FSC0018	NO1002	张秋成	男	13526680981	李重阳	93.25	A1-2
FSC0019	NO1002	邹爱荣	女	13838175870	李重阳	93.25	A1-2
FSC0020	NO1002	杨素梅	女	13838023271	李重阳	93.25	A1-2
FSC0021	NO1002	张同成	男	13903859969	李重阳	93.25	A1-2
FSC0022	NO1002	郭强	女	13673711944	李重阳	93.25	A1-2
FSC0023	NO1003	朱刘忠	女	15136200388	孙丽丽	127.78	A1-3
FSC0024	NO1003	陈慧勇	男	13513890809	孙丽丽	127.78	A1-3
FSC0025	NO1003	王云飞	男	13803893721	孙丽丽	127.78	A1-3
FSC0026	NO1003	李善玉	女	18236777404	孙丽丽	127.78	A1-3
FSC0027	NO1003	张晓沛	女	13903950821	孙丽丽	127.78	A1-3
FSC0028	NO1003	崔戈夫	男	13526692817	孙丽丽	127.78	A1-3
FSC0006	NO1004	葛毅刚	男	15637100653	陈珍珍	126.60	A1-4
FSC0001	NO1004	罗莹	女	13653825183	陈珍珍	126.60	A1-4
FSC0002	NO1004	王静	女	15038219768	陈珍珍	126.60	A1-4
FSC0003	NO1004	承明奎	男	13938239110	陈珍珍	126.60	A1-4
FSC0010	NO2003	崔赫	女	15323311762	张向阳	89.20	B2-3

记录：第 5 项(共 36 项) 无筛选器 搜索

图 4-33 "各个店铺员工情况查询"的查询结果

④ 在设计网格的"店铺编号"列的"排序"行的下拉列表中选择"升序"，"姓名"列的"排序"行的下拉列表中选择"升序"，"岗位名称"列的"排序"行的下拉列表中选择"升序"。

⑤ 在设计网格的"店铺编号"列的"条件"行中输入"="No1004""，输入后如图 4-34 所示。

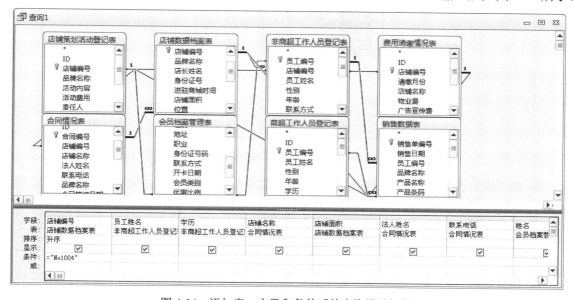

图 4-34 添加表、字段和条件后的查询设计视图

⑥ 单击工具栏上的"保存"按钮 ，打开"另存为"对话框，输入查询名称"店铺数据情况查询"，单击"确定"按钮。

⑦ 单击工具栏上的"运行"按钮 显示查询结果，如图 4-35 所示。

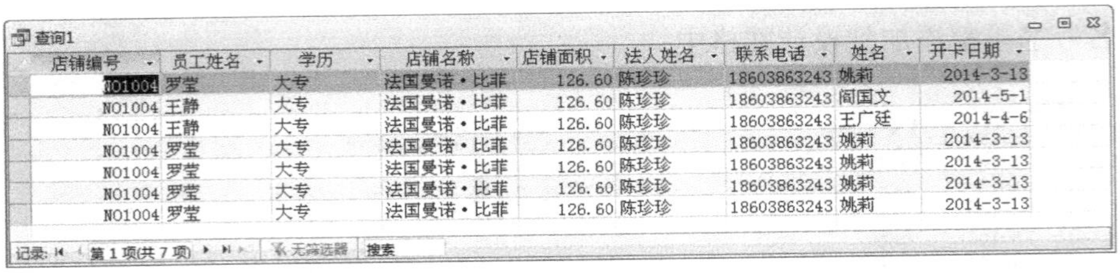

店铺编号	员工姓名	学历	店铺名称	店铺面积	法人姓名	联系电话	姓名	开卡日期
NO1004	罗莹	大专	法国曼诺·比菲	126.60	陈珍珍	18603863243	姚莉	2014-3-13
NO1004	王静	大专	法国曼诺·比菲	126.60	陈珍珍	18603863243	闫国文	2014-5-1
NO1004	王静	大专	法国曼诺·比菲	126.60	陈珍珍	18603863243	王广廷	2014-4-6
NO1004	罗莹	大专	法国曼诺·比菲	126.60	陈珍珍	18603863243	姚莉	2014-3-13
NO1004	罗莹	大专	法国曼诺·比菲	126.60	陈珍珍	18603863243	姚莉	2014-3-13
NO1004	罗莹	大专	法国曼诺·比菲	126.60	陈珍珍	18603863243	姚莉	2014-3-13
NO1004	罗莹	大专	法国曼诺·比菲	126.60	陈珍珍	18603863243	姚莉	2014-3-13

记录: I ◀ 第1项(共7项) ▶ ▶I ▶＊ 无筛选器 搜索

图 4-35 "店铺数据情况查询"的运行结果

相关知识与技能

1．利用"设计视图"修改查询

不管是利用"查询向导"还是利用"设计视图"创建查询后，都可以对查询进行修改。操作方法为：打开数据库，在导航窗格的"查询"对象列表中选中待修改的查询，单击"开始"功能区中的"视图"按钮，从中选择"设计视图"，即可打开该查询的"设计视图"进行修改。

2．在"设计视图"中为"各个店铺员工情况"查询添加"合同情况表"

① 在"龙兴商城管理"导航窗格中选择"查询"对象，在对象栏中选择"各个店铺员工情况"，然后右击选择"设计视图"选项，打开"各个店铺员工情况"查询的设计视图。

② 在设计视图的上半部单击鼠标右键，在弹出的快捷菜单中选择"显示表"，打开"显示表"对话框，如图 4-36 所示。

图 4-36 "显示表"对话框

③ 在"显示表"对话框的"表"选项卡中，双击"合同情况表"，可将选中的表添加到查询设计视图中，如图 4-37 所示。

④ 添加完成后，单击"关闭"按钮，关闭"显示表"对话框。

注意

① 在查询设计视图中创建一个新的查询时，通常需要将该查询所基于的表或查询添加到设计视图中。

② 在查询设计视图中修改查询时，也可用相同的方法将新的表或查询添加到查询设计视图的上半部分。

③ 如果是多个表，必要时还应建立表（或查询）与表（或查询）之间的关系。

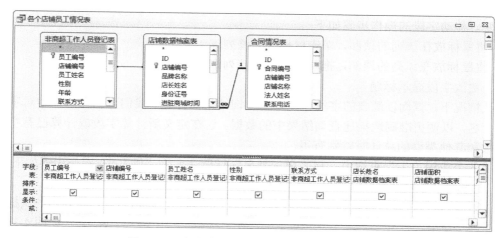

图 4-37　"各个店铺情况信息查询"的设计视图

3．在设计视图中添加表之间的连接

在设计视图中添加表或查询时，如果所添加的表或查询之间已经建立了联系，则在添加表或查询的同时也自动添加连接，否则就应手工添加表之间的连接。手工添加表之间的连接的方法为：在查询设计视图中，从表或查询的字段列表中将一个字段拖到另一个表或查询中的相等字段上（与在"关系"窗口中建立表间关系的操作一样）。

如果要删除两个表之间的连接，则在两表之间的连线上单击鼠标，连线将变粗，然后再在连线上单击鼠标右键，在弹出菜单中选择"删除"命令即可。

4．从查询中删除表和查询

如果当前查询中的某个表或查询已不再需要，可以将其从查询中删除。操作方法是：在查询设计视图的上部，右键单击要删除的表或查询，在弹出菜单中选择"删除"命令。也可选定表或查询后按<Delete>键删除。

查询中的表或查询一旦从当前查询中被删除，则相应的设计网格的字段也将从查询中删除，但是被删除的表或查询并不会从数据库中删除，而只是当前查询中不再包含该表或查询。

5．查询设计视图中字段的操作

对查询中字段的操作，如添加字段、移去字段、更改字段、排序记录、显示和隐藏字段等，需要在查询设计视图下半部的"设计网格"中进行。

（1）添加和删除字段

如果在设计网格中添加字段，可采用两种方法：一是拖动视图上半部表的字段列表中的字段至设计网格的列中；二是双击字段列表中的字段。

如果不再需要设计网格中的某一列时，可将该列删除。操作方法有两种：一是选中某列，单击"编辑"菜单中的"删除列"；二是将鼠标放在该列的顶部，单击鼠标选中整列，按<Delete>键。

（2）插入和移动字段

如果要在列之间插入一列也可采用两种方法：一是选中某列，单击"插入"菜单中的"列"，则在当前列前插入一空列；二是将鼠标放在该列的顶部，单击鼠标选中整列，按<Insert>键。空列插入后，在设计网格中设置该列的字段即可。

要改变列的排列次序，可进行移动字段的操作，同时在查询"数据表"视图中的显示次序也将改变。移动字段的操作步骤如下：

① 将鼠标放在该列的顶部，单击鼠标选中整列。

② 将鼠标放在该列的顶部，拖动鼠标可将该列拖至任意位置。

（3）更改字段显示标题

默认情况下，查询以源表的字段标题作为查询结果的标题。我们可以在查询中对字段标题进行重命名，以便更准确地描述查询结果中的数据。这在定义新计算字段或计算已有字段的总和、计数和其他类型的总计时特别有用。

在"各个店铺员工"查询中，将"员工姓名"标题命名为"姓名"，操作步骤如下：

① 在查询设计视图中打开"企业人事查询"。

② 将光标定位在设计网格的"员工姓名"字段单元格中，单击右键，在弹出的快捷菜单中选择"属性"命令，打开"字段属性"对话框，在"标题"栏中输入"姓名"，如图 4-38 所示。

图 4-38 "字段属性"对话框

③ 在工具栏上单击"运行"按钮，可以看到查询结果中"员工姓名"字段的标题已经更改为"姓名"，如图 4-39 所示。

员工编号	店铺编号	姓名	性别	联系方式	店长姓名	店铺面积	位置
FSC0004	NO1001	高建平	女	13663811088	刘星星	91.00	A1-1
FSC0005	NO1001	龚乾	女	15803871370	刘星星	91.00	A1-1
FSC0014	NO1001	马振泉	男	13607665679	刘星星	91.00	A1-1
FSC0015	NO1001	徐娜	女	15936228010	刘星星	91.00	A1-1
FSC0016	NO1001	程荣兰	女	18736009947	刘星星	91.00	A1-1
FSC0007	NO1002	常乐	女	13676926113	李重阳	93.25	A1-2
FSC0008	NO1002	孔子	女	15036000880	李重阳	93.25	A1-2
FSC0009	NO1002	陈锐	女	15324711766	李重阳	93.25	A1-2
FSC0017	NO1002	闫文中	女	13207665679	李重阳	93.25	A1-2

图 4-39 字段标题更改后的结果

（4）改变设计网格的列宽

如果查询设计视图中设计网格的列宽不足以显示相应的内容时，可以改变列宽。操作方法为：首先将鼠标指针移到要更改列宽的列选定器的右边框，到指针变为双向箭头时，左右拖动鼠标即可改变列宽。

（5）显示或隐藏字段

对于设计网格中的每个字段，都可以控制其是否显示在查询的数据表视图中。操作方法是：

选中设计网格某字段的"显示"行中的复选框,则该字段在查询运行时将显示,否则将不显示。

所有隐藏的字段在查询关闭时将会自动移动到设计网格的最右边。隐藏的字段虽然不显示在数据表视图中,但在该查询中仍包含了这些字段。

（6）为查询添加条件和删除条件

在查询中可以通过使用条件来检索满足特定条件的记录,为字段添加条件的操作步骤如下:

① 在设计视图中打开查询。

② 单击设计网格中某列的"条件"单元格。

③ 键盘输入或使用"表达式生成器"输入条件表达式。

条件表达式的书写方法将在以后的学习内容中介绍。如果要删除设计网格中某列的条件,可选中该条件,按<Delete>键即可。

6.运行、保存和删除查询

（1）运行查询

在查询设计视图中完成查询的设置以后,运行查询即显示查询结果。方法有以下几种:

① 单击功能组"视图"→"数据表视图"命令。

② 单击功能组"查询"→"运行"命令。

③ 在设计视图窗口的标题栏上单击鼠标右键,在弹出的菜单中选择"数据表视图"。

④ 在工具栏上单击"运行"按钮 ￼。

（2）保存查询

如果是新创建的查询,在查询设计视图设置完成以后,选择功能组"文件"→"保存"命令或者按下<Ctrl+S>键,则打开"另存为"对话框,默认的查询名为"查询1",如图 4-40 所示。在保存对话框中输入新的查询名称后,单击"确定"按钮,则新建的查询将保存到数据库中。

如果是在设计视图中打开已创建好的查询进行了修改编辑,单击功能组"文件"→"保存"命令则更新查询。如果修改查询后关闭设计视图窗口时没有保存,则显示提示保存的对话框,如图 4-41 所示。

图 4-40 "另存为"对话框

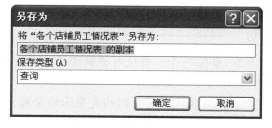

图 4-41 提示保存对话框

（3）删除查询

删除查询的方法有两种:

① 在导航窗格中,选择要删除的查询,单击"开始"选项卡中的"删除"按钮,即可将当前查询删除。

② 在导航窗格中,在要删除的查询上右键单击,在弹出的快捷菜单中选择"删除"命令,也可将当前查询删除。

7.理解查询条件

在创建查询时,有时需要对查询记录中的某个或多个字段进行限制,这就需要将这些限制条件添加到字段上，只有完全满足限制条件的那些记录才能显示出来。

一个字段可以有多条限制规则，每条规则之间可以用逻辑符号来连接。比如条件为："面积"字段小于等于 500 并且大于 100，只要在对应"面积"字段的条件单元格中输入"<=500 and >100"就可以了。

在输入条件时要使用一些特定的运算符、数据、字段名和函数，将这些运算符、数据、函数以及字段名等组合在一起称为表达式。输入的条件称为条件表达式。

在查询中通常有两种情况需要书写表达式。

① 用表达式表示一个查询条件。例如，[年龄]<58。

② 查询中添加新的计算字段。例如，"考勤奖：[考勤奖]/30"。该表达式的含义是：[考勤奖]为计算字段，字段的标题为：考勤奖。

每个表达式都有一个计算结果，这个结果称为表达式的返回值，表示查询条件的表达式的返回值只有两种：True（真）或者 False（假）。

8．了解表达式中的算术运算符

算术运算符只能对数值型数据进行运算。表 4-1 中列出了可以在 Access 表达式中使用的算术运算符。

表 4-1　算术运算符

运　算　符	描　　　述	例　　子
+	两个操作数相加	12+23.5
−	两个操作数相减	45.6-30
*	两个操作数相乘	45*68
/	用一个操作数除以另一个操作数	23.6/12.55
\	用于两个整数的整除	5\2
Mod	返回整数相除时所得到的余数	27 Mod 12
^	指数运算	5^3

说明 --

① "\"：整除符号。当使用整数除的时候，带有小数部分的操作数将四舍五入为整数，但在结果中小数部分将被截断。

② "Mod"：该运算符返回的是整除的余数。例如，13 Mod 3 将返回 1。

③ "^"：指数运算符，也称乘方运算符。例如，2^4，返回 16（2*2*2*2）。

这三个运算符在商业应用中很少会用到，但却常常用于 Access VBA 程序代码中。

9．使用关系运算符表示单个条件

关系运算符也叫比较运算符，使用关系运算符可以构建关系表达式，表示单个条件。

关系运算符用于比较两个操作数的值，并根据两个操作数和运算符之间的关系返回一个逻辑值（True 或者 False）。表 4-2 列出了在 Access 中可以使用的比较运算符。

表 4-2　比较运算符

运 算 符	描 述	例 子	结 果
<	小于	123<1000	True
<=	小于等于	5<=15	True
=	等于	2=4	False
>=	大于等于	1234>=456	True
>	大于	123>123	False
<>	不等于	123<>456	True

10. 使用逻辑运算符表示多个条件

逻辑运算符通常用于将两个或者多个关系表达式连接起来，表示多个条件，其结果也是一个逻辑值（True 或 False），如表 4-3 所示。

表 4-3　逻辑运算符

运 算 符	描 述	例 子	结 果
And	逻辑与	True And True	True
		True And False	False
Or	逻辑或	True Or False	True
		False Or False	False
Not	逻辑非	Not True	False
		Not False	True

在为查询设置多个条件时，有两种写法：

① 将多个条件写在设计网格的同一行，表示"AND"运算；将多个条件写在不同行表示"OR"运算。

② 直接在"条件"行中书写逻辑表示式。

11. 使用其他运算符表示条件

除了上面所述的使用关系运算和逻辑运算来表示条件之外，还可以使用 Access 提供的功能更强的运算符进行条件设置。表 4-4 列出了在 Access 查询中使用的 4 个其他的运算符。

表 4-4　其他运算符

运 算 符	描 述	例 子
Is	和 Null 一起使用，确定某值是 Null 还是 Not Null	Is Null，Is Not Null
Like	查找指定模式的字符串，可使用通配符*和?	Like"jon*"，Like"FILE????"
In	确定某个字符串是否为某个值列表中的成员	In（"CA"，"OR"，"WA"）
Between	确定某个数字值或者日期值是否在给定的范围之内	Between 1 And 5

例如，逻辑运算：[面积]>=1400 and [面积]<=2500

可改写为：[面积] Between 1400 and 2500

以上两种写法等价。

12.使用常用函数

在查询表示式中还可以使用函数。表 4-5 中给出了一些常用的函数。

表 4-5　常用函数

函　　数	描　　述	例　　子	返　回　值
Date	返回当前的系统日期	Date	7/15/06
Day	返回 1～31 之间的一个整数	Day（Date）	15
Month	返回 1～12 之间的一个整数	Month（#15-Jul-98#）	7
Now	返回系统时钟的日期和时间值	Now	7/15/06　5:10:10
Weekday	以整数形式返回相应于某个日期为星期几（星期天为 1）	Weekday（#7/15/1998#）	7
Year	返回日期/时间值中的年份	Year（#7/15/1998#）	2006
LEN()	获得文本的字符数	LEN（"数据库技术"）	5
LEFT()	获得文本左侧的指定字符个数的文本	LEFT（"数据库技术"，3）	"数据库"
MID()	获得文本中指定起始位置开始的特定数目字符的文本	MID（"数据库技术与应用"，4，2）	"技术"
Int（表达式）	得到不大于表达式的最大整数	Int（2.4+3.5）	5

任务 4　创建计算查询统计员工人数

任务描述与分析

在实际应用中，常常需要对查询的结果进行统计和计算。所谓计算查询，就是在成组的记录中完成一定计算的查询。下面创建查询以统计各店铺员工人数。

方法与步骤

① 在"龙兴商城管理"导航窗格中，选择"查询"对象，双击对象栏中的"在设计视图中创建查询"选项，打开"显示表"对话框；在"显示表"对话框中选择"非商超工作人员登记表"和"店铺数据档案表"，单击"确定"按钮，再关闭"显示表"对话框。

② 在"设计网格"中，分别添加"店铺数据档案表"的"品牌名称"字段和"非商超工作人员登记表"的"员工编号"字段，如图 4-42 所示。

③ 在工具栏上单击"总计"按钮 Σ。Access 将在设计网格中显示"总计"行。

④ 在"品牌名称"字段的"总计"行中选择"Group By"；在"员工编号"字段的"总计"行中选择"计数"，如图 4-43 所示。

本例中"品牌名称"为分组字段，故在总计行设置为"Group By"，其他字段用于计算，因此选择不同的计算函数。如果对所有记录进行统计，则可将"品牌名称"列删除。

⑤ 右键单击"员工编号"单元格，选择"属性"，在"字段属性"对话框中输入"标题"为"人数"，如图 4-44 所示。

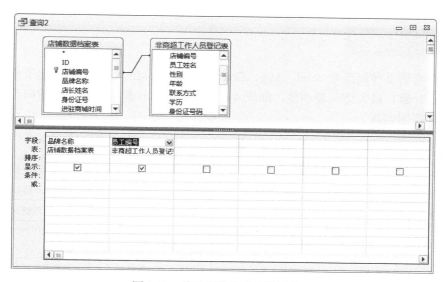

图 4-42 总计查询的"设计网格"

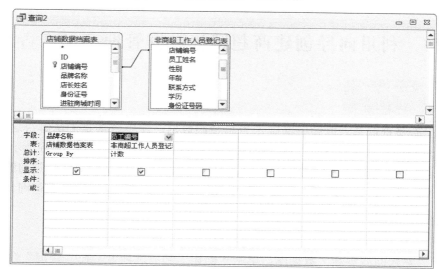

图 4-43 在总计查询的设计网格中选择计算

⑥ 单击工具栏中的"保存"按钮，将查询保存为"各品牌员工人数统计查询"。

⑦ 单击"运行"按钮 ，则可显示查询结果，如图 4-45 所示。

图 4-44 "字段属性"对话框

图 4-45 总计查询运行结果

相关知识与技能

汇总计算查询是使用函数 Sum、Avg、Count、Max 和 Min 计算出所有记录或记录组的总和、平均值、计数、最大值和最小值，如表 4-6 所示。汇总计算查询可以使用向导来创建，也可以使用设计视图创建。

表 4-6   常用函数及功能表

函　　数	描　　述	例　　子	返　回　值
Avg（字段名）	对指定字段计算平均值	Avg（店铺面积）	分组求平均面积
Sum（字段名）	对指定字段累计求和	Sum（店铺面积）	分组求店铺面积字段的总和
Count（字段名）	计算该字段的记录个数	Count（位置）	分组统计"位置"字段的记录个数
Max（字段名）	求指定字段的最大值	Max（店铺面积）	分组求店铺面积的最大值
Min（字段名）	求指定字段的最小值	Min（店铺面积）	分组求店铺面积的最小值

任务 5   利用向导创建商超销售数据管理交叉表查询

任务描述与分析

如果用户需要查询某天商超各品牌销售总金额数据，简单查询是无法解决这类问题的，Access 2010 提供的"交叉表查询"则为这类问题提供了解决方法，如图 4-46 所示。

创建交叉表查询最好的方法是先用"交叉表查询向导"创建一个交叉表查询的基本结构，然后再在设计视图中加以修改，当然也可以直接利用设计视图来创建交叉表查询。

方法与步骤

① 打开"龙兴商城管理"数据库，单击"创建"功能选项卡，在"查询"命令组中选择"查询向导"命令，从中选择"交叉表查询向导"，出现如图 4-46 所示的"新建查询"对话框，单击"确定"按钮，弹出图 4-47 所示的"交叉表查询向导"的第一个对话框。

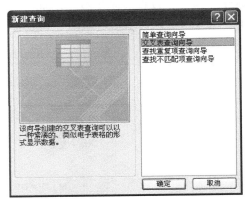

图 4-46   "新建查询"对话框

②　在如图 4-47 所示的"交叉表查询向导"的第一个对话框中，选择交叉表查询所包含的字段来自于哪个表或查询。在"视图"中选择"表"，在列表中选择"销售数据表"，单击"下一步"按钮。

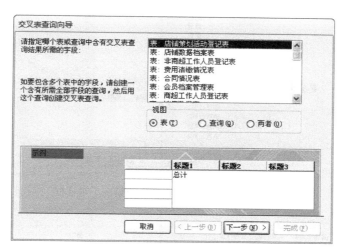

图 4-47　"交叉表查询向导"的第一个对话框

③　在对话框中分别双击"可用字段"列表中的"销售日期"字段作为行标题，如图 4-48 所示，单击"下一步"按钮进入第三个对话框。

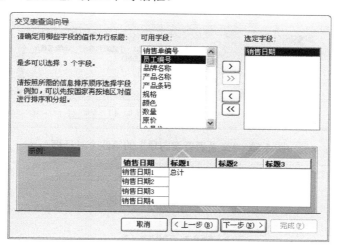

图 4-48　"交叉表查询向导"的第二个对话框

④　在对话框中选择"品牌名称"作为交叉表查询的列标题，如图 4-49 所示，单击"下一步"按钮。

⑤　确定交叉表查询中行和列的交叉点计算的是什么值，如图 4-50 所示，在此"字段"表中选择"合计总额"，"函数"列表中选择"Sum"，单击"下一步"按钮。

⑥　在如图 4-51 所示的对话框中输入查询名称：当月各商铺销售情况_交叉表，单击"完成"按钮。

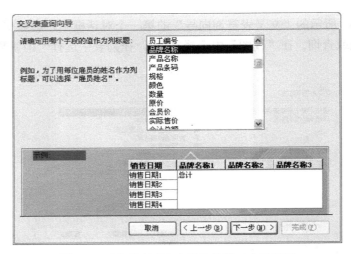

图 4-49 "交叉表查询向导"的第三个对话框

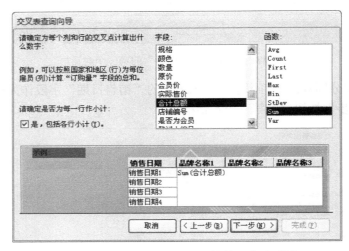

图 4-50 "交叉表查询向导"的第四个对话框

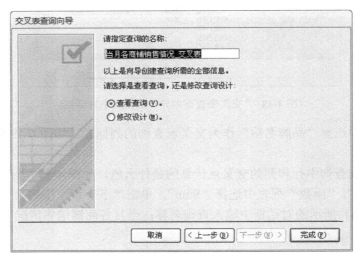

图 4-51 "交叉表查询向导"的第五个对话框

⑦ 这时以“数据表”的形式显示交叉表查询结果，如图 4-52 所示。

当月各商铺销售情况_交叉表

销售日期	总计 合计	阿迪达斯	阿玛尼	安踏	巴宝莉	李宁	曼诺·比菲	伊丝·艾蒂
2014-6-1	3799	1570					1579	650
2014-6-2	478						478	
2014-6-3	1158	580					578	
2014-6-4	685				430	255		
2014-6-5	159	159						
2014-6-13	688		688					
2014-6-15	325			325				

记录: 第 1 项(共 7 项)　无筛选器　搜索

图 4-52　“当月商铺销售情况统计”运行结果

相关知识与技能

交叉表查询是查询的另一种类型。交叉表查询显示来源于表或查询中某个字段总计值（合计、平均、计数等），并将它们分组：一组列在数据表的左侧，称为行标题；一组列在数据表的上部，称为列标题。交叉表查询增加了数据的可视性，便于数据的统计、查看。

创建交叉表查询可以利用“创建交叉表查询向导”和“设计视图”两种方法。向导方法简单、易掌握，但只能针对一个表或查询创建交叉表查询，且不能制定限制条件，若要查询多个表的话，就必须先建立一个含有全部所需字段的查询，然后再用这个查询来创建交叉表查询。利用“设计视图”创建交叉表查询更加灵活，查询字段可以来自于多个表，但操作较为繁杂，将在“拓展与提高”部分介绍。

任务 6　利用操作查询更新“商超工作人员档案表”信息

任务描述与分析

前面介绍的查询是根据一定要求从数据表中检索数据，而在实际工作中还需要对数据进行删除、更新、追加，或利用现有数据生成新的表对象，Access 2010 则提供了操作查询，用于实现上述需求。操作查询共有 4 种类型：删除查询、更新查询、追加查询与生成表查询。利用操作查询不仅可检索多表数据，而且可利用操作查询对该查询所基于的表进行各种操作。

方法与步骤

1. “追加查询”——将“非商超工作人员登记表的副本”中学历为“本科”的数据追加到“商超工作人员登记表的副本”

追加查询是从一个表或多个表将一组记录追加到一个或多个表的尾部的查询。操作步骤如下。

① 在“龙兴商城管理”数据库中新建“商超工作人员登记表的副本”表，表结构与“非商超工作人员登记表的副本”的结构相同，输入数据见图 4-53 和图 4-54。

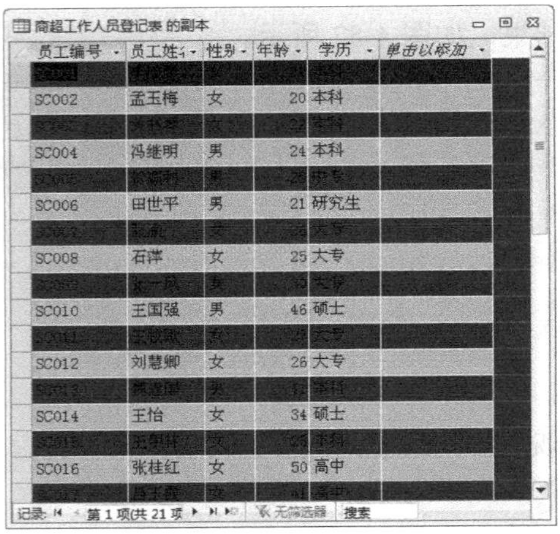

图 4-53 "商超工作人员登记表的副本"表 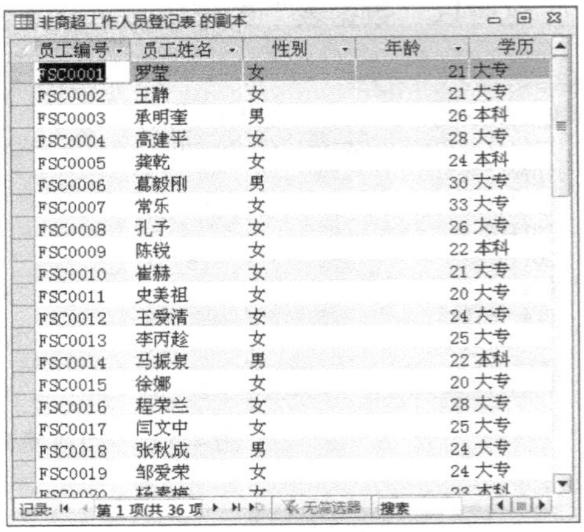　　　图 4-54 "非商超工作人员登记表的副本"表

② 单击"创建"功能选项卡，在"查询"命令组中选择"查询设计"命令，出现如图 4-55 所示的界面，选中"非商超工作人员登记表的副本"添加到查询中，然后依次双击"员工编号"、"员工姓名"、"性别"、"年龄"、"学历"字段，将这些字段添加到查询中。

图 4-55　新建查询设计

③ 单击"查询设计"选项卡中的"追加"按钮，弹出如图 4-56 所示的对话框，在表名称中，选择要追加到的表名称"商超工作人员登记表的副本"，单击"确定"按钮。如果该表不在当前打开的数据库中，则单击"另一数据库"并输入存储该表的数据库的路径，或单击"浏览"定位到该数据库。

④ 这时，查询设计视图增加了"追加到"行，并且在"追加到"行中自动填写追加的字段名称，如图 4-57 所示，在"学历"字段下方的条件栏中，输入"="本科""。

图 4-56　追加表设计

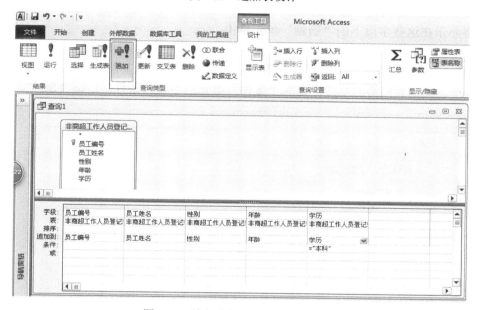

图 4-57　追加表设计，输入追加条件

⑤ 最后单击功能区中的"运行"按钮，弹出准备追加的数据条件对话框，如图 4-58 所示，追加的结果如图 4-59 所示。

图 4-58　追加数据提醒

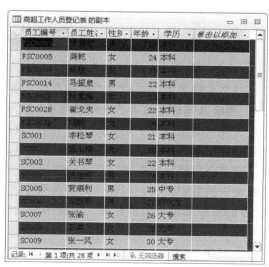

图 4-59　追加数据结果

2．"删除查询"——删除"商超工作人员登记表的副本"中编号以"FSC"开头的信息

删除查询是从一个或多个表中删除那些符合指定条件的行。删除记录之后，将无法撤销此操作。

① 按照前面的步骤新建一个查询设计，包含要删除记录的表的查询。本例在"显示表"对话框中选择"商超工作人员登记表的副本"表。

② 在查询设计视图中，单击功能命令中的"删除"按钮，这时在查询设计网格中显示"删除"行。

③ 从"商超工作人员登记表的副本"表的字段列表中将星号（*）拖到查询设计网格内，"From"将显示在这些字段下的"删除"单元格中。

④ 确定删除记录的条件，将要为其设置条件的字段从主表拖到设计网格，Where 显示在这些字段下的"删除"单元格中。这里为"员工编号"设置删除条件。

⑤ 对于已经拖到网格的字段，在其"条件"单元格中输入条件：Like "FSC*"，如图 4-60 所示。

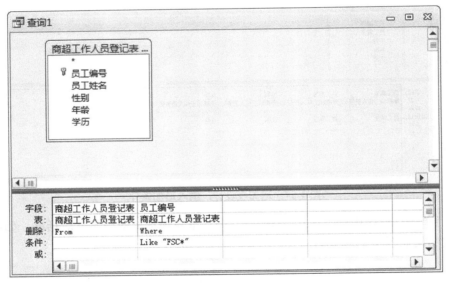

图 4-60　"删除查询"的设计视图

⑥ 单击工具栏上的"运行"按钮，弹出如图 4-61 所示的对话框，单击"是"按钮，则删除"正式员工档案表"中满足"删除查询"条件的记录，查询结果如图 4-62 所示。

3．删除店铺信息及其"合同情况表"记录

在"龙兴商城管理"数据库中，"店铺数据档案表"与"合同情况表"已建立关系，并且两表之间建立有"参照完整性"约束，见图 4-63。在删除店铺数据记录时，如果该店铺有合同记录，即"合同情况表"中存在该店铺记录，则删除失败。使用包含一对多关系中"一"端的表的查询来删除记录时，可在一对多关系中"一"方的表上执行一个删除查询，让 Access 从"多"方的表中删除相关的记录。要使用该功能，必须使表间关系具有级联删除特性。此类查询的创建与单表删除和一对一删除的操作步骤相同，只不过要建立的查询应该基于一对多关系的"一"方表。

图 4-61　"删除查询"的显示结果（1）

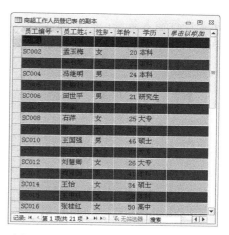

图 4-62　"删除查询"的显示结果（2）

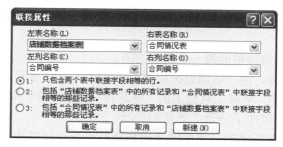

图 4-63　"店铺数据档案表"与"合同情况表"的关系属性

例如，删除品牌为"安踏"的店铺及其合同信息如下。

① 新建一个查询，包含"店铺数据档案表"和"合同情况表"。

② 在查询设计视图中，单击工具"删除查询"按钮。

③ 在"店铺数据档案表"中，从字段列表将星号（*）拖到查询设计网格第一列中（此时为一对多关系中的"多"方），From 将显示在这些字段下的"删除"单元格中。

④ 查询设计网格的第二列字段设置为"品牌名称"（在一对多关系中"一"的一端），Where 显示在这些字段下的"删除"单元格中，如图 4-64 所示。

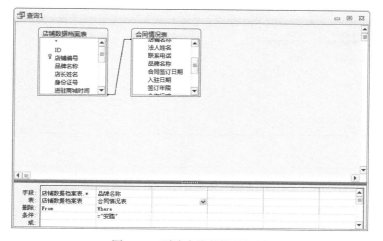

图 4-64　删除查询的设计视图

⑤ 在条件行输入条件：="安踏"。

⑥ 单击工具栏上的"运行"按钮，该"删除查询"的数据表视图如图 4-65 所示。

ID ▾	店铺编号	品牌名称	店长姓名 ▾	身份证号	进驻商城时间 ▾	所在楼层 ▾	店铺面积 ▾
1	NO1001	秋水依人	刘星星	412157198304122216	2014年5月1日	一层	91.00 A1-
2	NO1002	CC&DD	李重阳	413025199001021134	2014年4月10日	一层	93.25 A1-
3	NO1003	伊丝·艾蒂	孙丽丽	410102198506010020	2014年3月15日	一层	127.78 A1-
4	NO1004	曼诺·比菲	陈珍珍	413025198311272266	2014年3月10日	一层	126.60 A1-
5	NO1005	阿玛尼	张正伟	410102197211042175	2014年4月1日	一层	89.20 A1-
6	NO1006	范思哲	赵泉盛	425402198008056510	2014年6月10日	一层	211.50 A1-
7	NO1007	巴宝莉	刘方	411105198103070521	2014年5月11日	一层	350.00 A1-
9	NO2001	李宁	杨东风	232622196102122117	2014年5月6日	二层	115.00 B2-
11	NO2003	耐克	张向阳	410102196510290071	2014年5月11日	二层	89.20 B2-
12	NO2004	阿迪达斯	梁燕	610421194812050093	2014年4月5日	二层	201.50 B2-
13	NO3001	新百伦	高勇	410181197903025041	2014年7月8日	三层	350.00 C3-

记录：◄ ◀ 第 1 项（共 12 项）► ►► ► 无筛选器 搜索

图 4-65 "删除查询"的显示结果

4．更新查询对 2014 年 6 月 1 日前进驻商城的且楼层为"一层"的店铺，将楼层统一更新为"负一层"

更新查询可以利用查询结果更新一个表中的值。

① 创建一个新的查询，将"店铺数据档案表"添加到设计视图。

② 在查询设计视图中，单击工具栏上的"更新到"按钮，在下拉列表中选择"更新查询"，这时查询设计视图网格中增加了一个"更新到"行。

③ 从字段列表将要更新或指定条件的字段拖至查询设计网格中。本例选择"进驻商城时间"字段和"所在楼层"字段。

④ 在要更新的"所在楼层"字段的"更新到"行中输入："负一层"，在"条件"行中输入：="一层"；在"进驻商城时间"字段的"条件"行中输入：<#2014-6-1#。如图 4-66 所示。

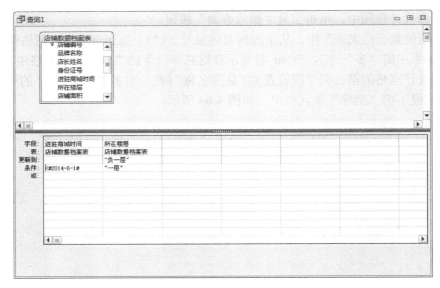

图 4-66 更新查询的设计视图

⑤ 若要查看将要更新的记录列表，单击工具栏上的"视图"按钮⏹️▾。若要返回查询设计视图，再单击工具栏上的"视图"按钮✏️▾，在设计视图中进行所需的更改。

⑥　在查询设计视图中单击工具栏上的"运行"按钮，弹出更新提示框，如图 4-67 所示。

图 4-67　更新提示框

⑦　单击"是"按钮，则 Access 开始按要求更新记录数据。

5．生成表查询——从"商超工作人员登记表"中将部门为"市场部"的员工记录保存到"市场部"表中

生成表查询可以将查询结果保存在表中，然后将该表保存在一个数据库中，这样就将查询结果由动态结果集转化为新建表了。

①　创建一个新的查询，将"商超工作人员登记表"添加到设计视图。

②　在查询设计视图中，单击工具栏上 "生成表"命令，如图 4-68 所示，弹出"生成表"对话框。

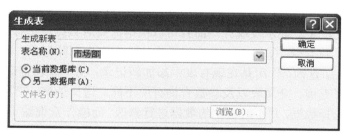

图 4-68　"生成表"对话框

③　在"生成表"对话框的"表名称"框中，输入所要创建或替换的表的名称，本例输入"市场部"。 选择"当前数据库"选项，将新表"市场部"放入当前打开的数据库中。然后单击"确定"按钮，关闭"生成表"对话框。

④　从字段列表中将要包含在新表中的字段拖动到查询设计网格，在"部门"字段的"条件"行里输入条件： ="市场部"，如图 4-69 所示。

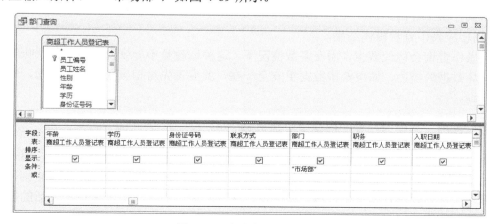

图 4-69　生成表的设计视图

⑤ 若要查看将要生成的新表，单击工具栏上的"视图"按钮。若要返回查询设计视图，再单击工具栏上的"视图"按钮，这时可在设计视图中进行所需的更改。

⑥ 在查询设计视图中单击工具栏上的"运行"按钮，弹出生成新表的提示框，如图 4-70 所示。

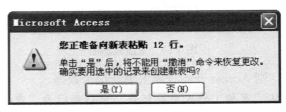

图 4-70 生成新表提示框

⑦ 单击"是"按钮，则 Access 在"龙兴商城管理"数据库中生成新表"市场部"。打开新建的表"市场部"，可以看出表中仅包含部门为"市场部"的指定字段的记录。

相关知识与技能

操作查询是指仅在一个操作中更改许多记录的查询，它使用户不但可以利用查询对数据库中的数据进行简单的检索、显示及统计，而且可以根据需要对数据库进行一定的修改。

操作查询共有 4 种类型：①删除查询，作用是从现有表中删除记录；②更新查询，作用是替换现有数据；③追加查询，作用是在现有表中添加新记录；④生成表查询，作用是创建新表。

操作查询与选择查询、交叉表以及参数查询有所不同。选择查询、交叉表以及参数查询只是根据要求从表中选择数据，并不对表中的数据进行修改；而操作查询除了从表中选择数据外，还对表中的数据进行修改。由于运行操作查询时可能会对数据库中的表做大量的修改，因此，为避免因误操作引起不必要的改变，Access 在导航窗格中的每个操作查询图标之后显示一个感叹号，以引起用户注意。

创建和使用操作查询时可遵循以下四个基本步骤：

① 设计一个简单选择查询，选取要操作或要更新的字段。

② 将这个选择查询转换为具体的操作查询类型，完成相应的步骤和设置。

③ 通过单击工具栏上的"视图"按钮，预览操作查询所选择的记录。确定后，再单击"运行"按钮执行操作查询。

④ 到相应表中查看操作结果。

由于操作查询会修改数据，而在多数情况下，这种修改是不能恢复的，这就意味着操作查询具有破坏数据的能力，如果希望数据更安全一些，就应该先对相应的表进行备份，然后再运行操作查询。

拓展与提高 利用设计视图创建交叉表查询

利用"交叉表查询向导"设计"当月各商铺销售情况交叉查询"虽操作简捷，但是并不能完全满足工作需求，如"交叉表查询向导"中规定查询字段只能来自于一个表或查询，行标题选择最多 3 个，不能设置查询条件等。利用设计视图则可以根据实际需求更加灵活的创建交叉表查询。下面利用设计视图创建 "楼层销售统计交叉表查询"。操作步骤如下：

① 打开"龙兴商城管理"数据库，单击"创建"功能选项卡，从中选择"查询设计"，这时自动弹出"显示表"对话框，从中将"店铺数据档案表"、"合同情况表"、"销售数据表"添加到设计视图，单击"关闭"按钮，如图 4-71 所示。

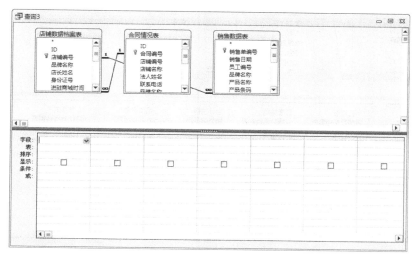

图 4-71 创建查询

② 单击查询工具组的设计功能卡中的"交叉表"按钮，选择"交叉表查询"将设计视图转换为"交叉表查询设计视图"。

③ 在"销售数据表"中双击"销售日期"，将该字段添加到设计视图下方的设计网格内。在"总计"行单元格选择"Group By"选项，在"交叉表"行单元格选择"行标题"选项，如图 4-72 所示。

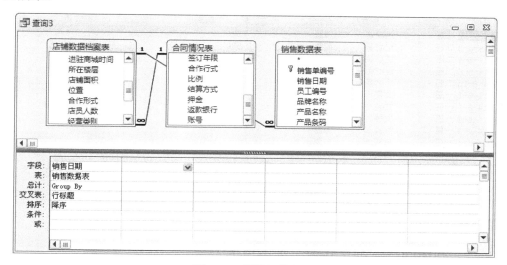

图 4-72 设计网格设置

④ 依次将"店铺数据统计表"的"所在楼层"、"经营类别"、"合作形式"字段，"销售数据表"的"合计总额"字段，"合同情况表"的"品牌名称"字段添加到设计网格。在"总计"行中，将"合计总额"字段设为"合计"，其他均设为"Group By"，在交叉表行中，将"所在楼层"、"经营类别"、"合作形式"设为行标题，将"品牌名称"设为列标题。停在合作形式列

中，在"条件"行单元格中输入查询条件：="直营"，如图 4-73 所示。

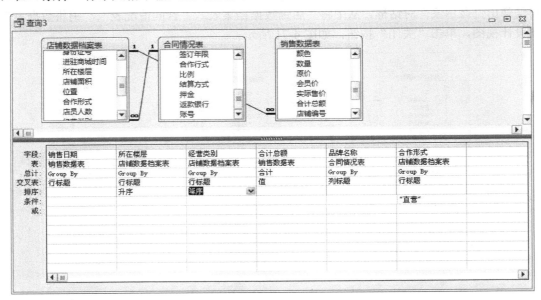

图 4-73 "楼层销售统计交叉表查询"设计视图

⑤ 单击工具栏上的"保存"按钮 ▣，打开"另存为"对话框，输入查询名称"楼层销售统计交叉表查询"，单击"确定"按钮。

⑥ 单击工具栏上的"运行"按钮 ▮，或选择"视图"的"数据表视图"显示查询结果，如图 4-74 所示。

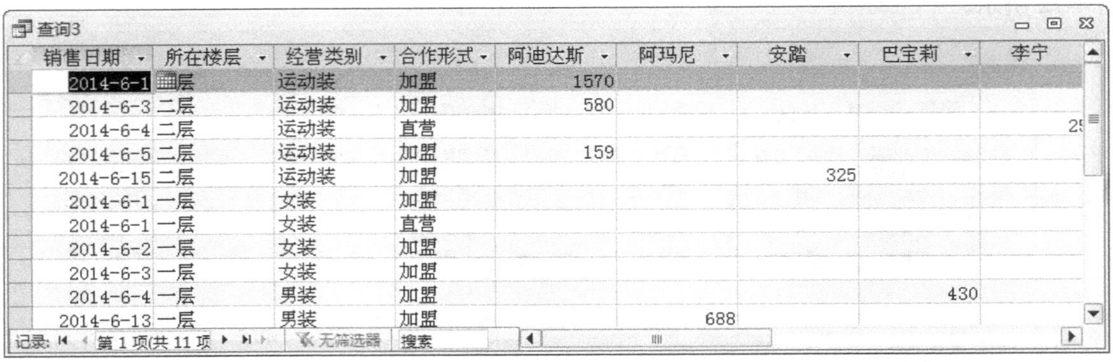

销售日期	所在楼层	经营类别	合作形式	阿迪达斯	阿玛尼	安踏	巴宝莉	李宁
2014-6-1	四层	运动装	加盟	1570				
2014-6-3	二层	运动装	加盟	580				
2014-6-4	二层	运动装	直营					25
2014-6-5	二层	运动装	加盟	159				
2014-6-15	二层	运动装	加盟			325		
2014-6-1	一层	女装	加盟					
2014-6-1	一层	女装	直营					
2014-6-2	一层	女装	加盟					
2014-6-3	一层	女装	加盟					
2014-6-4	一层	男装	加盟				430	
2014-6-13	一层	男装	加盟		688			

记录：Ⅰ ◀ 第 1 项(共 11 项) ▶ ▶Ⅰ ▶＊ 无筛选器 搜索

图 4-74 "楼层销售统计交叉表查询"的查询结果

上机实训

实训 1 利用向导查询正式员工基本情况

【实训要求】

1. 对于"龙兴商城管理"数据库，使用"简单查询向导"创建查询名称为"查询 1"的查询，查询内容为 "员工编号"、"姓名"、"性别"、"部门编号"和"部门名称"。

2. 使用"简单查询向导"创建查询名称为"查询 2" 的查询，统计每个员工的"岗位工资"。

3．利用"部门分配表"创建"交叉表"查询，查询的行标题为"部门编号"，查询的列标题为"是否党员"，查询结果为每部门的员工计数，查询名称为"查询 3"。

实训 2　利用设计视图查询商超工作人员信息

【实训要求】

1．对于"龙兴商城管理"数据库，使用查询设计视图创建一个对"商超工作人员登记表"的查询，查询内容为"员工编号"、"姓名"、"性别"和"入职日期"，查询名称为"查询 4"。

2．在"查询 4"的查询设计视图中添加"店铺数据档案表"、"合同情况表"和"销售数据表"，并设置表间联系。

3．在"查询 4"的查询设计视图中添加"部门"、"员工编号"、"职务"等查询字段，设置查询按"部门"字段升序排列，并将"职务"字段标题改为"职务定位"。

4．运行、保存查询"查询 4"。

5．打开"查询 4"，并对"查询 4"进行相应修改。

实训 3　创建条件查询和参数查询

【实训要求】

1．对于"龙兴商城管理"数据库，打开已创建好的"部门查询"，在设计视图的"设计网格"中设置查询条件：[员工编号]="SC0001"，查看查询结果。

2．在"查询 1"的"条件表达式"中设置"店铺面积"参数，实现参数查询，查看查询结果。

3．自拟查询条件，对于"龙兴商城管理"数据库中的"非商超工作人员登记表"建立相应的条件查询和参数查询。

4．按"部门"分组查询不同性别的员工人数。

总结与回顾

本章主要介绍了如何使用 Access 2010 创建查询的方法及相关技能。需要理解和掌握的知识、技能如下。

1．创建表关系

关系是在两个表的字段之间所建立的联系。通过关系，使数据库表间的数据合并起来，形成"有用"的数据，以便于以后应用查询、窗体、报表。关系的类型分为一对一、一对多、多对多 3 种。创建表关系时要充分考虑表之间的数据参照性规则。

2．利用向导创建查询

查询向导是 Acccess 2010 协助用户创建查询的一种主要手段。利用查询向导可以创建简单表查询、交叉表查询、查找重复项查询、查找不匹配项查询，其中简单查询向导还可以创建单表查询、多表查询、总计查询等。

3．利用设计视图创建、修改查询

查询的设计视图是用来设计查询的窗口。使用查询设计视图不仅可以创建新的查询，还可以对已存在的查询进行修改和编辑。在创建查询时，须将查询所需的表添加到查询中，并可以在设计视图中定义查询字段、字段属性、条件、排序方式、总计等。

4．查询中条件表达式的应用

利用条件表达式可以在查询中有选择地筛选数据，同时条件可以是针对一个字段的，也可以同时针对多个字段，甚至通过计算确定，所以条件表达式中需要综合运用算术运算、关系运

算、逻辑运算、函数等表达式。

5．创建参数查询

参数查询是一种交互式的查询方式，它执行时显示一个对话框，以提示用户输入查询信息，然后根据用户输入的查询条件来检索记录。

6．分组统计查询

在查询中，经常需要对查询数据进行统计计算，包括求和、平均、计数、最大值、最小值等，简单的统计查询可以在查询向导中完成，但是利用设计视图可以更加灵活地设计统计查询。

7．交叉表查询

交叉表查询可以将数据源数据重新组织，并可以计算数据的总和、平均、最大值、最小值等统计信息，从而更加方便地分析数据。这种数据分为两组信息：一组位于数据表左侧，称为行标题；一组位于数据表上方，称为列标题。利用交叉表查询向导和设计视图均可以方便地创建交叉表查询。

8．操作查询

选择查询只能通过一定的规则筛选、计算数据，而操作查询则可以对数据源中的数据进行增加、删除、更新等修改操作。操作查询包括生成表查询、更新查询、追加查询、删除查询 4 种类型。利用设计视图可以灵活地设计操作查询。

 思考与练习

一、选择题

1. Access 2010 支持的查询类型有（　　）。

   A. 选择查询、交叉表查询、参数查询、SQL 查询和操作查询

   B. 选择查询、基本查询、参数查询、SQL 查询和操作查询

   C. 多表查询、单表查询、参数查询、SQL 查询和操作查询

   D. 选择查询、汇总查询、参数查询、SQL 查询和操作查询

2. 根据指定的查询条件，从一个或多个表中获取数据并显示结果的查询称为（　　）。

   A. 交叉表查询　　　　　　B. 参数查询　　　　　　C. 选择查询　　　　　　D. 操作查询

3. 下列关于条件的说法中，错误的是（　　）。

   A. 同行之间为逻辑"与"关系，不同行之间为逻辑"或"关系

   B. 日期/时间类型数据在两端加上#

   C. 数字类型数据需在两端加上双引号

   D. 文本类型数据需在两端加上双引号

4. 在企业人事表中，查询成绩为 70～80 分之间（不包括 80）的学生信息。正确的条件设置为（　　）。

   A. >69 or <80　　　　　　B. Between 70 and 80　　C. >=70 and <80　　　D. in(70,79)

5. 若要在文本型字段执行全文搜索，查询"Access"开头的字符串，正确的条件表达式设置为（　　）。

   A. like "Access*"　　　　B. like "Access"　　　　C. like "*Access*"　　　D. like "*Access"

6. 参数查询时，在一般查询条件中写上（　　），并在其中输入提示信息。

A. ()   B. < >   C. {}   D. []

7. 使用查询向导，不可以创建（   ）。

     A. 单表查询   B. 多表查询   C. 带条件查询   D. 不带条件查询

8. 在"龙兴商城管理"数据库中，若要查询姓"张"的女同学的信息，正确的条件设置为（   ）。

     A. 在"条件"单元格输入：姓名="张" AND 性别="女"

     B. 在"性别"对应的"条件"单元格中输入："女"

     C. 在"性别"的条件行输入"女"，在"姓名"的条件行输入：LIKE "张*"

     D. 在"条件"单元格输入：性别="女"AND 姓名="张*"

9. 统计商铺最大面积，在创建总计查询时，分组字段的总计项应选择（   ）。

     A. 总计   B. 计数   C. 平均值   D. 最大值

10. 查询设计好以后，可进入"数据表"视图观察结果，不能实现的方法是（   ）。

     A. 保存并关闭该查询后，双击该查询

     B. 直接单击工具栏的"运行"按钮

     C. 选定"表"对象，双击"使用数据表视图创建"快捷方式

     D. 单击工具栏最左端的"视图"按钮，切换到"数据表"视图

二、填空题

1. 在 Access 2010 中，_____查询的运行一定会导致数据表中的数据发生变化。

2. 在"课程"表中，要确定周课时数是否大于 80 且小于 100，可输入_____。（每学期按 18 周计算）

3. 在交叉表查询中，只能有一个_____和值，但可以有一个或多个_____。

4. 在成绩表中，查找成绩在 75～85 之间的记录时，条件为_____。

5. 在创建查询时，有些实际需要的内容在数据源的字段中并不存在，但可以通过在查询中增加_____来完成。

6. 如果要在某数据表中查找某文本型字段的内容以"S"开头、以"L"结尾的所有记录，则应该使用的查询条件是_____。

7. 交叉表查询将来源于表中的_____进行分组，一组列在数据表的左侧，一组列在数据表的上部。

8. 将 1990 年以前参加工作的教师的职称全部改为副教授，则适合使用_____查询。

9. 利用对话框提示用户输入参数的查询过程称为_____。

10. 查询建好后，要通过_____来获得查询结果。

三、判断题

1. 表与表之间的关系包括一对一、一对多两种类型。   （   ）

2. 一个查询的数据只能来自于一个表。   （   ）

3. 所有的查询都可以在 SQL 视图中创建和修改。   （   ）

4. 统计"成绩"表中参加考试的人数用"最大值"统计。   （   ）

5. 查询中的字段显示名称可通过字段属性修改。   （   ）

四、简答题

1. 什么是查询？查询有哪些类型？

2. 什么是选择查询？什么是操作查询？

3. 选择查询和操作查询有何区别？

4. 查询有哪些视图方式？各有何特点？

使用结构化查询语言 SQL

在利用查询向导或设计视图创建查询时，Access 2010 将所创建的查询转换成结构化查询语言（Structured Query Language，SQL）。在查询运行时，Access 2010 实际执行的是 SQL 语句。

许多关系型数据库系统用 SQL 语言作为查询或更新数据的标准语言，虽然在 Aceess 2010 中，利用向导或设计视图已经可以完成几乎所有查询的设计，但是了解 SQL 语言仍是学习数据库技术必不可少的内容。同时 SQL 语言直观、简单易学，针对初学者而言易于掌握。本章以"龙兴商城管理"数据库为例，介绍利用 SQL 语言创建查询的方法与步骤。

学习内容

- 简单查询的设计
- 连接查询的设计
- 嵌套查询的设计
- 统计查询的设计
- 数据更新操作的实现
- 数据插入操作的实现
- 数据删除操作的实现

任务 1　创建简单查询获得"商超工作人员登记表"信息

任务描述与分析

在"龙兴商城管理"数据库中查询所需信息，需要确定如下要素：
- 需要显示哪些字段

- 这些字段来自于哪个或哪些表或查询
- 这些记录需要根据什么条件筛选
- 显示的结果集是否需要排序，按照哪些字段排序

确定了以上要素后，根据 SQL 语言中的数据查询语句——SELECT 语句的基本格式，就可以在 SQL 视图中设计出查询命令了。

方法与步骤

1. 利用 SQL 语句查询商超工作人员登记表基本信息

① 打开"龙兴商城管理"数据库，在"创建"选项卡中，选择对象栏中"查询"命令组中的"查询设计"选项，打开默认名为"查询 2"的查询设计视图和"显示表"对话框。

② 在"显示表"对话框中，选择"商超工作人员登记表"，单击"添加"按钮，将"商超工作人员登记表"添加至查询设计视图，关闭"显示表"对话框。

③ 在查询设计视图的标题栏上单击鼠标右键，如图 5-1 所示，选择"SQL 视图"。这时出现"查询 2"的 SQL 视图窗口，如图 5-2 所示。

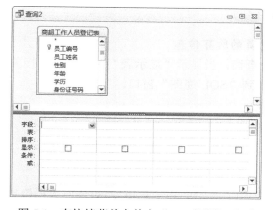

图 5-1 在快捷菜单中单击"SQL 视图"选项

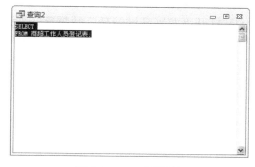

图 5-2 SQL 视图窗口

④ 在 SQL 视图窗口内将 SQL 语句修改为：

SELECT 员工编号，员工姓名，性别，部门，职务，入职日期
FROM 商超工作人员登记表;

该语句的意思是从"商超工作人员登记表"中查询商超工作人员的员工编号、员工姓名、性别、部门、职务、入职日期字段，如图 5-3 所示。

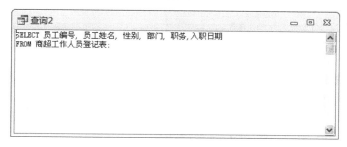

图 5-3 修改 SQL 语句

⑤ 单击工具栏中的"运行"按钮 ![] 运行查询，可看到查询的结果如图 5-4 所示。

图 5-4　查询结果

2．查询商超工作人员登记表中政治面貌为党员的所有信息

① 打开"龙兴商城管理"数据库，新建一个查询，当显示"显示表"对话框时直接关闭，右键单击设计视图窗口，选择"SQL 视图"，切换到"SQL 视图"窗口。

② 在"SQL 视图"窗口内将 SQL 语句修改为：

```
SELECT *
FROM  商超工作人员登记表
WHERE 政治面貌="党员";
```

该语句的意思是查询"商超工作人员登记表"中"政治面貌="党员""的全部数据信息。

③ 运行查询，得到的查询结果如图 5-5 所示。

图 5-5　查询结果

3．查询 2010 年前入职且部门为"市场部"或"财务部"的所有信息并按入职日期升序排序

① 打开"龙兴商城管理"数据库，新建一个查询，切换到"SQL 视图"。

② 在"SQL 视图"窗口内将 SQL 语句修改为：

```
SELECT *
FROM 商超工作人员登记表
WHERE 入职日期<#2010-1-1# AND 部门 IN （"市场部","财务部"）
ORDER BY 入职日期;
```

该语句的意思是查询"商超工作人员登记表"的所有字段，条件是"入职日期"< #2010-1-1#
且"部门"是"市场部"或"财务部"，查询结果按"入职日期"排序。

③ 运行查询，得到的查询结果如图 5-6 所示。

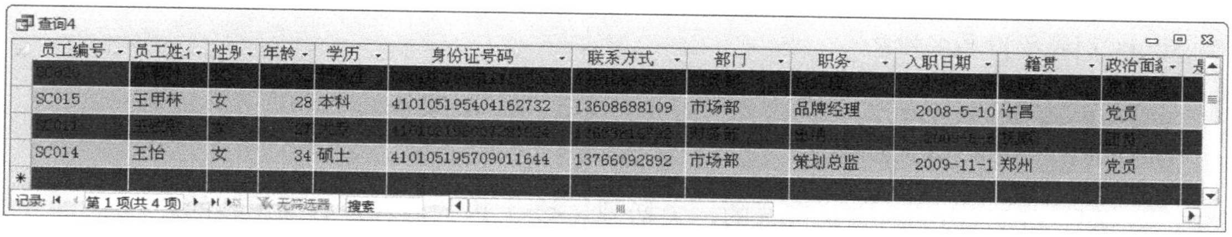

图 5-6　查询结果

相关知识与技能

1. 认识 SQL 语句

SQL 语言具有完整的结构化查询语言体系，它通常包含四个部分：数据定义语言
（CREATE、ALTER、DROP）、数据操纵语言（INSERT、UPDATE、DELETE）、数据查询语言
（SELECT）和数据控制语言（COMMIT、ROLLBACK），因此可以完成数据库操作中的全部
工作。

① 数据定义：指创建数据库，对于关系数据库而言，就是建立表、编辑表。

② 数据操纵：指对数据库中的具体数据进行增、删、改和更新等操作。

③ 数据查询：指按用户要求从数据库中检索数据，并将查询结果以表格的形式返回。

④ 数据控制：指通过对数据库各种权限的授予或回收来管理数据库系统，其中包括对基
本表的修改、插入、删除、更新、建立索引、查询的所有权限。

SQL 语言是一种高度非过程化的语言，它不是一步步地告诉计算机"如何去做"，而只描
述用户"要做什么"。即 SQL 语言将要求交给系统，系统会自动完成全部工作。

SQL 语言非常简洁。虽然 SQL 语言功能很强，但它只有为数不多的几条命令，表 5-1 列
出了按语句的功能分类的命令动词。此外，SQL 的语法也非常简单，比较容易学习和掌握。

表 5-1　SQL 命令动词

SQL 功能	命 令 动 词
数据定义	CREATE、DROP、ALTER
数据操纵	INSERT、UPDATE、DELETE
数据查询	SELECT
数据控制	COMMIT、ROLLBACK

SQL 语言既可以直接以命令方式交互使用，也可以嵌入到程序设计语言中以程序方式使
用。现在很多数据库应用开发工具都将 SQL 语言直接融入到自身的语言之中，使用起来更方

便，Access 就是如此。

2．SELECT 语句的基本格式

SELECT 语句是用于查询、统计的应用最为广泛的一种 SQL 语句，它不但可以建立起简单查询，还可以实现条件查询、分组统计、多表连接查询等功能 。

SELECT 数据查询语句的动词是 SELECT。SELECT 语句的基本形式由 SELECT-FROM-WHERE 查询块组成，多个查询块可以嵌套执行。

SELECT 语句的基本语法结构如下：

```
SELECT [表名.]字段名列表
FROM <表名或查询名>[,<表名或查询名>]…
[WHERE <条件表达式>]
[ORDER BY <列名>[ASC|DESC]]
```

其中：方括号（[ ]）内的内容是可选的，尖括号（< >）内的内容是必须出现的。

SELECT 语句中各子句的意义如下。

① SELECT 子句：用于指定要查询的字段数据，只有指定的字段才能在查询中出现。如果希望检索到表中的所有字段信息，则可以使用星号（*）来代替列出的所有字段的名称，而列出的字段顺序与表定义的字段顺序相同。

② FROM 子句：用于指出要查询的数据来自哪个或哪些表（也可以是视图），可以对单个表或多个表进行查询。

③ WHERE 子句：用于给出查询的条件，只有与这些选择条件匹配的记录才能出现在查询结果中。在 WHERE 后可以跟条件表达式，还可以使用 IN、BETWEEN、LIKE 表示字段的取值范围。其中：

● IN 在 WHERE 子句中的作用是：确定 WHERE 后表达式的值是否等于指定列表中的几个值中的任何一个。例如，WHERE 部门 IN ("市场部","财务部")，表示"部门"字段的值如果是"市场部"或"财务部"则满足查询条件。

● BETWEEN 在 WHERE 子句中的作用是：条件可以用 BETWEEN…AND…表示在二者之间，NOT BETWEEN…AND…表示不在其间。例如，WHERE 店铺面积 BETWEEN 85 AND 100，表示"店铺面积"字段的值如果在 85 和 100 之间则满足查询条件。

● LIKE 在 WHERE 子句中的作用是：利用*、? 通配符实现模糊查询。其中，*匹配任意数量的字符。例如，姓名 LIKE "张*"表示所有以"张"开头的姓名满足查询条件；? 匹配任意单个字符。例如，姓名 LIKE "张?"表示以"张"开头的姓名为两个字的满足查询条件。

④ ORDER BY 子句：用于对查询的结果按"列名"进行排序，ASC 表示升序，DESC 表示降序，默认为 ASC 升序排序。

说明 --

① SELECT 语句不分大小写。例如，SELECT 可为 select，FROM 可为 from。

② SELECT 语句中所有的标点符号（包括空格）必须采用半角西文符号，如果采用了中文符号，将会弹出要求重新输入或提示出错的对话框，必须将其改为半角西文符号，才能正确地执行 SELECT 语句。

任务 2　创建连接查询来查询"店铺数据档案"信息

任务描述与分析

在"龙兴商城管理"数据库中查询店铺数据档案信息，数据来源于多个表：品牌名称、所在楼层、店铺面积存在于"店铺数据档案表"，法人姓名、合作形式、结算方式存在于"合同情况表"，物业费存在于"费用清缴情况表"。而查询结果需要将这些数据组合在一个结果集中。

在 SELECT 数据查询语句中，多表查询需要在有关联的表之间建立"连接"，从而将来自于多个表中的字段组成一个更宽的记录集，然后从该记录集中挑选出需要的字段。表与表之间的连接需要通过关联字段进行，如"店铺数据档案表"和"合同情况表"之间的关联字段是"合同编号"，"店铺数据档案表"与"费用清缴情况表"之间的关联字段是"店铺编号"。

方法与步骤

1. 查询店铺数据档案基本信息及楼层信息

① 打开"龙兴商城管理"数据库，新建一个查询，切换到"SQL 视图"。

② 在"SQL 视图"窗口内将 SQL 语句修改为：

SELECT 店铺数据档案表.品牌名称，店铺数据档案表.所在楼层，店铺数据档案表.店铺面积，合同情况表.法人姓名，合同情况表.合作行式，合同情况表.结算方式，费用清缴情况表.物业费
FROM （合同情况表 INNER JOIN 费用清缴情况表 ON 合同情况表.店铺编号 = 费用清缴情况表.店铺编号）
INNER JOIN 店铺数据档案表 ON 合同情况表.合同编号 = 店铺数据档案表.合同编号；

该语句的意思是分别从"店铺数据档案表"中提取"品牌名称"、"所在楼层"、"店铺面积"字段；从"合同情况表"中提取"法人姓名"、"合作形式"、"结算方式"字段；从"费用清缴情况表"中提取"物业费"字段；"店铺数据档案表"与"合同情况表"的关联字段是"合同编号"。

③ 运行查询，得到的查询结果如图 5-7 所示。

品牌名称	所在楼层	店铺面积	法人姓名	合作行式	结算方式	物业费
秋水依人	一层	91.00	刘星星	扣底	月结	375
阿玛尼	一层	89.20	张正伟	扣底	月结	375
CC&DD	一层	93.25	李重阳	扣底	月结	486
范思哲	一层	211.50	赵泉盛	扣底	月结	532
巴宝莉	一层	350.00	刘方	返点	月结	532
李宁	二层	115.00	杨东风	保租	季节	375
阿迪达斯	二层	201.50	梁燕	返点	月结	486
新百伦	三层	350.00	高勇	保租	月结	486
耐克	二层	89.20	张向阳	返点	季节	532
安踏	二层	127.78	闫会方	返点	月结	486
曼诺·比菲	一层	126.60	陈珍珍	保租	月结	375
匡威	三层	115.00	甘宇祥	保租	季节	416
伊丝·艾蒂	一层	127.78	孙丽丽	扣底	月结	285

记录: 14　第 1 项(共 13 项 ▶ ▶| ▶※　无筛选器　搜索

图 5-7　查询结果

2．查询各员工销售情况信息

此操作需要在两个数据表中完成，一个是“非商超工作人员登记表”，另一个是“销售数据表”。

① 打开“龙兴商城管理”数据库，新建一个查询，切换到“SQL 视图”。

② 在“SQL 视图”窗口内将 SQL 语句修改为：

```
SELECT 非商超工作人员登记表.店铺编号，非商超工作人员登记表.员工姓名，销售数据表.销售日期，销售数据表.合计总额
FROM 非商超工作人员登记表 INNER JOIN 销售数据表 ON 非商超工作人员登记表.员工编号 = 销售数据表.员工编号
ORDER BY 非商超工作人员登记表.店铺编号，销售数据表.销售日期 DESC;
```

该语句的意思是分别从“非商超工作人员登记表”中提取“店铺编号”、“员工姓名”字段；从“销售数据表”中提取“销售日期”、“合计总额”字段；“非商超工作人员登记表”与“销售数据表”的关联字段是“店铺编号”；查询结果按销售日期升序排序。

③ 运行查询，得到的查询结果如图 5-8 所示。

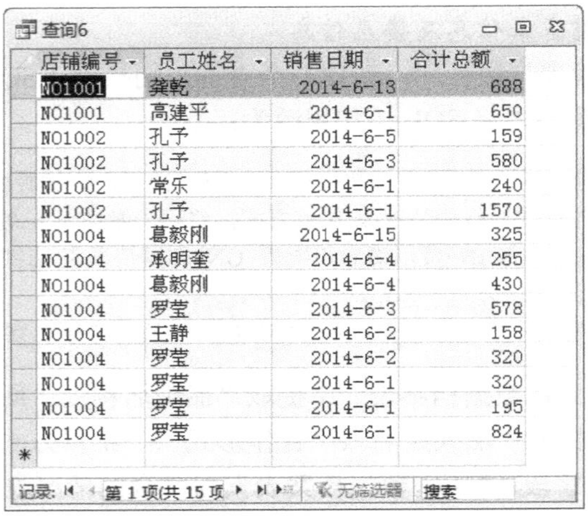

查询6

店铺编号	员工姓名	销售日期	合计总额
NO1001	龚乾	2014-6-13	688
NO1001	高建平	2014-6-1	650
NO1002	孔予	2014-6-5	159
NO1002	孔予	2014-6-3	580
NO1002	常乐	2014-6-1	240
NO1002	孔予	2014-6-1	1570
NO1004	葛毅刚	2014-6-15	325
NO1004	承明奎	2014-6-4	255
NO1004	葛毅刚	2014-6-4	430
NO1004	罗莹	2014-6-3	578
NO1004	王静	2014-6-2	158
NO1004	罗莹	2014-6-2	320
NO1004	罗莹	2014-6-1	320
NO1004	罗莹	2014-6-1	195
NO1004	罗莹	2014-6-1	824

记录: 第 1 项(共 15 项 无筛选器 搜索

图 5-8　查询结果

相关知识与技能

1．连接的类型

根据表与表之间连接后所获得的结果记录集的不同，连接可分为三种类型：内连接、左连接、右连接，如表 5-2 所示。

表 5-2　连接类型

连接类型	子　句	连接属性	连接实例	结　果
内连接	INNER JOIN	只包含来自两个表中的关联字段相等的记录	FROM 非商超工作人员登记表 INNER JOIN 销售数据表 ON 非商超工作人员登记表.店铺编号=销售情况表.店铺编号	只包含“非商超工作人员登记表”和“销售数据表”同时具有相同店铺编号的记录

连接类型	子 句	连接属性	连接实例	结 果
左连接	LEFT JOIN	包含第一个（左边）表的所有记录和第二个表（右边）关联字段相等的记录	FROM 非商超工作人员登记表 LEFT JOIN 销售数据表 ON 非商超工作人员登记表.店铺编号=销售情况表.店铺编号	包含所有非商超工作人员登记表中的记录和参加销售的非商超工作人员登记表的销售数据
右连接	RIGHT JOIN	包含第二个（右边）表的所有记录和第一个表（左边）关联字段相等的记录	FROM 非商超工作人员登记表 RIGHT JOIN 店铺数据档案表 ON 非商超工作人员登记表.店铺编号=店铺数据档案表.店铺编号	包含所有店铺记录和在职的非商超工作人员登记表中的记录

2．连接查询的基本格式

在 SELECT 语句中使用连接查询的基本格式如下：

```
SELECT [表名或别名.]字段名列表
FROM 表名 1    AS 别名 1
INNER | LEFT | RIGHT    JOIN 表名 2    AS 别名 2 ON 表名 1.字段=表名 2.字段
```

其中，"|"表示必须选择 INNER、LEFT、RIGHT 中的一个。

如果连接的表多于两个，则需要使用嵌套连接，其格式为：

```
SELECT [表名或别名.]字段名列表
FROM 表名 1 AS 别名 1 INNER JOIN  （表名 2 AS 别名 2 INNER JOIN 表名 3 AS 别名 3    ON 表名 2.字段=表名 3.字段）
ON 表名 1.字段=表名 2.字段
```

在上述格式中，如果结果集所列字段名在两个表中是唯一的，则[表名.]可以省略，但是如果两个表中存在同名字段，为防止混淆，需要指明所列字段来自于哪个表。

如果表名太长或不便于记忆，可以利用 AS 为表定义别名，并在字段名前用别名识别。

例如，SELECT a.员工编号，a.员工姓名，a.性别，b.品牌名称

```
FROM  非商超工作人员登记表  AS a
INNER JOIN  店铺数据档案表  AS b ON a.店铺编号=b.店铺编号;
```

任务 3   使用嵌套子查询查询店铺数据信息

任务描述与分析

现在创建查询以显示所有签订年限小于 4 年的店铺信息，在该查询中显示的数据来自于"店铺数据档案表"，但它是有条件的：签订年限小于 4 年。而签订年限字段存在于"合同情况表"，因此，该项查询可以这样完成：从"合同情况表"中选出签订年限小于 4 年的店铺编号，再从"店铺数据档案表"中将这些店铺编号的数据记录筛选出来。

这里用到了两个查询："合同情况表"的查询结果作为查询"店铺数据档案表"的筛选条件，因此这种查询方式称为"嵌套查询"，"合同情况表"的查询称为"子查询"，"店铺数据档

案表"的查询称为"主查询"。操作方法如下。

方法与步骤

① 打开"龙兴商城管理"数据库，新建一个查询，切换到"SQL 视图"。

② 在"SQL 视图"窗口内将 SQL 语句修改为：

```
SELECT *
FROM 店铺数据档案表
WHERE 合同编号 IN （SELECT 合同编号 FROM 合同情况表 WHERE 签订年限<"4"）；
```

③ 运行查询，得到的查询结果如图 5-9 所示。

店长姓名	身份证号	进驻商城时间	所在楼层	店铺面积	位置	合作形式	店员人数	经营类别	联系电话	合同编号
刘星星	412157198304122216	2014年5月1日	一层	91.00	A1-1	直营	8	女装	13122565558	HT201403011
李重阳	413025199001021134	2014年4月10日	一层	93.25	A1-2	直营	10	女装	13211072205	HT201403013
孙丽丽	410102198506010020	2014年3月15日	一层	127.78	A1-3	直营	6	女装	13305710015	HT201403015
陈珍珍	413025198311272263	2014年3月10日	一层	126.60	A1-4	加盟	6	女装	18603863243	HT201403019
赵泉盛	425402198008056510	2014年6月10日	一层	211.50	A1-6	加盟	12	男装	18103210544	HT2014040101
刘方	411105198103070521	2014年5月11日	一层	350.00	A1-7	加盟	16	男装	13607679436	HT2014040111
杨东风	232622196102122117	2014年5月6日	二层	115.00	B2-1	直营	10	运动装	18603857677	HT2014040151
闫会方	232622195412301212	2014年3月8日	二层	127.78	B2-1	加盟	7	运动装	13663815626	HT2014040171
梁燕	610421194812050093	2014年4月5日	二层	201.50	B2-1	直营	10	运动装	13683809638	HT201405012
高勇	410181197903025041	2014年7月8日	三层	350.00	C3-1	直营	12	运动装	13903746679	HT2014050141
甘宇祥	411403198712111249	2014年5月5日	三层	115.00	C3-2	加盟	8	运动装	18937159518	HT201406001

图 5-9　查询结果

相关知识与技能

从上述查询语句中可以看到，一个查询语句可以嵌套有另一个查询语句，甚至最多可以嵌套 32 层。其中外部查询为主查询，内部查询为子查询。这种查询方式通常是最自然的表达方法，非常贴近用户的需求描述，实现起来更加简便。

在使用子查询时，通常是作为主查询的 WHERE 子句的一部分，用于替代 WHERE 子句中的条件表达式。根据子查询返回记录行数的不同，可以使用不同的操作符，见表 5-3。

表 5-3　子查询操作符

子查询返回行数	操 作 符
一行	=、>、<、>=、<=、<>
多行	IN、NOT IN

【例 1】 查询所有"一层"店铺的合同详细记录信息

在"合同情况表"中没有"所在楼层"字段的信息，因此需要从"店铺数据档案表"中根据所在楼层查询出"店铺编号"，并从"合同情况表"中查询出店铺编号符合要求的记录信息。SQL 语句如下：

```
SELECT 店铺数据档案表.所在楼层, 合同情况表.*, *
FROM 合同情况表 INNER JOIN 店铺数据档案表 ON 合同情况表.合同编号 = 店铺数据档案表.合同编号
WHERE ((((店铺数据档案表.所在楼层)="一层"));
```

【例 2】　查询所有"金卡"会员的办理人所在店铺档案信息

根据"会员档案表"数据可知，"金卡"会员的办理人来自多个不同的店铺工作人员，因此，需要用到"会员档案表"和"店铺数据档案表"及"非商超工作人员登记表"，在"会员档案表"中查询办理人编号，并在"非商超工作人员登记表"中将对应编号人员的对应"店铺编号"找到，从而显示店铺数据信息。

SQL 语句如下：

```
SELECT 会员档案管理表.会员类别，会员档案管理表.姓名，会员档案管理表.办理人编号，店铺数据档案表.*
FROM 非商超工作人员登记表 INNER JOIN （店铺数据档案表 INNER JOIN 会员档案管理表 ON 店铺数据档案表.店铺编号 = 会员档案管理表.店铺编号） ON （店铺数据档案表.店铺编号 = 非商超工作人员登记表.店铺编号） AND （非商超工作人员登记表.员工编号 = 会员档案管理表.办理人编号）
WHERE (((会员档案管理表.会员类别)="金卡"));
```

任务 4　使用 SQL 语言实现计算查询

任务描述与分析

在现实工作中，数据库管理员可能经常需要根据某些数据对数据库进行分析、计算、统计。如果数据量比较大，数据库管理员搜索每条记录并进行分析将变得非常困难。例如，根据非商超工作人员登记表中的出生日期计算"非商超工作人员登记表"中员工的当前年龄；统计"非商超工作人员登记表"中每位员工的成绩总分、平均分等。

SELECT 语句不仅具有一般的检索能力，而且还有计算方式的检索。通过不同的表达式、函数的运用，将使繁杂的计算、统计工作变得简单、迅速、准确。

方法与步骤

1．计算"非商超工作人员登记表"中所有员工的年龄

① 打开"龙兴商城管理"数据库，新建一个查询，切换到"SQL 视图"。

② 在"SQL 视图"窗口内输入下列语句：

```
SELECT 员工编号，店铺编号，员工姓名，性别，学历，Year（Date()）-Mid（身份证号码，7,4） AS 年龄
FROM 非商超工作人员登记表;
```

该语句中，Year（Date()）-Mid（身份证号码,7,4）表示当前系统日期的年份——身份证号码中的年份。AS 则为该列定义列标题。

③ 运行查询，得到的查询结果如图 5-10 所示。

2．统计每个楼层的店铺总面积及平均面积值

① 打开"龙兴商城管理"数据库，新建一个查询，切换到"SQL 视图"。

查询10

员工编号	店铺编号	员工姓名	性别	学历	年龄
FSC0001	N01004	罗莹	女	大专	21
FSC0002	N01004	王静	女	大专	21
FSC0003	N01004	承明奎	男	本科	26
FSC0004	N01001	高建平	女	大专	29
FSC0005	N01001	龚乾	女	本科	24
FSC0006	N01004	葛毅刚	男	大专	30
FSC0007	N01002	常乐	女	大专	33
FSC0008	N01002	孔子	女	大专	26
FSC0009	N01002	陈锐	女	本科	22
FSC0010	N02003	崔赫	女	大专	21
FSC0011	N02003	史美祖	女	大专	20
FSC0012	N03002	王爱清	女	大专	24
FSC0013	N03002	李丙趁	女	大专	25
FSC0014	N01001	马振泉	男	本科	22
FSC0015	N01001	徐娜	女	大专	20
FSC0016	N01001	程荣兰	女	大专	28

记录：第 1 项(共 36 项)　无筛选器　搜索

图 5-10　查询结果

② 在“SQL 视图”窗口内输入下列语句：

```
SELECT 店铺数据档案表.所在楼层，Sum（店铺数据档案表.店铺面积） AS 面积，Avg（店铺数据档案表.店铺面积） AS 平均面积
FROM 店铺数据档案表
GROUP BY 店铺数据档案表.所在楼层
```

③ 运行查询，得到的查询结果如图 5-11 所示。

查询10

所在楼层	面积	平均面积
二层	533.48	133.37
三层	465	232.5
一层	1089.33	155.618571428571

记录：第 1 项(共 3 项)　无筛选器　搜索

图 5-11　查询结果

相关知识与技能

Access 2010 提供了丰富的函数用于计算和统计。在“计算非商超工作人员登记表年龄”查询中，根据“身份证号码”计算年龄用到的是 Access 2010 的日期函数，而在“统计非商超工作人员销售业绩”查询中用到的则是汇聚函数。关于函数的介绍请参见第 4 章的任务 4。

在上述统计非商超工作人员登记表成绩的查询中，需要根据“非商超工作人员登记表”中的学号、姓名进行分组，计算每一组的合计、平均值。在 SELECT 语句中利用 SQL 提供了一组汇聚函数，可对分组数据集中的数据集合进行计算。

使用 SELECT 语句进行分组统计的基本格式为：

```
SELECT [表名.]字段名列表 [AS 列标题]
FROM <表名>
GROUP BY 分组字段列表 [HAVING 查询条件]。
```

其中，GROUP BY 子句：指定分组字段，

　　　HAVING 子句：指定分组的搜索条件，通常与 GROUP BY 子句一起使用。

　　在分组查询中经常使用 SUM()、AVG()、COUNT()、MAX()、MIN()等汇聚函数计算每组的汇总值。

任务 5　使用 SQL 语言更新"商超工作人员登记表"信息

任务描述与分析

　　更新数据库数据是维护数据库内容的一项日常工作。数据更新是指将符合指定条件的记录的一列或多列数据，按照给定的值或一定的计算方式得到的结果修改表中数据。

　　在 SQL 语言中，使用 UPDATE 语句实现数据更新。如果需要指定更新条件，可在 UPDATE 语句中使用 WHERE 子句。下面将编号为"SC008"的商超工作人员登记表的职务更新为"督导"，政治面貌更新为"党员"，是否在职更新为"否"

方法与步骤

　　① 打开"龙兴商城管理"数据库，新建一个查询，切换到"SQL 视图"。

　　② 在"SQL 视图"窗口内输入下列语句：

UPDATE 商超工作人员登记表 SET 职务 = "督导",政治面貌 = "党员",是否在职=False
WHERE 商超工作人员登记表编号="SC008";

　　③ 单击工具栏上的"运行"按钮，弹出更新提示框，如图 5-12 所示。

图 5-12　更新提示框

　　④ 单击"是"按钮，则 Access 开始按要求更新记录数据。

相关知识与技能

UPDATE 语句的基本格式为：

UPDATE 表名 SET 字段名=表达式[, 字段名=表达式，…]
[WHERE 更新条件]

UPDATE 语句中各子句的意义如下。

　　① UPDATE：指定更新的表名。UPDATE 语句每次只能更新一个表中的数据。

　　② SET：指定要更新的字段以及该字段的新值。其中新值可以是固定值，也可以是表达

式，但是要确保和该字段的数据类型一致。

SET 子句可以同时指定多个字段更新，每个字段之间用逗号分隔。

③ WHERE：指定更新条件。对于满足更新条件的所有记录，SET 子句中的字段将按给定的新值更新。

WHERE 子句中更新条件较多时，可使用逻辑运算符 AND、OR、NOT 或 LIKE、IN、BETWEEN 的组合，也可以使用嵌套子查询设置更新条件。

如果没有指定任何 WHERE 子句，那么表中所有记录都被更新。

任务 6　使用 SQL 语言删除"销售业绩"信息

任务描述与分析

当数据库中存在多余的记录时，可将其删除。SQL 语言提供的 DELETE 语句可以删除表中的全部或部分记录。DELETE 语句的基本用法是：DELETE　FROM　表名　WHERE　条件。下面将删除"成绩"表中不及格的记录。

方法与步骤

① 打开"龙兴商城管理"数据库，新建一个查询，切换到"SQL 视图"。

② 在"SQL 视图"窗口内输入下列语句：

```
DELETE FROM  销售数据表
 - WHERE  会员类别="钻石卡";
```

③ 单击工具栏上的"运行"按钮，弹出删除提示框，如图 5-13 所示。

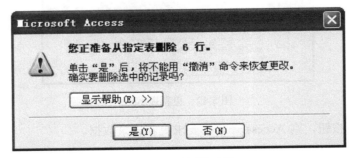

图 5-13　更新提示框

④ 单击"是"按钮，则 Access 删除符合条件的记录数据。

相关知识与技能

DELETE 语句的基本格式如下：

```
DELETE FROM  表名
[WHERE  删除条件]
```

DELETE 语句中各子句的意义如下。

① DELETE FROM：指定删除记录的表名。DELETE 语句每次只能删除一个表中的记录。

② WHERE：指定删除条件。对于符合条件的记录，DELETE 语句将从表中删除。如果没有指定任何 WHERE 子句，则 DELETE 将删除所有记录。

若数据库表间存在关系且关系设置了"实施参照完整性"检验，则在删除一对多关系的主表记录且从表存在相关记录时，Access 2010 将拒绝执行删除命令，同时弹出错误提示。

例如，删除"合同情况表"中签订年限>5 的合同记录数据。设计 DELETE 语句如下：

DELETE FROM 合同情况表 WHERE 签订年限>= "5";

因为"合同情况表"中的部分合同已经存在于"店铺数据档案表"，并且两表之间实施了参照完整性，因此，在单击工具栏"运行"按钮后，首先提示是否删除，如果单击"是"按钮，则提示 Access 因记录锁定而不能删除，如图 5-14 所示。

图 5-14　提示信息对话框

如果用户单击"是"按钮，则只删除"合同档案表"中没有关联的记录，而对已经存在于"店铺数据档案表"的店铺信息予以保留。单击"否"按钮则取消运行。

任务 7　使用 SQL 语言插入"商超工作人员登记表"信息

任务描述与分析

数据库表对象建立之后，向表中输入数据不但可以在数据表视图中进行，同样还可以利用 SQL 语言输入数据。使用 INSERT 语句可以向指定表添加一行或多行记录，其语句简单，格式灵活。

方法与步骤

1．在"课程安排"表中插入新记录

① 打开"龙兴商城管理"数据库，新建一个查询，切换到"SQL 视图"。

② 在"SQL 视图"窗口内输入下列语句：

INSERT INTO 商超工作人员登记表
VALUES　("SC023","张三","男")；

③ 单击工具栏上的"运行"按钮，弹出追加提示框，如图 5-15 所示。

④ 单击"是"按钮，则向"商超工作人员登记表"中追加一条记录。

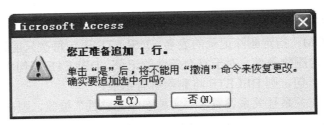

图 5-15　插入记录（追加）提示框

2. 向"商超工作人员登记表"添加新商超工作人员信息

① 打开"龙兴商城管理"数据库，新建一个查询，切换到"SQL 视图"。

② 在"SQL 视图"窗口内输入下列语句：

> INSERT INTO 商超工作人员登记表　（员工编号，姓名，性别，学历，联系方式，是否在职）
> VALUES　（"SC0024","齐慧","女","研究生","13607679436","True"）

③ 单击工具栏上的"运行"按钮，弹出追加提示框，单击"是"按钮，则向"商超工作人员登记表"中追加一条记录。

相关知识与技能

向数据表中追加记录，INSERT 语句的基本格式如下：

> INSERT INTO 表名 ［（字段列表）] VALUES　（值列表）

其中，字段列表和值列表可以包含多个，并在字段间或值间以逗号分隔。

INSERT 语句中各子句的意义如下。

① INSERT INTO：指定插入记录的表名称。一条 INSERT 语句一次只能向一个表插入数据。

② VALUES：指定各字段值。这些值可以是固定值，也可以是表达式或函数运算的结果。

如果没有指定（字段列表），则表示对表中所有字段指定值。这时，VALUES 子句中（值列表）值的个数、顺序、数据类型要和表中字段的个数、顺序、数据类型保持一致。

如果只需要为表中的个别字段提供值，则需要指定字段列表。同样，VALUES 子句中（值列表）值的个数、顺序、数据类型要和字段列表中字段的个数、顺序、数据类型相同。没有指定的字段则按该字段的"默认值"添加数据。

拓展与提高　利用"联合查询"查询非商超工作人员销售业绩

假设"龙兴商城管理"数据库中每个月的销售业绩保存在不同的业绩表中，如："6 月"、"7 月"、"8 月"三个表中，当季末结算时，商场希望能同时查询不同月份的销售业绩并在同一个表中集中显示。要创建这样一个查询，利用以前介绍的方法是难以实现的，为此 SQL 语言提供了一种称为"联合"的查询方式。

联合查询是指将多个表的查询结果合并到一个结果集中的查询。使用联合查询应该符合联合条件，即从多个表中查询的结果的列数应相同。但是，字段无须具有相同的大小或数据类型。

联合查询的基本格式为：

```
SELECT 字段列表 FROM 表
UNION
SELECT 字段列表 FROM 表
[UNION
⋮
```

下面介绍利用"联合查询"查询"非商超工作人员销售业绩"的操作步骤。

① 为实现不同月份数据查询结果的联合,请在"龙兴商城管理"数据库中建立具有相同结构的表:"销售数据表 6 月"、"销售数据表 7 月"、"销售数据表 8 月",并输入部分数据。

② 分别针对每个月份建立一个查询,如图 5-16 所示。将其保存为 6 月,分别建立 7 月及 8 月的查询统计。

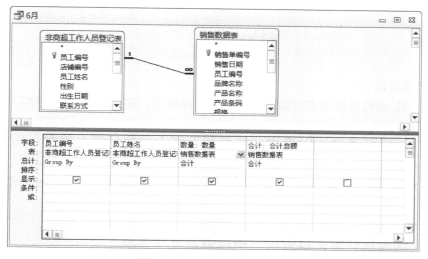

图 5-16　6 月份销售数据统计

③ 打开"龙兴商城管理"数据库,新建一个查询,切换到"SQL 视图"。

④ 在"SQL 视图"窗口内输入下列语句:

```
SELECT [6 月].员工编号, [6 月].员工姓名,[6 月].数量,[6 月].合计
FROM [6 月];
UNION SELECT [7 月].员工编号, [7 月].员工姓名,[7 月].数量,[7 月].合计
FROM [7 月]
UNION SELECT [8 月].员工编号, [8 月].员工姓名,[8 月].数量,[8 月].合计
FROM [8 月]
ORDER BY [员工编号] DESC;
```

⑤ 单击工具栏上的"运行"按钮查询,查询结果如图 5-17 所示。

上机实训

实训 1　创建简单查询和连接查询以查询"商超工作人员登记表"信息

【实训要求】

1. 在"龙兴商城管理"数据库中,利用 SQL 语句创建查询,查询内容为 2010 年 7 月 1 日以后参加工作的商超工作人员的员工编号、员工姓名、入职日期、学历、职务、是否在职等

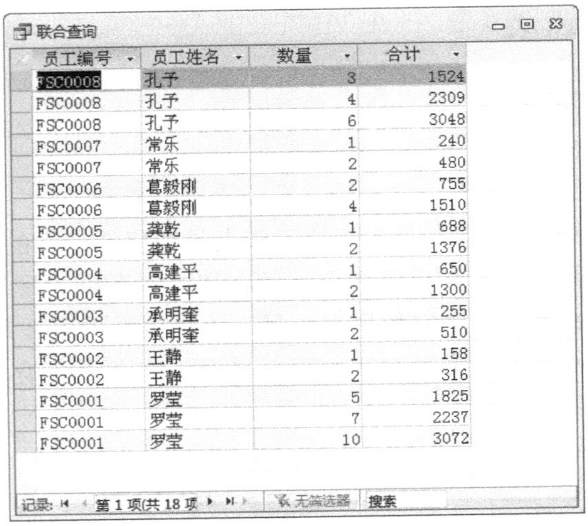

员工编号	员工姓名	数量	合计
FSC0008	孔予	3	1524
FSC0008	孔予	4	2309
FSC0008	孔予	6	3048
FSC0007	常乐	1	240
FSC0007	常乐	2	480
FSC0006	葛毅刚	2	755
FSC0006	葛毅刚	4	1510
FSC0005	龚乾	1	688
FSC0005	龚乾	2	1376
FSC0004	高建平	1	650
FSC0004	高建平	2	1300
FSC0003	承明奎	1	255
FSC0003	承明奎	2	510
FSC0002	王静	1	158
FSC0002	王静	2	316
FSC0001	罗莹	5	1825
FSC0001	罗莹	7	2237
FSC0001	罗莹	10	3072

图 5-17　联合查询结果

信息，查询名称自定。

2．利用 SQL 语句查询所有店铺信息，包括店铺编号、法人姓名、所在楼层、店铺面积等信息。

实训 2　创建嵌套查询以查询“非商超工作人员登记表”信息

【实训要求】

1．利用 SQL 语句创建查询，查询 “合作年限”在 3 年以上的“非商超工作人员登记表”的所有信息。

2．利用 SQL 语句创建查询，查询部门为“市场部”的商超工作人员。

实训 3　创建统计查询以查询“销售数据表”信息

【实训要求】

1．利用 SQL 语句创建查询，查询每位商超工作人员当月销售的情况统计数量及金额。

2．利用 SQL 语句创建查询，统计学历为“本科”的“商超工作人员登记表”中的人数。

实训 4　创建更新、删除、插入查询以修改“销售数据管理”

【实训要求】

1．利用 SQL 语句在销售数据表中删除“2014 年 6 月 1 日”罗莹的销售记录。

2．利用 SQL 语句将“非商超工作人员登记表”中“孔予”的学历更改为“大专”，“入职日期”更改为“2014-9-1”。

3．利用 SQL 语句插入店铺数据：店铺编号为 No20016，品牌名称为“妈咪宝贝”。

总结与回顾

本章主要介绍了在 Access 2010 中利用 SQL 语句实现信息查询、数据更新的操作方法和语句格式。需要理解和掌握的知识、技能如下。

1．认识 SQL 语言

SQL 语言是关系型数据库系统所通用的一种结构化查询语言，其语句简单，易于理解，功能强大。主要包括数据定义、数据操纵、数据查询、数据控制等语句。

2．SELECT 语句

SELECT 语句是 SQL 语言中应用最为广泛的数据查询语句，利用 SELECT 语句不但可以实现简单查询，还可以实现连接查询、分组统计、条件查询等各种查询方式。其基本格式为：

```
SELECT [表名.]字段名列表 [AS <列标题>]
FROM <表名>
[INNER | LEFT | RIGHT JOIN 表名 ON 关联条件]
[GROUP BY 分组字段列表 [HAVING 分组条件]]
[WHERE <条件表达式>]
[ORDER BY <列名> [ASC|DESC]];
```

3．子查询

子查询是指嵌套在另一个查询中的查询。通过子查询可以实现主查询的筛选，用以替换主查询的 WHERE 子句。

4．INSERT、UPDATE、DELETE 语句

SQL 语言不但可以实现数据查询，还可以实现数据插入、更新、删除等操作，这在有些应用中提供了更加灵活的数据操纵方式。

5．联合查询

SQL 语言提供了一种称为"联合"的查询方式，可以将具有类似数据的不同表的查询"联合"起来，合并到一个结果集中。UNION 操作符实现了这种特殊的查询功能。

 思考与练习

一、填空题

1. SQL 语言通常包括：_____、_____、_____、_____。

2. SELECT 语句中的 SELECT * 说明_____。

3. SELECT 语句中的 FROM 说明_____。

4. SELECT 语句中的 WHERE 说明_____。

5. SELECT 语句中的 GROUP BY 短语用于进行_____。

6. SELECT 语句中的 ORDER BY 短语用于对查询的结果进行_____。

7. SELECT 语句中用于计数的函数是_____，用于求和的函数是_____，用于求平均值的函数是_____。

8. UPDATE 语句中若没有 WHERE 子句，则更新_____记录。

9. INSERT 语句的 VALUES 子句指定_____。

10. DELETE 语句中不指定 WHERE，则_____。

二、选择题

1. SQL 的数据操纵语句不包括（　　）。

　A．INSERT　　　　　　B．UPDATE　　　　　　C．DELETE　　　　　　D．CHANGE

2. SELECT 命令中用于排序的关键词是（　　）。

A. GROUP BY   B. ORDER BY   C. HAVING   D. SELECT

3. SELECT 命令中条件短语的关键词是（　　）。

    A. WHILE   B. FOR   C. WHERE   D. CONDITION

4. SELECT 命令中用于分组的关键词是（　　）。

    A. FROM   B. GROUP BY   C. ORDER BY   D. COUNT

5. 下面不是 SELECT 命令中的计算函数是（　　）。

    A. SUM   B. COUNT   C. MAX   D. AVERAGE

三、判断题

1. SELECT 语句必须指定查询的字段列表。　　　　　　　　　　　　　　（　　）

2. SELECT 语句的 HAVING 子句指定的是筛选条件。　　　　　　　　　（　　）

3. INSERT 语句中没有指定字段列表，则 VALUES 子句中值的个数与顺序的字段的个数与顺序相同。

                                                  （　　）

4. 不论表间关系是否实施了参照完整性，父表的记录都可以删除。　　　（　　）

5. UPFATE 语句可以同时更新多个表的数据。　　　　　　　　　　　　（　　）

四、根据要求设计 SQL 语句

1. 将"龙兴商城管理"数据库中的"合同情况表"中增加"楼层"信息，然后按"合作形式"对"合同情况表"中的数据进行分组，查询每个楼层不同合作形式的数量。

2. 查出"商超工作人员登记表"中市科学历的人员编号、员工姓名、部门信息并按编号升序排序。

3. 删除"商超工作人员登记表"中职务为"督导"的人员记录。

窗体的设计

　　窗体是 Access 2010 中一种重要的数据库对象，是用户和数据库之间进行交流的平台。窗体为用户提供使用数据库的界面，窗体可以看作是数据表的延伸，既可以通过窗体方便地输入、编辑和显示数据，还可以接受用户输入并根据输入执行操作和控制应用程序流程。同时，通过窗体可以把整个数据库对象组织起来，以便更好地管理和使用数据库，提供更多的友好界面。

　　当一个数据库开发完成之后，对数据库的所有操作都是在窗体界面中进行的。前面学习了数据库表以及查询的基本知识，可以实现通过数据表或查询得到需要的数据，如何使这些数据按照设计的方式出现在窗体中，便是本章要学习的内容。本章主要学习设计和创建窗体的方法，重点介绍窗体中控件的使用和如何使用窗体操作数据。

学习内容

- 窗体的作用和布局
- 创建和设计窗体的方法
- 常用控件的功能
- 使用控件设计窗体的方法
- 使用窗体操作数据的方法
- 主-子窗体的设计方法

任务 1　认识"罗斯文示例数据库"中的窗体与窗体视图

任务描述与分析

　　开始学习设计窗体时，往往不知道窗体控件应该怎样布局，不知道如何设计窗体，才能使窗体美观和实用，对设计出来的窗体没有信心。"罗斯文示例数据库"是 Access 2010 中自带的示例数据库，它是一个比较完整的数据库，包含 Access 2010 中所有的数据库对象。"罗斯文示例数据库"中的示例窗体很多，包含数据窗体、切换面板窗体、主/子窗体、多页窗体等种类，通过对"罗斯文示例数据库"中窗体的认识和分析，理解窗体布局的一般形式，有助于理解窗体设计的基本布局，设计出美观实用的窗体。本任务的重点就是了解窗体的功能，认识窗体的布局。

方法与步骤

1. 认识"罗斯文示例数据库"中的切换面板窗体

① 单击 Access 2010 中的"文件"功能选项卡，在下拉菜单中选择"新建"，在出现的 Backstage 视图中选择"样本模板"选项，在其中选择"罗斯文"，打开"罗斯文示例数据库"，如图 6-1 所示。

图 6-1 打开"罗斯文示例数据库"

② 在"罗斯文示例数据库"中出现登录界面，如图 6-2 所示。

图 6-2 罗斯文示例数据库登录界面

③ 在选择员工栏输入员工姓名"王伟"，单击"登录"按钮，即可出现罗斯文登录后的窗体界面，如图 6-3 所示。

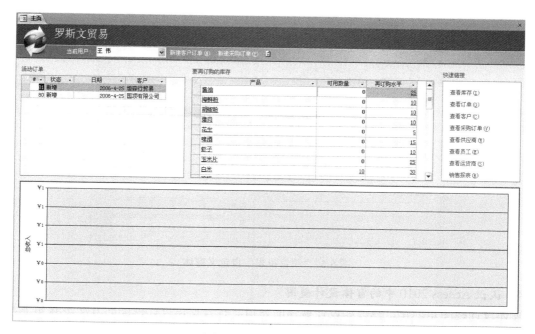

图 6-3　主操作窗体界面

2．认识"罗斯文示例数据库"中的数据窗体

单击"主操作界面"窗体右侧的"快速链接"列表，打开"查看库存"窗体，这是一个用来显示产品数据的窗体，所以叫作数据窗体，如图 6-4 所示。

产品	总库存	已分派库存	可用库存	供应商所欠库存	总计	目标水平	再订购数量	从供应商采购
猪肉干	0	0	0	40	40	40	0	采购
三合一麦片	60	0	60	0	60	100	40	采购
白米	115	110	5	0	5	120	115	采购
小米	80	0	80	0	80	80	0	采购
海苔酱	40	0	40	0	40	40	0	采购
肉松	80	0	80	0	80	80	0	采购
酸奶酪	0	0	0	40	40	40	0	采购
鸡精	0	0	0	0	0	20	20	采购
辣椒粉	60	0	60	0	60	60	0	采购
葡萄干	20	20	0	0	0	75	75	采购
绿茶	125	75	50	0	50	125	75	采购
麦片	0	0	0	0	0	100	100	采购
土豆片	0	0	0	0	0	200	200	采购
果仁巧克力	0	0	0	10	10	20	10	采购
蛋糕	0	0	0	0	0	20	20	采购
茶	0	0	0	0	0	50	50	采购
梨	0	0	0	0	0	40	40	采购

图 6-4　数据窗体界面——"产品"窗体

3．认识"罗斯文示例数据库"中的自定义窗体

单击"主操作界面"窗体右侧的"快速链接"列表，打开"销售报表"窗体，这是一个用来显示产品数据的窗体，叫作自定义窗体，如图 6-5 所示。

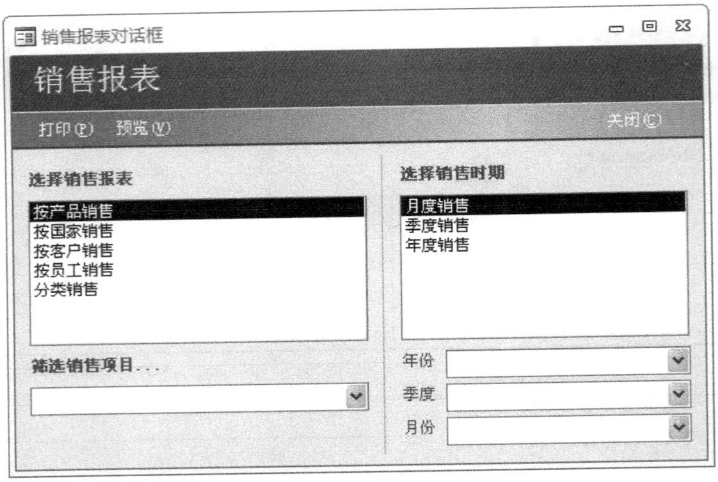

图 6-5 "销售报表"自定义窗体

4．认识 Access 2010 中的窗体设计视图

窗体设计视图是创建、修改和设计窗体的窗口。打开窗体设计视图的方法步骤如下。

在"罗斯文数据库"中，选择"导航窗格"中的"客户与订单"组，从中选择"订单列表"对象窗体，在其名称上右击，选择设计视图；打开"订单列表"窗体设计视图，如图 6-6 所示。

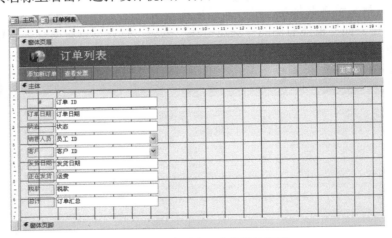

图 6-6 "订单列表"窗体设计视图

5．认识"罗斯文数据库"中的窗体视图

窗体视图是用来显示数据表或查询中记录数据的窗口，是窗体设计完成后所看到的结果，也称之为工作视图，在窗体视图中，通常每次只能查看一条记录，可以使用导航按钮移动记录指针来浏览不同的记录。打开窗体视图的方法步骤如下。

打开"罗斯文数据库"，在左侧导航窗格中，选择窗体对象"客户与订单"组中的"订单明细"窗体，可以直接双击该窗体对象，如图 6-7 所示。

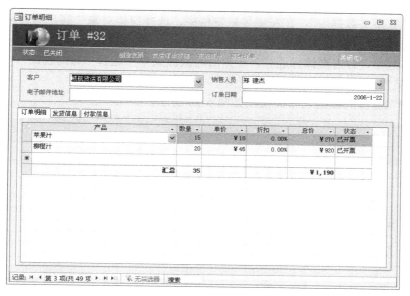

图 6-7　"客户"窗体视图

6. 认识"罗斯文数据库"中的数据表视图

数据表视图是以行列格式显示窗体中的数据，也是窗体设计完成后所看到的结果。在数据表视图中可以看到多条记录，与表和查询的数据表视图相似。打开数据表视图的方法和步骤如下。

① 打开"罗斯文数据库"，在左侧导航窗格中，选择窗体对象"客户与订单"组中的"订单列表"窗体，可以直接双击该窗体对象。

② 在工作区中，右击窗体标题栏，在弹出的快捷菜单中选择"数据表视图"，如图 6-8 所示。

"订单列表"窗体的数据表视图如图 6-9 所示。

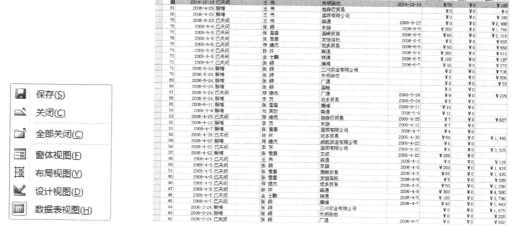

图 6-8　窗体标题栏快捷菜单　　　　图 6-9　"订单列表"窗体的数据表视图

7. 认识"罗斯文数据库"中的布局视图

布局视图的界面和窗体视图几乎一样，区别仅在于里面各个控件的位置可以移动，可以对现有的各控件进行重新布局，但不能像设计视图一样添加控件。

① 打开"罗斯文数据库"，在左侧导航窗格中，选择窗体对象"客户与订单"组中的"订单列表"窗体，可以直接双击该窗体对象。

② 在工作区中，右击窗体标题栏，在弹出的快捷菜单中选择"布局视图"，如图 6-8 所示。也可直接在导航窗格对象上右击并在快捷菜单中选择"布局视图"。

"订单明细"窗体的数据表布局视图如图 6-10 所示。

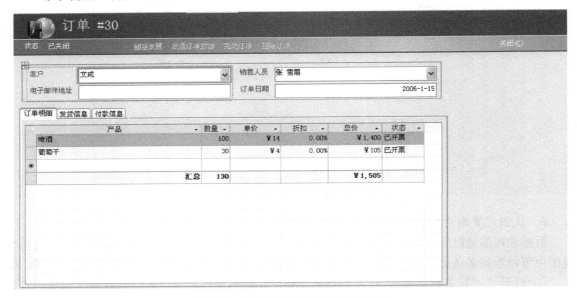

图 6-10　"订单明细"数据表布局视图

8．认识"罗斯文数据库"中的数据透视图及数据透视表

数据透视图/表视图是以图表方式显示窗体中的数据。打开数据透视图/表视图的步骤如下。

① 打开"罗斯文数据库"，在左侧导航窗格中，选择窗体对象"客户与订单"组中的"销售居前十位的订单"窗体，可以直接双击该窗体对象。

② 在工作区中，右击窗体标题栏，在弹出的快捷菜单中选择"数据透视表视图"，如图 6-11 所示。在快捷菜单中选择"数据透视图视图"，如图 6-12 所示。

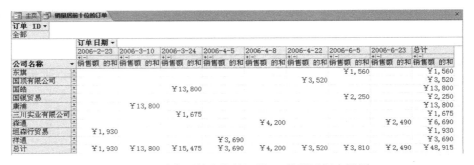

图 6-11　"销售居前十位的订单"　数据透视表视图

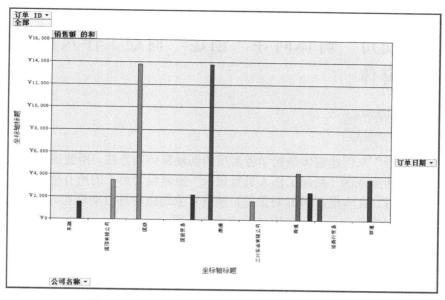

图 6-12　"销售居前十位的订单"　数据透视图视图

相关知识与技能

1．窗体的分类

按照窗体的功能来分，窗体可以分为数据窗体、切换面板窗体和自定义对话框三种类型。数据窗体主要用来输入、显示和修改表或查询中的数据。

切换面板窗体一般是数据库的主控窗体，用来接受和执行用户的操作请求、打开其他的窗体或报表以及操作和控制程序的运行。

自定义对话框用于定义各种信息提示窗口，如警告、提示信息、要求用户回答等。

2．窗体视图的种类

Access 2010 中的窗体共有六种视图：设计视图、窗体视图、数据表视图、布局视图、数据透视表视图和数据透视图视图。以上六种视图可以使用工具栏上的"视图"按钮相互切换。一般常用的为前四种视图，数据透视表视图及数据透视图视图，经常用在有分类汇总的数据表中方可切换。之所以在展示窗体视图时采用不同的窗体，而没有采用展示一个窗体的六种视图，主要是为了方便说明六种视图显示数据的特点。

① 设计视图：是在进行设计窗体时看到的窗体情况。在窗体的设计视图中，可以对窗体中的内容进行修改。

② 窗体视图：窗体视图用于查看窗体的效果。

③ 数据表视图：数据表视图用于查看来自窗体的数据。

④ 布局视图：用于修改窗体上各控件位置及大小时使用。

⑤ 数据透视表视图：用于从数据源的选定字段中汇总信息。通过使用数据透视表视图，可以动态更改表的布局，以不同的方式查看和分析数据。

⑥ 数据透视图视图：是以图表方式显示窗体中的数据。

普通窗体通常在设计视图、窗体视图和数据表视图之间切换。如果切换到数据透视表视图或数据透视图视图则没有数据显示，除非设计的窗体就是数据透视表视图或数据透视图视图。

任务 2　使用"窗体向导"创建"商超工作人员登记表"窗体

任务描述与分析

　　通过"窗体向导"来创建窗体是初学者常用的创建窗体的方法，所建窗体经过简单修改会较为美观。本任务所完成的"商超工作人员登记表"窗体包含员工的所有信息，其中要用到一些窗体控件，如标签、文本框、OLE 对象等，所有对象均由向导自动添加，采用默认布局。本任务的重点是掌握"窗体向导"创建窗体的方法与步骤。

方法与步骤

　　在"龙兴商城数据管理系统"数据库中，使用"窗体向导"创建"员工信息"窗体。操作步骤如下。

　　① 在打开的"龙兴商城数据管理系统"数据库窗口中，选择"创建"功能选项卡，在"窗体"命令组中单击"窗体向导"按钮。弹出的对话框如图 6-13 所示。

　　② 在"窗体向导"第一个对话框的"表/查询"下拉列表中选择"表：商超工作人员登记表"，在"可用字段"列表框中选择字段，添加到"选定字段"列表框中（本例选择全部字段），然后单击"下一步"按钮，如图 6-14 所示，进入到"窗体向导"的第三个对话框。

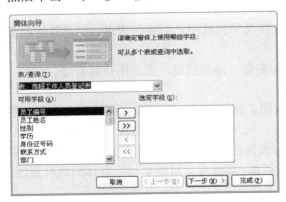
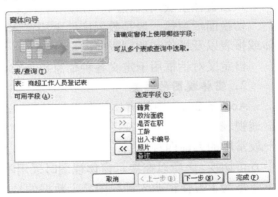

图 6-13　"窗体向导"对话框　　　　　　　图 6-14　"窗体向导"的第一个对话框

　　③ 在"窗体向导"的第三个对话框中，选择窗体布局，本例选择"纵栏表"，如图 6-15 所示，单击"下一步"按钮，进入到"窗体向导"的第四个对话框，如图 6-16 所示。

　　④ 在"窗体向导"的第四个对话框中，输入窗体的标题"商超工作人员登记表 1"，其他设置不变，单击"完成"按钮。

　　至此，"正式员工信息"窗体建立完成，如图 6-17 所示。

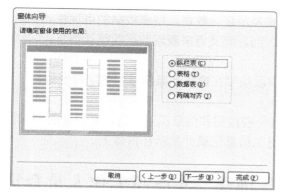

图 6-15 "窗体向导"的第三个对话框

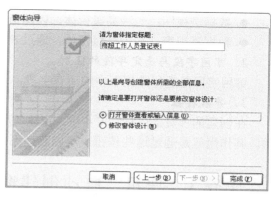

图 6-16 "窗体向导"的第四个对话框

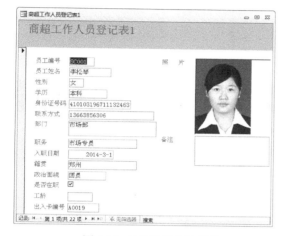

图 6-17 "员工信息"窗体

图 6-18 "其他窗体"下拉列表

相关知识与技能

1. 创建窗体向导的分类

Access 2010 提供了五种创建窗体的向导："窗体"、"空白窗体"、"窗体设计"、"窗体向导"、"其他窗体" 5 种创建方式。

① "窗体"：利用当前打开或选定的数据表或查询自动创建一个窗体。

② "空白窗体"：建立一个空白窗体，通过将选定的数据表字段添加进该空白窗体中建立窗体。

③ "窗体设计"：进入窗体的设计视图，通过各种窗体控件设计完成一个窗体。

④ "窗体向导"：可以创建任何形式的数据窗体，包括其他向导创建的窗体。特点是向导步骤较多。

⑤ "其他窗体"：在弹出的下拉列表中包含多种创建窗体的方式，如图 6-18 所示。

● 多个项目：利用当前打开或选定的数据表或查询自动创建一个包含多个项目的窗体。

● 数据表：利用当前打开或选定的数据表或查询自动创建一个数据表窗体。

● 分割窗体：利用当前打开或选定的数据表或查询自动创建一个分割窗体。

● 模式对话框：创建一个带有命令按钮的浮动对话窗口。

● 数据透视图：一种高级窗体，以图形的方式显示统计数据，增强数据的可读性。

● 数据透视表：一种高级窗体，通过表的行、列、交叉点来表现数据的统计信息。

2．可用字段与选定字段的区别

可用字段是选择数据表中的所有字段，选定字段是要在窗体上显示出来的字段数据。

3．导航按钮

在创建的"员工信息"窗体中，窗体的底部有一些按钮和信息提示，这就是窗体的导航按钮。其作用就是通过这些按钮，可以选择不同的员工信息记录并显示在窗体上。

任务 3　使用"自动创建窗体"创建"非商超工作人员登记表"窗体

任务描述与分析

"自动创建窗体"所创建的窗体有三种样式：纵栏式、表格式和数据表式。本任务将使用"自动创建窗体"创建"员工信息"窗体的三种样式，窗体上显示员工的信息，所有对象均自动添加，采用默认布局。重点是掌握采用"自动创建窗体"创建窗体的方法与步骤。

方法与步骤

1．使用"窗体"自动创建"非商超工作人员登记表"窗体

操作步骤如下。

① 打开"龙兴商城数据管理系统"数据库，在导航窗格中，选中"非商超工作人员登记表"对象。

② 选择"创建"功能选项卡，在"窗体"命令组中单击"窗体"按钮即可自动创建窗体，如图 6-19 所示。

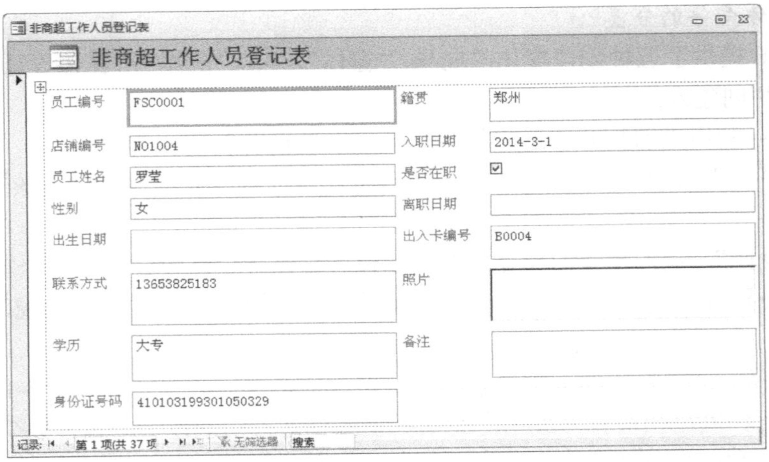

图 6-19　"商超工作人员登记表"窗体

相关知识与技能

1. 纵栏式、表格式和数据表式窗体的区别

纵栏式窗体用于每次显示一条记录信息,可以通过"导航按钮"来显示任一条记录数据。表格式和数据表式窗体一次可以显示多条记录信息,在窗体上显示表格类数据较为方便,窗体上也有"导航按钮"。

2. 窗体内容的修改

在窗体中单击鼠标右键,在弹出的快捷菜单中选择"属性"命令,即可打开"属性表"窗格,用户可以在该窗格中对内容进行修改。

自动创建完成的窗体,其模式是处于布局视图模式下的,在该模式下可以对窗体进行删除控件、改变窗体主题、改变颜色及其字体等操作。

任务 4　使用"空白窗体"创建"店铺策划活动登记表"窗体

任务描述与分析

本任务使用"空白窗体"创建"店铺策划活动登记表"窗体,重点是掌握采用"空白窗体"创建窗体的方法与步骤。在创建的空白窗体模式下,可以通过拖动表的各个字段来建立一个专业的窗体。

方法与步骤

1. 使用"空白窗体"自动创建"店铺策划活动登记表"窗体

操作步骤如下。

① 在打开的 "龙兴商城数据管理系统"数据库窗口中,选择"创建"功能选项卡,在"窗体"命令组中单击"空白窗体"按钮,弹出空白窗体,如图 6-20 所示。

② 单击界面右侧的"显示所有表"选项,展开该选项组中所列的选项,双击要编辑的字段或者将要编辑的字段拖曳至空白窗体中,即可建立窗体,如图 6-21 所示。

图 6-20　空白窗体

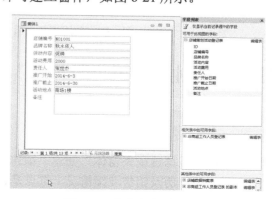

图 6-21　拖曳字段到空白窗体

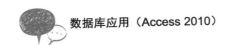

任务 5　使用"多个项目命令"创建"合同情况表"窗体

任务描述与分析

自动创建窗体及空白窗体只是一种简单的普通窗体，一次只能显示一条记录。如果需要一次显示多条记录，自定义性又需要比数据表强时，那么可以创建多个项目窗体。

使用多个项目工具创建的窗体在结构上类似于数据表，数据排列成行、列形式，一次可以查看多个记录。相比而言，多个项目窗体提供了比数据表更多的自定义选项。比如，添加图形元素、按钮和其他控件的功能。本任务以多个项目命令方式创建"合同情况表"为例来说明。

方法与步骤

操作步骤如下。

① 在打开的"龙兴商城数据管理系统"数据库窗口中，在导航窗格中选中"合同情况表"。

② 选择"创建"功能选项卡，在"窗体"命令组中单击"其他窗体"选项，在弹出的下拉列表中选择"多个项目"命令即可，如图 6-22 所示。

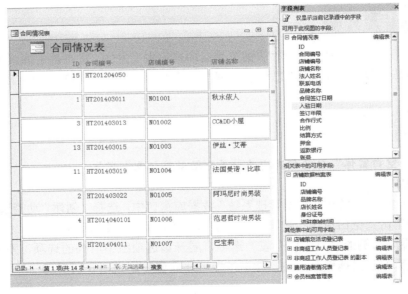

图 6-22　使用"多个项目命令"创建的窗体

任务 6　创建"销售数据表"透视表窗体及透视图窗体

任务描述与分析

本任务使用"数据透视表窗体"创建"销售数据表"数据透视表窗体及数据透视图窗体，并分析每个员工的学历及销售业绩情况。重点是掌握采用"数据透视表"及"数据透视图"创建窗体的方法与步骤。

方法与步骤

1. 使用其他窗体中的"数据透视表"创建"销售数据表"透视表窗体

操作步骤如下。

① 在打开的"龙兴商城数据管理系统"数据库窗口中，在导航窗格中选中"销售数据表"对象。

② 选择"创建"功能选项卡，在"窗体"命令组中单击"其他窗体"选项，在弹出的下拉列表中选择"数据透视表"命令即可，如图 6-23 所示。

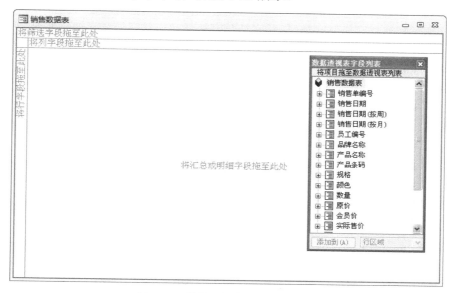

图 6-23 数据透视表窗体创建界面

③ 在图 6-23 中，将右侧显示列表中的"员工编号"拖曳到筛选字段，将"品牌名称"拖曳到列字段位置，将"销售日期"拖曳到行字段位置，将"数量"、"合计总额"字段拖曳到汇总字段位置处，如图 6-24 所示，即可创建数据透视表。

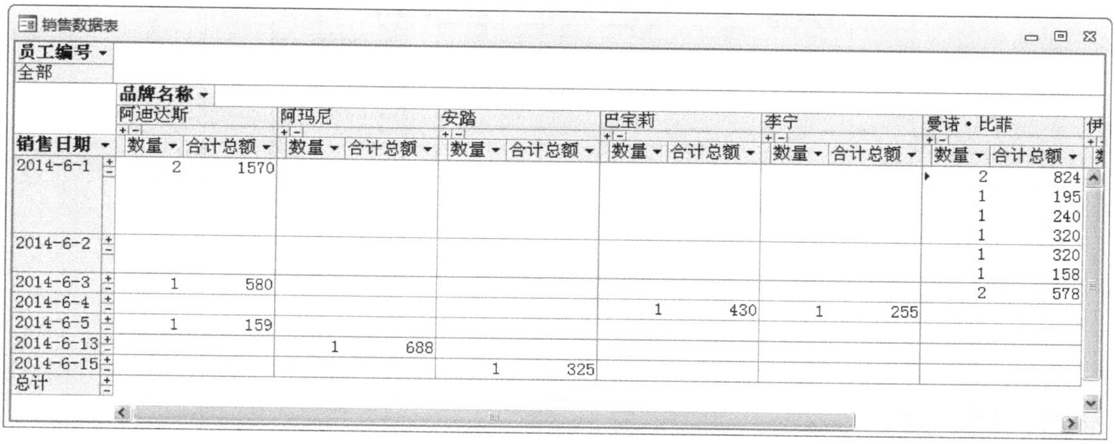

图 6-24 "销售数据表"数据透视表窗体

④ 单击工具栏中的"保存"按钮，在"另存为"对话框中输入窗体名称后，单击"确定"按钮，保存窗体。

2. 使用其他窗体中的"数据透视图"创建"销售数据表"透视图窗体

操作步骤如下。

① 在打开的"龙兴商城数据管理系统"数据库窗口中，在导航窗格中选中"销售数据表"对象。

② 选择"创建"功能选项卡，在"窗体"命令组中单击"其他窗体"选项，在弹出的下拉列表中选择"数据透视图"命令即可，如图 6-25 所示。

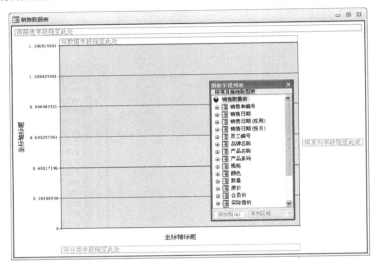

图 6-25 数据透视图窗体创建界面

③ 在图 6-25 中，将右侧显示列表中的"员工编号"拖曳到分类字段中，将"品牌名称"拖曳到系列字段位置，将"产品名称"拖曳到筛选字段位置，将"合计总额"字段拖曳到图表区（灰色区域），如图 6-26 所示，即可创建数据透视图窗体。

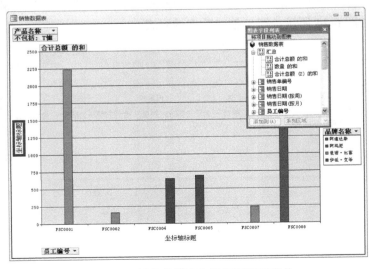

图 6-26 "销售数据表"数据透视图窗体

相关知识与技能

1. 数据透视表的作用

数据透视表是一种交互式的表，可以进行用户选定的运算。数据透视表视图是用于汇总分析数据表或窗体中数据的视图，通过它可以对数据库中的数据进行行列合计及数据分析。

2. 删除汇总项及更改计算方式

在设计"正式员工档案表"数据透视表窗体时，如果要删除汇总项，光标停在汇总记录处右击，在弹出的快捷菜单中选择"删除"即可。

当要对图表区汇总计算方式进行更改时，可以单击工具栏上的"自动计算"按钮 **Σ**，或者将鼠标停留在汇总字段上右击，如图 6-27 所示，进行更改即可。

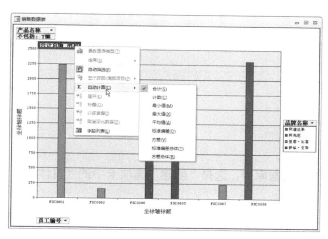

图 6-27　"销售数据表"更改图表区计算方式

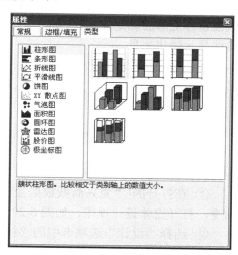

图 6-28　"销售数据表"更改图表类型

3. 图表的类型

图表的类型有柱形图、条形图、饼图等，根据显示数据的需要，可以选择合适的图表类型。

打开数据透视图窗体后，在"设计"功能选项卡中选择更改图表类型按钮，弹出更改类型对话框，如图 6-28 所示。

4. 系列

在 Access 2010 中，系列是显示一组数据的序列，也就是图表中显示的图例。

5. 汇总

汇总方式有求和、平均值、计数等，本例中双击"基本工资"，打开"汇总"对话框，可以选择合适的汇总方式。

任务7　使用窗体设计视图创建"商超工作人员登记表"窗体

任务描述与分析

前面创建的窗体都是利用向导来创建的，所建窗体不一定令人满意。在"龙兴商城数据管理系统"的设计中，有些窗体是自定义窗体，这些窗体的创建就要由窗体设计视图来完成。创建窗体通常的做法是，先使用"窗体向导"建立窗体，然后再使用设计视图对窗体进行修改，这样将给工作带来很大的方便。也可以直接在空白的窗体设计视图中设计窗体。本任务将要完成在窗体上添加绑定文本框、选项组、组合框和命令按钮等控件，创建"商超工作人员登记表"窗体显示销售信息。

下面介绍在"龙兴商城数据管理系统"数据库中，创建基于"商超工作人员登记表"的"人员档案"窗体。

方法与步骤

1．添加窗体标题

操作步骤如下。

① 在打开的"龙兴商城数据管理系统"数据库中，选择"创建"选项卡中的"窗体设计"命令，打开窗体设计视图，如图 6-29 所示

② 选择"设计"选项卡中的"标题"命令，出现窗体页眉设置行，之后自动出现添加窗体标题对话框，在其中输入"商超工作人员信息表"，如图 6-30 所示。单击"开始"功能选项卡，在"文本格式"命令组中设置字体为黑体，字号为 18 号，并居中显示。

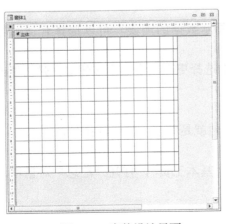

图 6-29　窗体设计界面

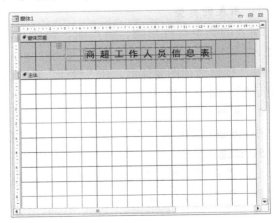

图 6-30　添加文本标题

2．在窗体主体区域添加标签/绑定型文本框

① 单击"设计"选项卡中的"添加现有字段"命令，在窗口右侧出现"字段列表"栏，如图 6-31 所示，选中并展开"商超工作人员登记表"，用鼠标拖动所有字段进入窗体主体区域，

如图 6-32 所示。

图 6-31　字段列表窗格

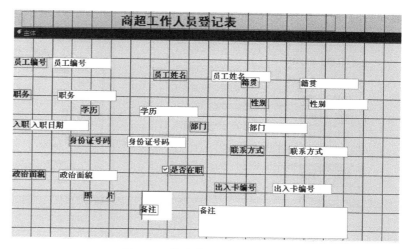

图 6-32　拖曳字段进入窗体主体

② 在窗体主体部分，分别选中各个字段的标题部分及后面的文本框部分，单击"排列"选项卡中的"对齐"按钮和"大小/空格"按钮，对齐标签及文本框，结果如图 6-33 所示。

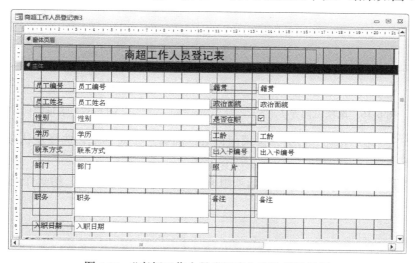

图 6-33　"商超工作人员登记表"窗体设计视图

3. 控件文本标签及选项组

若要自定义窗体中各字段的显示方式，可以通过控件来完成。

选项组是由一个组框架及一组选项按钮、复选框或切换按钮组成的，在窗体中可以使用选项组来显示一组限制性的选项值。选项组可以使选择值变得很容易，因为只要单击所需的值即可。

删除原有的部门数据，重新创建自定义输入方式。操作步骤如下：

① 在图 6-33 所示的窗体设计图中，删除部门部分，可以单击"设计"功能选项卡中"控件"命令组中的 Aa 标签控件，在主体窗体中拖动并拉出一个方框，自动弹出一个文本标签，输入"部门"，如图 6-34 所示。

② 若要将部门设计为图 6-35 所示效果，可使用选项组控件来完成，单击"设计"功能选项卡中"控件"命令组中的选项组控件，在窗体主体界面上拖拉出一个方框，自动弹出创建"选项组向导"，如图 6-36 所示，输入部门名称，如图 6-37 所示。

图 6-34 创建标签文本

图 6-35 带有选项组的效果

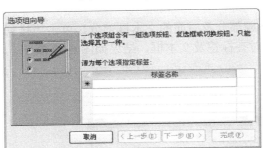

图 6-36 选项组向导 1

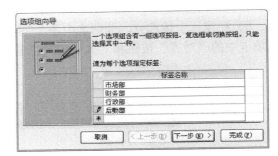

图 6-37 选项组向导 2

③ 单击"下一步"按钮，打开"选项组向导"的第三个对话框，选择默认项为"市场部"，如图 6-38 所示。

④ 单击"下一步"按钮，打开"选项组向导"的第四个对话框，给每个选项进行赋值，如图 6-39 所示。

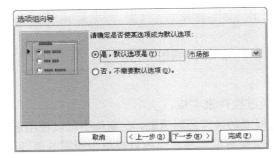

图 6-38 选项组向导 3

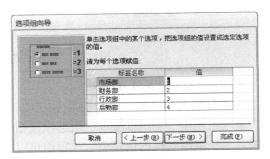

图 6-39 选项组向导 4

⑤ 单击"下一步"按钮，打开"选项组向导"的第五个对话框，在"在此字段中保存该值"下拉列表中选择"部门"，如图 6-40 所示。

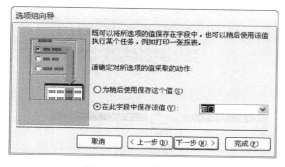

图 6-40　选项组向导 5

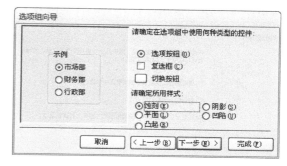

图 6-41　选项组向导 6

⑥ 单击"下一步"按钮，打开"选项组向导"的第六个对话框，选择控件类型为"选项按钮"，选择控件样式为"蚀刻"，如图 6-41 所示。

⑦ 单击"下一步"按钮，打开"选项组向导"的第七个对话框，为选项组指定标题为"部门选项"，如图 6-42 所示。最终设计窗体视图中的效果如图 6-43 所示，切换至窗体视图，可以看到的效果如图 6-35 所示。

图 6-42　选项组向导 7

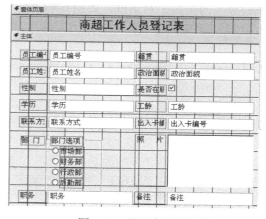

图 6-43　设计窗体视图效果

在"商超工作人员登记表"窗体中，"部门"的字段类型是文本型，选项组中对"部门选项"字段值的修改将会保存到数据表中，关闭窗体。

4．为"员工编号"字段添加组合框

组合框或列表框分为绑定型和非绑定型两种，如果要把组合框选择的值保存到表里，就要和表中某个字段绑定，否则不需要绑定。

（1）添加非绑定型组合框

在图 6-43 所示的窗体上，为了方便按员工编号查询员工信息，在窗体页眉上添加"员工编号"组合框，根据选择的员工编号，查看员工的信息。

操作步骤如下。

① 打开"商超工作人员登记表"窗体的设计视图。

② 单击"设计"功能选项卡中"控件"命令组中的组合框控件，在页眉窗体标题后拖

动拉出一个方框，自动弹出一个组合框向导，如图 6-44 所示。

③ 在对话框中，选中"在基于组合框中选定的值而创建的窗体上查找记录"单选按钮，单击"下一步"按钮，打开"组合框向导"的第二个对话框，如图 6-45 所示。

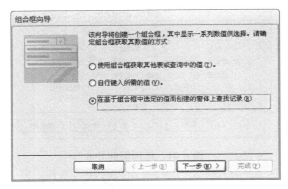

图 6-44 "组合框向导"的第一个对话框

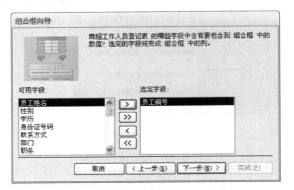

图 6-45 "组合框向导"的第二个对话框

④ 在对话框中，将"可用字段"列表框中的"员工编号"添加到"选定字段"列表框中，单击"下一步"按钮，打开"组合框向导"的第三个对话框，如图 6-46 所示。

⑤ 在对话框中，向导自动列举出所有的"员工编号"，单击"下一步"按钮，打开"组合框向导"的第四个对话框，如图 6-47 所示。

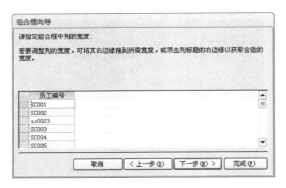

图 6-46 "组合框向导"的第三个对话框

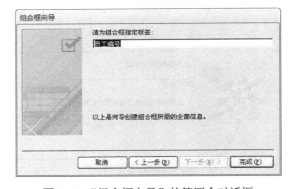

图 6-47 "组合框向导"的第四个对话框

⑥ 在对话框中，输入组合框的标题"员工编号"，单击"完成"按钮，则完成"添加组合框"的操作，出现如图 6-48 所示的设计视图，即添加组合框以后的窗体视图。在窗体上直接就可以通过选择"员工编号"组合框中的值来查询相应的客户信息，如图 6-49 所示。

（2）添加绑定型组合框

如图 6-49 所示窗体，将"商超工作人员登记表"窗体中的性别文本框改为组合框。

操作步骤如下。

① 打开"商超工作人员登记表"窗体的设计视图，删除原有的"性别"字段，单击"设计"功能选项卡中"控件"命令组中的组合框控件，在空的"性别"位置上拖拉出一个方框，自动弹出一个组合框向导，如图 6-50 所示。

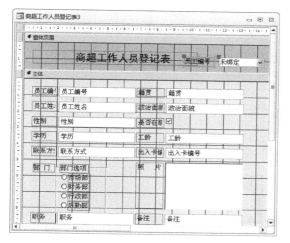

图 6-48　带组合框窗体的窗体设计视图　　　　图 6-49　带组合框窗体的窗体视图

② 在对话框中选择"自行键入所需的值"选项，单击"下一步"按钮，打开"组合框向导"的第二个对话框。在对话框 "第一列"中输入"男"和"女"，如图 6-51 所示。

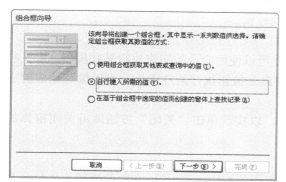

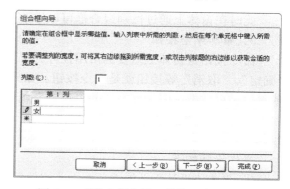

图 6-50　"组合框向导"的第一个对话框　　　　图 6-51　"组合框向导"的第二个对话框

③ 单击"下一步"按钮，打开"组合框向导"的第三个对话框，如图 6-52 所示。

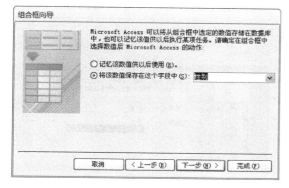

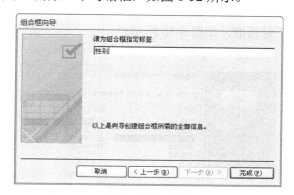

图 6-52　"组合框向导"的第三个对话框　　　　图 6-53　"组合框向导"的第四个对话框

④ 在对话框中，单击"将该数值保存在这个字段中"的下拉按钮，选择"性别"字段，单击"下一步"按钮，打开"组合框向导"的第四个对话框，如图 6-53 所示。

在"组合框向导"对话框中，输入标签名称"性别"，单击"完成"按钮。添加了"性别"

组合框的窗体运行结果如图 6-54 所示。

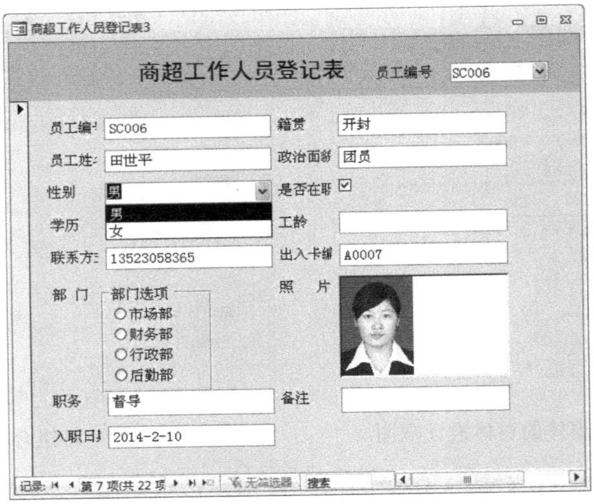

图 6-54　添加了"性别"组合框的窗体

此时在窗体上通过性别组合框可以修改员工的性别。

5．添加命令按钮

命令按钮是窗体上重要的常用控件。在窗体上可以使用命令按钮来执行某些操作，常见的"确定"、"取消"等按钮就是命令按钮。如果要使命令按钮执行某些操作，可以编写相应的宏或事件过程并把它附加到按钮的"单击"属性中。

在上面操作创建的窗体中添加"关闭"按钮，以实现单击"关闭"按钮即可关闭窗体的目的。

操作步骤如下。

① 单击"设计"功能选项卡中"控件"命令组中的按钮 xxxx 控件，在空的位置上拖拉一个方框，自动弹出一个按钮向导，如图 6-55 所示。

② 在对话框中，单击"类别"列表框中的"窗体操作"选项，在"操作"列表框中会出现有关窗体的操作，选择"关闭窗体"。单击"下一步"按钮，打开"命令按钮向导"的第二个对话框，如图 6-56 所示。

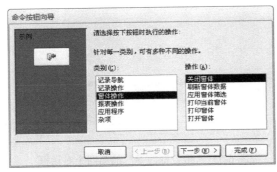

图 6-55　"命令按钮向导"的第一个对话框

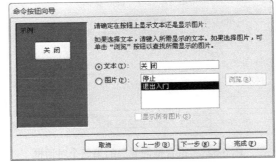

图 6-56　"命令按钮向导"的第二个对话框

③ 在对话框中，可以选择命令按钮上采用文本还是图片，这里采用"文本"方式，并输

入"关闭"，单击"下一步"按钮，打开"命令按钮向导"的第三个对话框，如图 6-57 所示。

④　在对话框中单击"完成"按钮，完成添加"关闭"按钮命令的操作。此时的窗体视图如图 6-58 所示。

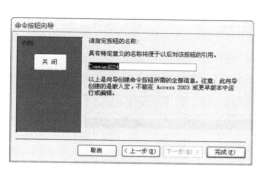

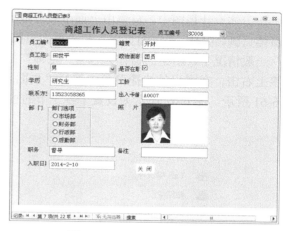

图 6-57　"命令按钮向导"的第三个对话框　　　　图 6-58　添加了命令按钮的窗体

如果要改变命令按钮上的图片，可以在命令按钮的属性对话框中选择"格式"选项卡，单击"图片"输入框，再单击生成器按钮⋯，如图 6-59 所示，打开"图片生成器"对话框。在"图片生成器"对话框的"可用图片"列表框中选择想要的图片，也可以单击"浏览"按钮来选择图片文件，如图 6-60 所示。

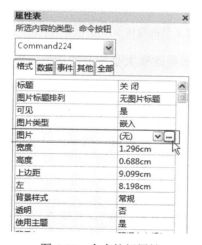

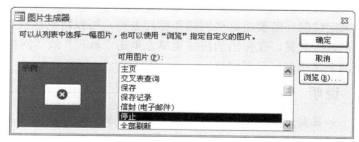

图 6-59　命令按钮属性　　　　　　　　　　图 6-60　选择命令按钮图片

📢 提示 ●---

要想使窗体中的控件和字段列表中的字段建立联系，首先要打开控件的属性，然后选择这个选项卡上的数据项，在这一项的列表框的第一行"控件来源"提示后面的文本框中单击一下，然后在出现的下拉按钮上单击鼠标左键，并在弹出的下拉菜单中选择一个字段就可以了。

相关知识与技能

1. 窗体设计窗口和工具箱

在窗体设计视图中，窗体由上而下被分成五个节：窗体页眉、页面页眉、主体、页面页脚和窗体页脚。其中，"页面页眉"和"页面页脚"节中的内容在打印时才会显示。

一般情况下，新建的窗体只包含"主体"部分，如果需要其他部分，可以在窗体主体节的标签上右击，在弹出的快捷菜单中选择"页面页眉/页脚"或"窗体页眉/页脚"命令即可，如图 6-61 所示。图 6-62 所示为设置了各个节的窗体。

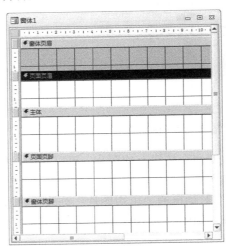

图 6-61　设置窗体的节　　　　　　　　图 6-62　设置了节的窗体

窗体中各节的尺寸都可以通过鼠标来调整，将鼠标移动到需要改变大小的节的边界，当鼠标形状变为"＋"状时，按下鼠标左键拖动鼠标到合适位置。

在窗体视图中有很多网格线，还有标尺。这些网格和标尺是为了在窗体中放置各种控件而用来定位的。若要将这些网格和标尺去掉，可以将鼠标移到窗体设计视图中主体节的标签上，单击鼠标右键，在弹出的快捷菜单上单击"标尺"或"网格"选项。如果再一次单击，就会在视图上又出现标尺或网格。

🔊 说明 --

如果要删除"窗体页眉"和"窗体页脚"或"页面页眉"和"页面页脚"，只需在图 6-61 所示的菜单中，清空该菜单项的选择标记。如果其中包含任何文本或其他控件，Access 2010 将显示一个信息提示框，警告将丢失其中的数据，如图 6-63 所示。

图 6-63　删除节警告对话框

Access 2010 的控件只有在窗体或报表的设计模式下才会出现，主要用于向窗体或报表添加控件对象。可以通过"设计"功能选项卡中的"控件"命令组显示或隐藏，如图 6-64 所示。

图 6-64　设计功能选项卡中的"控件"命令

2．Access 2010 工具箱按钮的名称和功能

表 6-1 列出了 Access 2010 工具箱按钮的名称和功能。

表 6-1　工具箱按钮名称和功能

工　具	名　称	功　能
	选择对象	将鼠标指针改变为对象选择工具。取消对以前所选工具的选定，将鼠标指针返回到正常的选择功能。选择对象是打开工具箱时的默认工具控件
	控件向导	关闭或者打开控件向导。控件向导可以帮助设计复杂的控件
	标签	创建一个包含固定的描述性或者指导性文本的框
	文本框	创建一个可以显示和编辑文本数据的框
	选项组	创建一个大小可调的框，在这个框中可以放入切换按钮、选项按钮或者复选框。在选项组框中只能选一个对象，当选中选项组中的某个对象之后，前面所选定的对象将被取消
	切换按钮	创建一个在单击时可以在开和关两种状态之间切换的按钮。开的状态对应于 Yes（1），而关的状态对应于 No（0）。当在一个选项组中时，切换一个按钮到开的状态将导致以前所选的按钮切换到关的状态。可以使用切换按钮让用户在一组值中选择其中的一个
	选项按钮	创建一个圆形的按钮。选项按钮是选项组中最常用的一种按钮，可以利用它在一组各选择相互排斥值中进行选择
	复选框	复选框在 On 和 Off 之间切换。在选项组之外可以使用多个复选框，以便每次可以做出多个选择
	组合框	创建一个带有可编辑文本框的组合框，可以在文本框中输入一个值，或者从一组选项中选择一个值
	列表框	创建一个下拉列表，可以从表中选择一个值。列表框与组合框的列表部分极为相似
	命令按钮	创建一个命令按钮，当单击这个按钮时，将触发一个事件，执行一个 Access VBA 事件处理过程
	图像	在窗体或者报表上显示一幅静态的图形。这不是一幅 OLE 图像，在将其放置在窗体之上后便无法对之进行编辑了
	未绑定对象	向窗体或者报表添加一个由 OLE 服务器应用程序（例如 Microsoft Chart 或 Paint）创建的 OLE 对象

工具	名　称	功　能
	绑定对象	如果在字段中包含一个图形对象，则显示记录中 OLE 字段的内容。如果在字段中没有包含图形对象，则代表该对象的图标将被显示。例如，对于一个链接或嵌入的.WAV 文件，将使用一个录音机图标
	分页符	使打印机在窗体或者报表上分页符所在的位置开始新页。在窗体或者报表的运行模式下，分页符是不显示的
	选项卡	插入一个选项卡控件，创建带选项卡的窗体。（选项卡控件看上去就像在属性窗口或者对话框中看到的标签页。）在一个选项卡控件的页上还可以包含其他绑定或未绑定控件，包括窗体/子窗体控件
	子窗体/子报表	分别用于向主窗体或报表添加子窗体或子报表。在使用该控件之前，要添加的子窗体或子报表必须已经存在
	直线	创建一条直线，可以重新定位和改变直线的长短。使用格式工具栏按钮或者属性对话框还可以改变直线的颜色和粗细
	矩形	创建一个矩形，可以改变其大小和位置。其边框颜色、宽度和矩形的填充色都可以用调色板中的选择来改变
	其他控件	单击这个工具将打开一个可以在窗体或报表中使用的 ActiveX 控件的列表。在其他控件列表中的 ActiveX 控件不是 Access 的组成部分。在 Office 2000、Visual Basic 和各种第三方工具库中提供的 ActiveX 控件采用的都是.OCX 的形式

3．设置窗体的属性

窗体和窗体上的控件都具有属性，这些属性用于设置窗体和控件的大小、位置等，不同控件的属性也不太一样。右击对象，在弹出的快捷菜单中选择"属性"命令，可以打开该对象的属性对话框。鼠标双击左上角的"窗体选定器"（见图 6-65），可以打开窗体的属性对话框，如图 6-66 所示。

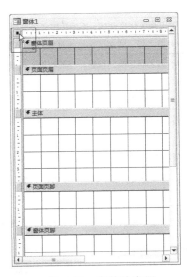

图 6-65　窗体选定器

图 6-66　窗体属性对话框

窗体"属性"对话框有五个选项卡：格式、数据、事件、其他和全部。其中"全部"选项卡包括其他四个选项卡中的所有属性。

4．窗体中的控件

控件是窗体、报表或数据访问页中用于显示数据、执行操作、装饰窗体或报表的对象。控件可以是绑定、未绑定或计算型的。

● 绑定控件：与表或查询中的字段相连，可用于显示、输入及更新数据库中的字段。

● 未绑定控件：没有数据来源，一般用于修饰作用。

● 计算控件：以表达式作为数据来源。

打开工具箱后，鼠标指向工具箱的任何控件按钮，都会出现该控件名称的提示。向窗体添加控件可以使用向导，也可以在添加后设置属性。

为了更好地说明控件在窗体上的作用，下面示例中的窗体来源于"罗斯文示例数据库"。

（1）选取对象控件

工具箱中的"选取对象"按钮在默认情况下是按下的，在这种情况下可以选择窗体中的控件，可以选择一个，也可以用鼠标在窗体上拖曳出一个区域，区域内的控件都会被选中。如果要选择位置不连续的控件，可以在按下"Shift"键的同时单击控件。

（2）控件向导控件

"控件向导"按钮在默认情况下也是按下的，当要在窗体上放置控件的时候，就打开了控件向导对话框。拥有向导对话框的控件有：文本框、组合框、列表框和命令按钮。

（3）标签控件

标签一般用于在窗体、报表或数据访问页上显示说明性的文字，如标题、提示或简要说明等静态情况，因此不能用来显示表或查询中的数据，是非绑定型控件。

（4）文本框控件

文本框控件用于显示数据，或让用户输入和编辑字段数据。文本框分为绑定型、非绑定型和计算型三种。绑定型文本框链接到表或查询，可以从表或查询中获取需要显示的数据，显示数据的类型包括文本、数值、日期/时间、是/否和备注等；非绑定型文本框不链接到表或查询，主要用于显示提示信息或接受用户输入的数据；计算型文本框主要用于显示表达式的结果。文本框是最常用的控件，因为编辑和显示数据是数据库系统的主要操作。

每个文本框一般需要附加一个标签来说明用途。文本框可包含多行数据，如用文本框显示备注字段数据，如因数据太长而超过文本字段宽度的数据会自动在字段边界处换行，如图 6-67 所示。

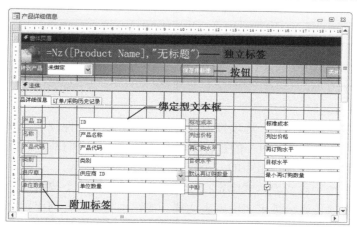

图 6-67　标签和文本框控件

（5）切换按钮📐、选项按钮◉和复选框☑

按钮或复选框可让用户做出某种选择。切换按钮📐、选项按钮◉和复选框☑都可以做到这一点，但是它们的外观显示却大不相同。切换按钮如图 6-68 所示。紧急联系信息选项卡中有四个切换按钮，分别是"上一条"、"下一条"、"第一条"、"最后一条"。在"教职员详细信息"窗体中单击"第一条"切换按钮，可以查询出"教职员详细信息"表中员工紧急联系信息第一条的完整信息。

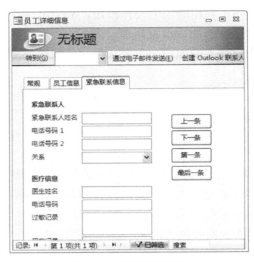

图 6-68　切换按钮控件

这些控件与"是/否"数据类型一起使用，每种控件都分别用来表示两种状态之一："是"或"否"、"开"或"关"以及"真"或"假"。三种控件的外观及状态含义见表 6-2。

表 6-2　按钮控件的显示外观及含义

按 钮 类 型	状　态	外　观
切换按钮	True	按钮被按下
切换按钮	False	按钮被抬起
选项按钮	True	圆圈里面有一个黑圆点
选项按钮	False	空心圆圈
复选按钮	True	正方形中有一个对号
复选按钮	False	空正方形

（6）选项组控件📋

选项组可包含多个切换按钮、选项按钮或复选框。当这些控件位于选项组框中时，它们一起工作，而不是独立工作。选项组中的控件不再是两种状态，它们基于在组中的位置返回一个数值，同一个时刻只能选中选项组中的一个控件，如图 6-69 所示。

选项组通常与某个字段或表达式绑定在一起。选项组中的每个按钮把一个不同的值传回选项组，从而把一个选项传递给绑定字段或表达式。按钮本身不与任何字段绑定，它们与选项组框绑定在一起。

（7）组合框与列表框控件

组合框与列表框控件功能上非常相似，但外观上有所不同。组合框一般只有一行文本的高度，而列表框要显示多行数据。组合框又称为下拉列表框，可以看作是由文本框和列表框组成。单击组合框控件下拉按钮时，会出现一个下拉式的列表框控件，若选中其中一个数据，选中的数据会显示在文本框中，如图 6-69 中的"年份"所示。

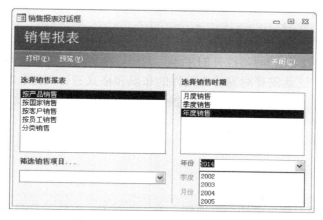

图 6-69 选项组控件及组合框控件

（8）命令按钮控件

在窗体中使用命令按钮控件可以执行某项功能的操作，比如单击按钮可以打开或关闭另一个窗体等。

（9）选项卡控件

选项卡控件是重要的控件之一，因为它允许创建全新的界面。在大多数 Windows 窗体中都包含选项卡，这样看上去显得较为专业。当窗体中的内容较多时，窗体的尺寸有限，这时最好使用选项卡。将不同的数据放在不同选项卡的页上，使用页标题在多个页上切换，如图 6-70 所示。

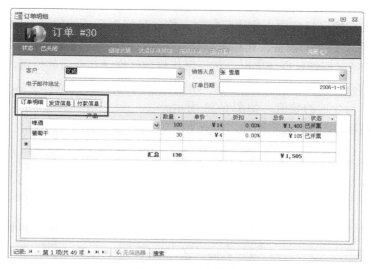

图 6-70 选项卡控件

（10）图像控件

图像控件用于在窗体上显示图片，一是可以美化窗体，二是可以显示表或查询中的图片数据。

任务 8 设置"销售信息录入登记表"窗体的布局和格式

任务描述与分析

当初次在窗体上添加控件时，控件的字体、大小、位置、颜色和外观都是系统默认的，不一定满足我们的要求，这就需要对窗体中控件的布局和格式进行调整。本任务要完成选中控件对象、移动控件对象、调整控件尺寸、对齐控件、调整控件的间距、设置控件的外观等操作。重点是掌握窗体控件的布局和格式调整。

方法与步骤

1．选中控件对象

要对控件进行调整，首先要选中需要调整的控件对象。控件对象被选中后，会在控件的四周出现六个橙色方块，称为控制柄。可以使用控制柄来改变控件的大小和位置，也可以使用属性对话框来修改该控件的属性。选定对象的操作方法如下。

① 如果要选择一个控件，单击该对象即可。

② 如果要选择多个相邻的控件，可以在窗体的空白处按下鼠标左键，然后拖动鼠标，出现一个虚线框，则虚线框内以及虚线框碰到的控件都被选中。

③ 如果要选择多个不相邻的控件，可以按下<Shift>键，然后单击要选择的控件。

④ 如果要选择窗体中的全部控件，则按下<Ctrl+A>键。

2．移动控件

移动控件的方法有多种：

① 如果希望在移动控件时使与之相关联的控件一起移动，则先将鼠标移动到控件上面的橙色边框区，当鼠标的形状变成十字光标 时，拖动鼠标到合适的位置，如图 6-71 所示。

② 如果只想移动选定的控件，而相关联控件不动，则可以将鼠标移动到想移动的控件左上角的黑色方块上，待鼠标指针变成 时，按下鼠标将控件拖动到合适的位置，如图 6-72 所示。

③ 设置控件的属性移动控件。打开控件的属性对话框，在"格式"选项卡中设置"左边距"和"上边距"为合适的数值，如图 6-73 所示。

④ 使用键盘移动控件。选定控件，按<Ctrl+方向键>调整控件位置。

图 6-71 移动控件及相关联控件

图 6-72 单一移动控件

图 6-73 使用控件属性移动控件

3．调整控件尺寸

调整控件尺寸有多种方法：

① 使用鼠标调整控件尺寸。选中控件，控件周围出现控制柄，将鼠标移动到控制柄上，待鼠标形状变成双向箭头时，拖动鼠标改变控件尺寸。

② 使用键盘调整控件尺寸。选定控件，按<Shift+方向键>调整控件尺寸。

③ 使用控件属性调整控件尺寸。打开控件的属性对话框，在"格式"选项卡中设置"宽度"和"高度"为合适的数值。

4．对齐控件

当窗体上有多个控件时，为了保持窗体美观，应将控件排列整齐。使用"对齐"命令可快速对齐控件。操作步骤如下。

① 打开窗体的设计视图。

② 选定一组要对齐的控件。

③ 单击功能选项卡"排列"→"对齐"命令，在弹出的下拉菜单中选择"靠左"、"靠右"、"靠上"、"靠下"或"对齐网格"选项，可设置控件的对齐方式。

5．调整控件的间距

控件的间距调整也可以通过命令来实现，操作步骤如下。

① 打开窗体的设计视图。

② 选定一组要调整间距的控件。

③ 单击功能选项卡"排列"→"大小/空格"命令，选择"相同"、"增加"或"减少"来调整控件间的水平间距。或者单击功能选项卡的"排列"→"垂直间距"命令，选择"相同"、"增加"、"减少"来调整控件间的垂直间距。

6．设置控件的外观

控件的外观包括前景色、背景色、字体、字号、字形、边框和特殊效果等多个特性，通过设置格式属性可以对这些特性进行改变。

选择要进行外观设置的一个（或多个）控件，单击功能选项卡上"设计"命令组中的"属性表"，打开所选控件的"属性"对话框，如图 6-74 所示。

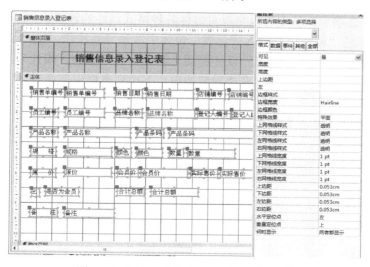

图 6-74　用"属性"对话框设置控件外观

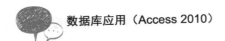

在"属性"对话框中单击"格式"选项卡，其中给出了所有的样式选择，从中可以进行各种设置。

相关知识与技能

1．控制柄

要对控件进行调整，首先要选中需要调整的控件对象。控件对象被选中后，会在控件的四周出现六个橙色方块，称为控制柄。可以使用控制柄来改变控件的大小和位置，也可以使用属性对话框来修改该控件的属性。

2．控件属性中的"格式"选项卡

控件的外观包括前景色、背景色、字体、字号、字形、边框和特殊效果等多个特性，通过设置格式属性可以改变这些特性。

任务9　美化"销售信息录入登记表"窗体

任务描述与分析

想达到窗体美观漂亮的目的，仅对控件的外观进行调整是不够的，还要对窗体的格式属性进行设置，包括设置窗体的背景、滚动条、导航按钮、分隔线、字体等。本任务要完成取消"正式员工档案查询"窗体中的导航按钮，将"销售信息录入登记表"窗体的背景颜色设置为白色，改变窗体的背景样式为"Access 主题5"样式，给窗体背景添加一幅图片等设置，任务的重点是掌握窗体常用属性的设置。

方法与步骤

1．设置"销售信息录入登记表"窗体的格式属性

在窗体设计视图中，单击"设计"功能选项卡中的"属性表"，打开窗体的"属性"对话框，选择"格式"选项卡，从中可以完成对窗体各种格式属性的设置。

在图6-75所示的"销售信息录入登记表"窗体中取消导航按钮。操作步骤如下。

① 打开"销售信息录入登记表"设计视图，单击工具栏中的"属性"按钮，打开"属性"对话框，选择"格式"选项卡，在"导航按钮"下拉列表框中选择"否"，如图6-77所示。

② 关闭设计视图并保存，设置后的窗体如图6-76所示。

2．改变"销售信息录入登记表"窗体的背景

（1）改变窗体背景色

窗体的背景色将应用到除被控件对象占据的部分之外的所有区域。由"窗体向导"创建的窗体，其背景色取决于在创建该窗体时选择的特定窗体样式，默认值为银灰色。

如果已经为窗体选择了一幅图片作为背景，那么以后在窗体背景色上的任何改变都将被隐藏在图片之下。如果是创建一个将要打印出来的窗体，深色的背景不但容易模糊，而且会消耗大量的打印机色粉，同时彩色的背景降低了窗体中文本的可见度。因此采用浅色背景为宜。

图 6-75　"窗体"属性对话框

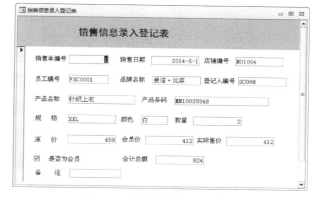

图 6-76　取消导航按钮后的窗体

将图 6-76 所示的"销售信息录入登记表"窗体的背景颜色设置为深蓝色。操作步骤如下。

① 打开"销售信息录入登记表"窗体的设计视图，在"属性"对话框中单击窗体的"主体"节，弹出主体节的"属性"对话框，如图 6-77 所示。

② 在"属性"对话框中，单击"背景色"后面的 按钮，显示彩色调色板，如图 6-78 所示。

图 6-77　主体节的"属性"对话框

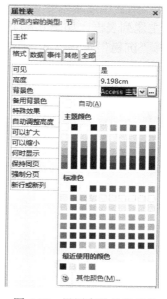

图 6-78　设置窗体的背景色

③ 选择深蓝色，单击"确定"按钮，窗体的背景色就变成了深蓝色，将文本颜色改为白色，如图 6-79 所示。

◀)) 说明 ●--

窗体各部分的背景色是相互独立的，所以如果想改变窗体中其他部分的颜色，则必须重复这个过程。当窗体的某个部分被选中时，在"填充/背景色"调色板上的透明按钮将被禁用，因为透明的背景色是不能应用到窗体上的。

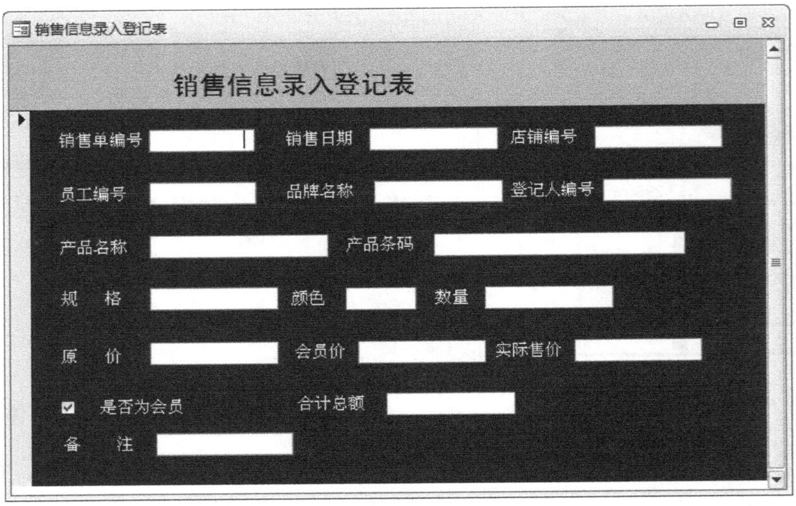

图 6-79　设置了窗体背景色的效果

（2）改变窗体的背景样式

操作步骤如下。

① 打开"销售信息录入登记表"窗体的设计视图，单击"设计"功能选项卡中的"主题"命令，显示主题列表框，如图 6-80 所示。

② 选择"沉稳"主题样式，"销售信息录入登记表"窗体的背景样式就发生了改变，如图 6-81 所示。

图 6-80　主题选项

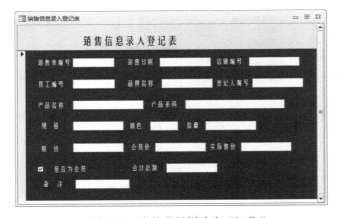

图 6-81　窗体背景样式为"沉稳"

（3）给窗体背景添加一幅图片

可以使用一幅位图图片作为窗体的背景。Access 2010 允许使用 bmp、dib、emf、gif、ico、jpg、pcx、png、wmf 格式的图形文件作为窗体的背景。

设置"销售信息录入登记表"窗体的背景为图片，操作步骤如下。

① 打开"销售信息录入登记表"窗体的设计视图。

② 选择"格式"功能选项卡的"背景"命令组中的"背景图像"命令，单击"浏览"打

开浏览对话框,从中选择素材"背景.JPG",如图 6-82 所示。

③ 在"属性"对话框中的"格式"选项卡上,选择"图片"属性输入栏,在其后面的  按钮上单击,弹出"插入图片"对话框,选择一个图片文件后,单击"确定"按钮,如图 6-83 所示。

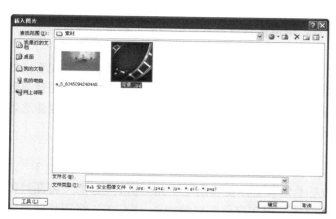

图 6-82 插入图片窗口

图 6-83 设置窗体图片属性

④ 这时已经在窗体的设计视图中添加了图片。图片类型、图片缩放模式、图片对齐方式和图片平铺等属性值不变(这些属性及其效果将在后面的列表中描述)。关闭"窗体"属性窗口。

⑤ 在窗体上添加两个标签并输入标签内容。根据需要设置文字的字体、字号、颜色和窗体的属性。

⑥ 打开窗体的"属性"对话框,设置滚动条的属性为"两者均无",记录选择器、导航按钮和分隔线的属性为"否",如图 6-84 所示。

⑦ 保存窗体为"欢迎窗体",效果如图 6-85 所示。

图 6-84 窗体属性对话框

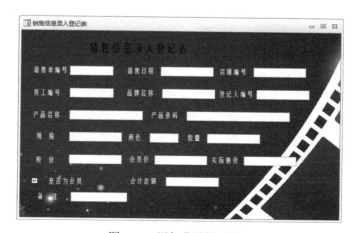

图 6-85 添加背景图片的窗体

相关知识与技能

1．设置背景图片相关属性设置

（1）图片类型

指定了将背景图片附加到窗体的方法。可以选择"嵌入"或者"链接"作为图片类型。通常应该使用"嵌入"图片类型，这样表中的图片不依赖于可以被移走或删除的外部文件。如果有多个窗体使用同一幅图片作为窗体背景，则链接背景图片可以节省一些磁盘空间。

（2）图片缩放模式

指定如何缩放背景图片。可用的选项有"剪裁"、"拉伸"、"缩放"。"剪裁"模式下，如果该图片比窗体大，则剪裁该图片使之适合窗体；如果图片比窗体小，则用窗体自己的背景色填充窗体。"拉伸"模式下，将在水平或者垂直方向上拉伸图片以匹配窗体的大小。拉伸选项允许图片失真。"缩放"将会放大图片使之适合窗体的大小，图片不失真。

（3）图片对齐方式

指定在窗体中摆放背景图片的位置。可用的选项有"左上"、"右上"、"中心"、"左下"、"右下"和"窗体中心"。"左上"将图片的左上角和窗体窗口的左上角对齐，"右上"将图片的右上角和窗体窗口的右上角对齐，"中心"将图片放在窗体窗口的中心，"左下"将图片的左下角和窗体窗口的左下角对齐，"右下"将图片的右下角和窗体窗口的右下角对齐，"窗体中心"在窗体上居中显示图片。一般背景图片选择"窗体中心"作为图片对齐方式的属性值。

（4）图片平铺

图片平铺具有两个选项：是或者否。"平铺"将重复地显示图片以填满整个窗体。

2．删除窗体背景图片

如果想删除一幅背景图片，只需删除在"图片"文本框中的输入。当出现提示"是否从该窗体删除图片"对话框时，单击"确定"按钮即可。

任务 10　创建"店铺/员工"主/子窗体

任务描述与分析

基本窗体称为主窗体，窗体中的窗体称为子窗体。在显示具有"一对多"关系的表或查询中的数据时，主/子窗体非常有用。本任务要创建"店铺/员工"主/子窗体，可以同时创建主/子窗体，也可以先创建"店铺"主窗体，再创建"员工"子窗体。本任务的重点是掌握主/子窗体的创建方法和步骤。先看看罗斯文示例数据库中的示例"产品类别/产品"主/子窗体，如图 6-86 所示。

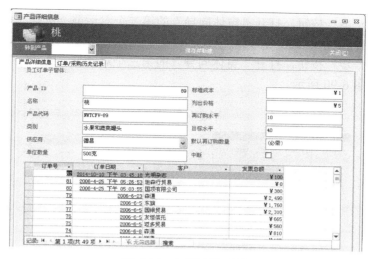

图 6-86　主/子窗体示例

方法与步骤

1. 同时创建主/子窗体

在创建主/子窗体之前，必须正确设置表间的"一对多"关系。"龙兴商城数据管理系统"数据库中的"店铺数据档案表"与"非商超工作人员登记表"是"一对多"关系，因此可以创建"一对多"关系（前面章节中已经介绍过，见第 3 章）。

创建"店铺数据档案表"与"非商超工作人员登记表"的主/子窗体，操作步骤如下。

① 在打开的"龙兴商城数据管理系统"数据库窗口中，选择"创建"功能选项卡中"窗体"命令组中的"窗体向导"，如图 6-87 所示。

② 打开"窗体向导"的第一个对话框，在对话框中，在"表/查询"列表中选中"店铺数据档案表"，将"店铺数据档案表"中的"店铺编号"、"品牌名称"、"店长姓名"等字段添加到"选定字段"列表框中，如图 6-87 所示。

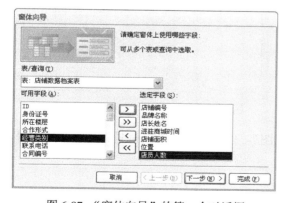

图 6-87　"窗体向导"的第一个对话框

图 6-88　选择窗体中的字段

③ 在"表/查询"下拉列表中选择"非商超工作人员登记表"，在"可用字段"列表中，选择"员工编号"、"员工姓名"、"性别"、"出生日期"、"联系方式"、"学历"、"入职日期"等字段并添加到"选定字段"列表框中，如图 6-88 所示。

④ 单击"下一步"按钮，打开"窗体向导"的第二个对话框；选择"请确定查看数据的方式"为"通过店铺数据档案表"，同时默认"带有子窗体的窗体"选项，如图 6-89 所示。

⑤ 单击"下一步"按钮，打开"窗体向导"的第三个对话框，选择子窗体的布局为默认值"数据表"，如图 6-90 所示。

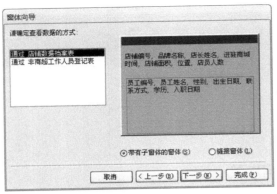

图 6-89 "窗体向导"的第二个对话框

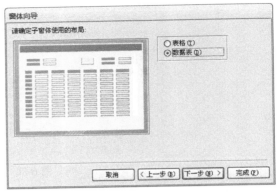

图 6-90 "窗体向导"的第三个对话框

⑥ 单击"下一步"按钮，打开"窗体向导"的第四个对话框，输入窗体和子窗体的标题，本例采用默认值，如图 6-91 所示。单击"完成"按钮，即创建了"店铺数据档案表"和"非商超工作人员登记表"的主/子窗体，该主/子窗体的效果如图 6-92 所示。

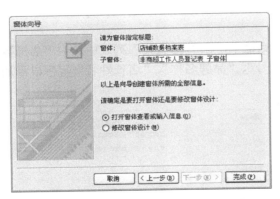

图 6-91 "窗体向导"的第四个对话框

图 6-92 "店铺"与"员工"的主/子窗体

⑦ 在窗体的标题栏上右击，切换至"设计视图"，修改窗体的布局背景、颜色、字体等，最终效果如图 6-93 所示。

2. 单独创建子窗体

在上面的操作中使用了"窗体向导"同时创建主/子窗体。有时需要在一个已创建好的窗体中再创建一个子窗体；或者在已创建好的两个窗体之间，根据它们的关系确定主/子窗体。

在"龙兴商城数据管理系统"数据库中，"合同情况表"和"非商超工作人员登记表"是"一对多"的关系，要求创建"合同情况表"（主）/"非商超工作人员登记表"（子）窗体。

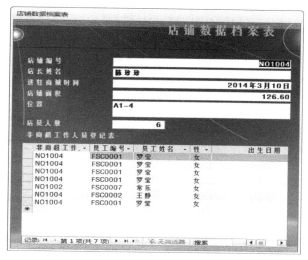

图 6-93 "店铺"与"员工"的主/子窗体修饰效果

操作步骤如下。

① 利用"窗体向导"先创建一个名为"合同/员工"的窗体,包含"合同情况表 1"表中的"合同编号"、"店铺编号"、"品牌名称"、"法人姓名"和"签订年限"等字段,如图 6-94 所示。

② 选择"设计"功能选项卡中"控件"命令组中的"子窗体/子报表"命令,如图 6-87 所示。(在选择该命令前,请选中"使用控件向导"按钮,如图 6-95 所示。)

图 6-94 包含"合同情况表 1"表内容的窗体

图 6-95 使用控件向导

③ 在"部门/合同"窗体中拖动鼠标,确定"子窗体"的位置。这时 Access 2010 自动打开"子窗体向导"的第一个对话框,如图 6-96 所示。

④ 选择"使用现有的表和查询"选项,单击"下一步"按钮,打开"子窗体向导"的第二个对话框,如图 6-97 所示。如果作为"子窗体"的窗体已经存在,则要选择"使用现有的表或查询"选项。

⑤ 在对话框中的"表/查询"列表中,选择"非商超工作人员登记表",在"可用字段"列表中,选择全部字段并添加到"选定字段"列表框中,单击"下一步"按钮,打开"子窗体向导"的第三个对话框,如图 6-98 所示。

⑥ 选择"从列表中选择"选项,单击"下一步"按钮,打开"子窗体向导"的第四个对话框,如图 6-99 所示。

图 6-96 "子窗体向导"的第一个对话框

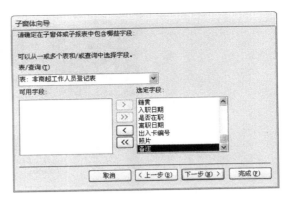

图 6-97 "子窗体向导"的第二个对话框

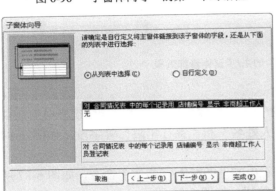

图 6-98 "子窗体向导"的第三个对话框

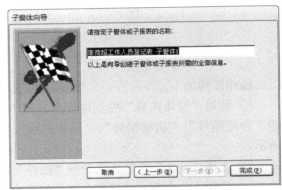

图 6-99 "子窗体向导"的第四个对话框

⑦ 在对话框中输入子窗体的名称，单击"完成"按钮，其设计视图如图 6-100 所示。

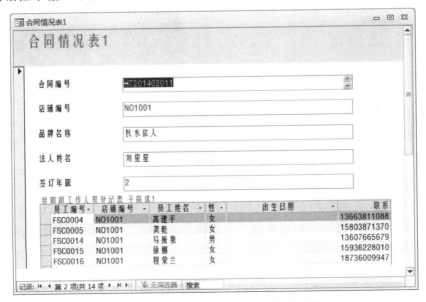

图 6-100 "合同/员工"窗体的窗体视图

相关知识与技能

1．创建主/子窗体的必要条件

在创建主/子窗体之前，必须正确设置表间的"一对多"关系。"一"方是主表，"多"方是子表。

2．快速创建子窗体

直接将查询或表拖到主窗体是创建子窗体的一种快捷方法。

项目拓展 创建"多页"窗体和"自动启动"窗体

任务描述与分析

创建主/子窗体可以将多个存在关系的表（或查询）中的数据在一个窗体上显示出来。若想在一个窗体中查询并显示出多个没有关系的表或查询，就要使用多页窗体。一般要使用选项卡控件来创建多页窗体。本项目创建的窗体分两页，分别显示店铺档案信息、会员档案信息等信息，布局应做到合理并美观。可以通过在窗体上添加多页框控件来实现多页窗体的创建。

"切换面板"是一种特殊的窗体，它的用途主要是为了打开数据库中其余的窗体和报表。使用"切换面板"可以将一组窗体和报表组织在一起形成一个统一的与用户交互的界面，而不需要一次又一次地单独打开和切换相关的窗体和报表。要求将已经创建的"员工信息"窗体、"部门/工资"主/子窗体和"部门/合同"多页窗体三个窗体通过创建切换面板联系起来，形成一个界面统一的数据库系统。

本任务的重点是掌握创建多页窗体和"切换面板"窗体的方法和步骤。

方法与步骤

1．创建"店铺数据档案表/会员档案信息表"多页窗体

在"龙兴商城数据管理系统"数据库中，建立一个多页窗体，显示"店铺数据档案表"和"会员档案信息表"和表中的数据信息。

操作步骤如下。

① 在打开的"龙兴商城数据管理系统"数据库窗口中，选择"创建"功能选项卡中的"窗体"命令组中的"空白窗体"命令，在建好的空白窗体标题栏上右击，切换至"设计视图"。

② 单击选择"设计"功能选项卡中的"控件"命令组中的"选项卡"命令，单击"选项卡"控件按钮，在窗体上画一个矩形区域，即在窗体上添加了一个选项卡控件，如图 6-101所示。

③ 单击"页 1"。"页 1"处于编辑状态，单击控件组中的"列表框"控件按钮，将鼠标移动到"页 1"的页面上单击，自动打开"列表框向导"对话框，单击"下一步"按钮，如图 6-102所示。

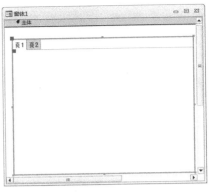

图 6-101　在窗体上添加选项卡控件

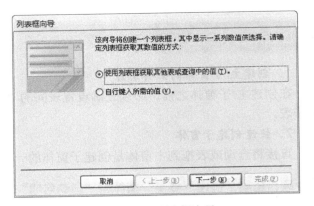

图 6-102　列表框向导

④ 在"列表框向导"对话框中，选择"表：店铺数据档案表"，单击"下一步"按钮，如图 6-103 所示。

⑤ 在"列表框向导"对话框中，将"可用字段"列表框中的字段全部添加到"选定字段"列表框中，单击"下一步"按钮，如图 6-104 所示。

图 6-103　列表框向导

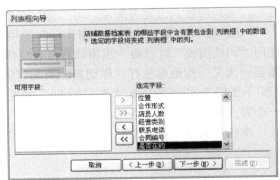

图 6-104　列表框向导

⑥ 在"列表框向导"对话框中，选择按"店铺编号"升序排序，单击"下一步"按钮，如图 6-105 所示。

⑦ 在"列表框向导"对话框中采用默认值，单击"下一步"按钮，如图 6-106 所示。

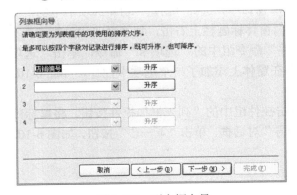

图 6-105　列表框向导

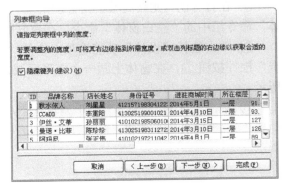

图 6-106　列表框向导

⑧ 在"列表框向导"对话框中，给列表框命名，单击"完成"按钮，如图 6-107 所示。这样就在选项卡的"页 1"中添加了"店名"表的列表信息。在"页 1"属性对话框中，选择"格式"选项卡，在"标题"输入文本框中输入"店铺数据档案"，如图 6-108 所示。运行窗体时，"页 1"的标题就会显示为"店铺数据档案"。

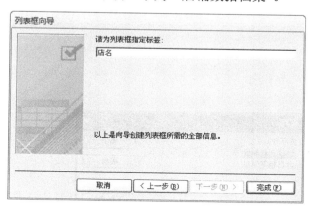

图 6-107　列表框向导

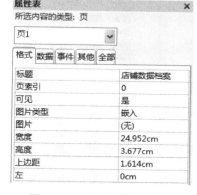

图 6-108　设置"页 1"标题

⑨ 单击"页 2"标题。"页 2"处于编辑状态，使用同样的方法将"会员档案管理表"信息以列表框的形式添加到"页 2"，这样就完成了创建一个多页窗体。运行窗体效果如图 6-109 和图 6-110 所示。

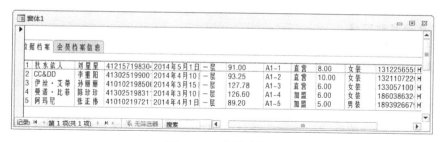

图 6-109　多页窗体 1

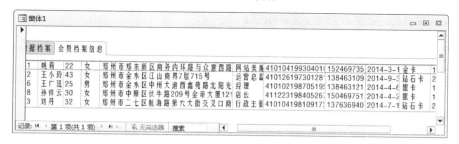

图 6-110　多页窗体 2

建立完多页窗体后，有时还需要在选项卡上添加一页或删除一页，可以通过如下操作来完成。

① 添加选项卡页：在选项卡标题处单击鼠标右键，弹出快捷菜单，如图 6-111 所示。单击"插入页"菜单项，完成在选项卡中插入一页。

② 删除选项卡页：在要删除的选项卡页的标题处单击鼠标右键，弹出快捷菜单，如图 6-111

所示。单击"删除页"菜单项，完成删除选项卡页。

③ 调整页的次序：在选项卡标题处单击鼠标右键，弹出快捷菜单。单击"页次序"菜单项，弹出"页序"对话框，如图 6-112 所示。选中要移动的页，单击"上移"按钮或"下移"按钮将页移动到合适的位置即可。

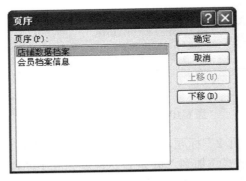

图 6-111　选项卡快捷菜单　　　　　　　图 6-112　"页序"对话框

2．创建自动启动窗体

自动启动某个窗体常体现在系统界面窗体的应用上。

操作步骤如下。

① 打开 Access 2010 数据库，在"文件"选项卡中，单击"选项"，弹出"选项"对话框，将光标切换到"数据库选项"上，如图 6-113 所示。

② 在"显示窗体"选项中指定一个窗体为启动项，则该窗体自动在每次打开 Access 数据库时自动启动，如图 6-114 所示。

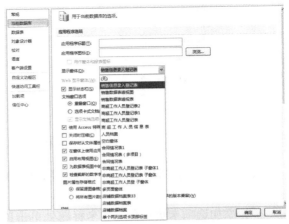

图 6-113　"选项"对话框　　　　　　　　图 6-114　指定启动窗体

实训 1 使用窗体向导创建窗体

【实训要求与提示】

1．使用窗体向导创建正式员工档案信息窗体

① 使用自动创建窗体向导，创建"商超工作人员登记表 1"的纵栏式窗体。

② 使用自动创建窗体向导，创建"商超工作人员登记表 2"的表格式窗体。

③ 使用自动创建窗体向导，创建"商超工作人员登记表 3"的数据表窗体。

2．使用数据透视表向导创建"销售数据表"窗体

使用"数据透视表向导"创建"员工"表数据透视表窗体，并分析每个员工的当月销售每天的平均值。

3．使用图表向导创建"销售数据表"窗体

在"数量"表中，创建显示各员工平均每天销售数量值的图表。

实训 2 设计视图创建"销售数据表"窗体和"销售/员工"主/子窗体

【实训要求与提示】

1．使用设计视图创建"销售数据表"窗体

使用设计视图为"销售数据表"创建一个窗体（纵栏式）。所创建的窗体包含员工档案数据表的所有字段，包括照片。

2．使用组合框替换文本框

在创建的"销售数据表"纵栏式窗体的基础上，将"员工编号"文本框替换成组合框，可以直接输入员工编号进行定位，也可以从组合框中选择员工编号进行定位。

3．添加按钮

在窗体上添加文本按钮和图片按钮，使窗体上的按钮可以打开一个已创建窗体或者关闭窗体。

4．添加背景

为"销售数据表"纵栏式窗体添加背景图片。图片可以采用机器中的现有图片，通过系统的"搜索"命令获得。

实训 3 设计视图创建多页面窗体

创建"店铺数据档案表"/"费用清缴情况表"的多页面窗体。

总结与回顾

本章主要介绍了 Access 2010 中创建、设计窗体的方法及相关技能。需要理解掌握的知识、技能如下。

1．窗体的分类

按照窗体的功能来分，窗体可以分为数据窗体、切换面板窗体和自定义对话框三种类型。

2．窗体视图的种类

Access 2010 中的窗体共有六种视图：设计视图、窗体视图、布局视图、数据表视图、数据透视表视图和数据透视图视图。以上六种视图可以通过在标题上右击并在弹出的快捷菜单中相互切换。

3．创建窗体向导的分类

Access 2010 提供了六种创建窗体的向导："自动创建窗体"、"窗体设计"、"空白窗体"、"窗体向导"、"导航"、"其他窗体"。

4．可用字段与选定的字段区别

可用字段是选择数据表中的所有字段，选定的字段是要在窗体上显示出来的字段。

5．导航按钮

窗体的底部有一些按钮和信息提示，这就是窗体的导航按钮。其作用就是通过这些按钮，可以选择不同的记录并显示在窗体上。

6．数据透视表的作用

数据透视表是一种交互式的表，可以进行用户选定的运算。数据透视表视图是用于汇总分析数据表或窗体中数据的视图，通过它可以对数据库中的数据进行行列合计及数据分析。

7．图表的类型

图表的类型有柱形图、条形图、饼图等。根据显示数据的需要，可以选择合适的图表类型。

8．窗体设计窗口

在窗体设计视图中，窗体由上而下被分成五个节：窗体页眉、页面页眉、主体、页面页脚和窗体页脚。其中，"页面页眉"和"页面页脚"节中的内容在打印时才会显示。

一般情况下，新建的窗体只包含"主体"部分，如果需要其他部分，可以在窗体主体节的标签上右击，在弹出的快捷菜单中选择"页面页眉/页脚"或"窗体页眉/页脚"命令即可。

9．Access 2010 工具箱按钮的名字和功能

在工具箱上有 17 种控件和 3 种其他按钮。

10．设置窗体的属性

窗体和窗体上的控件都具有属性，这些属性用于设置窗体和控件的大小、位置等，不同控件的属性也不太一样。

11．窗体中的控件

控件是窗体、报表或数据访问页中用于显示数据、执行操作、装饰窗体或报表的对象。控件可以是绑定、未绑定或计算型的。

12．控制柄

要对控件进行调整，首先要选中需要调整的控件对象。控件对象被选中后，会在控件的四周出现六个橙色方块，称为控制柄。可以使用控制柄来改变控件的大小和位置，也可以使用属性对话框来修改该控件的属性。

13．控件属性中的"格式"选项卡

控件的外观包括前景色、背景色、字体、字号、字形、边框和特殊效果等多个特性，通过设置格式属性可以改变这些特性。

14．背景图片相关属性的设置

（1）图片类型

指定了将背景图片附加到窗体的方法。可以选择"嵌入"或者"链接"作为图片类型。

（2）图片缩放模式

指定如何缩放背景图片。可用的选项有"剪裁"、"拉伸"、"缩放"。

（3）图片对齐方式

指定在窗体中摆放背景图片的位置。可用的选项有"左上"、"右上"、"中心"、"左下"、"右下"和"窗体中心"。

（4）图片平铺

具有两个选项："是"或者"否"。"平铺"将重复地显示图片以填满整个窗体。

15．删除窗体背景图片

如果想删除一幅背景图片，只需删除在"图片"文本框中的输入，当出现提示"是否从该窗体删除图片"对话框时，单击"确定"按钮即可。

16．创建主/子窗体的必要条件

在创建主/子窗体之前，必须正确设置表间的"一对多"关系。"一"方是主表，"多"方是子表。

17．快速创建子窗体

直接将查询或表拖到主窗体是创建子窗体的一种快捷方法。

 思考与练习

一、选择题

1．下列不属于 Access 2010 的控件是（　　　）。

　　A．列表框　　　　　　B．分页符　　　　　　C．换行符　　　　　D．矩形

2．不是用来作为表或查询中"是"／"否"值的控件是（　　　）。

　　A．复选框　　　　　　B．切换按钮　　　　　C．选项按钮　　　　D．命令按钮

3．决定窗体外观的是（　　　）。

　　A．控件　　　　　　　B．标签　　　　　　　C．属性　　　　　　D．按钮

4．在 Access 2010 中，没有数据来源的控件类型是（　　　）。

　　A．结合型　　　　　　B．非结合型　　　　　C．计算型　　　　　D．以上都不是

5．下列关于控件的叙述中，正确的是（　　　）。

　　A．在选项组中每次只能选择一个选项

　　B．列表框比组合框具有更强的功能。

　　C．使用标签工具可以创建附加到其他控件上的标签

　　D．选项组不能设置为表达式。

6．主窗体和子窗体通常用于显示多个表或查询中的数据，这些表或查询中的数据一般应该具有（　　　）关系。

　　A．一对一　　　　　　B．一对多　　　　　　C．多对多　　　　　D．关联

7．下列不属于 Access 窗体的视图是（　　　）。

　　A．设计视图　　　　　B．窗体视图　　　　　C．版面视图　　　　D．数据表视图

二、填空题

1．计算控件以_____作为数据来源。

2．使用"自动窗体"创建的窗体，有_____、_____和_____三种形式。

3．在窗体设计视图中，窗体由上而下被分成五个节：_____、页面页眉、_____、页面页脚和_____。

4．窗体属性对话框有五个选项卡：_____、_____、_____、_____和全部。

5．如果要选定窗体中的全部控件，按下_____键。

6．在设计窗体时使用标签控件创建的是单独标签，它在窗体的_____视图中不能显示。

三、判断题

1. 罗斯文示例数据库是一个空数据库。　　　　　　　　　　　　　　　　　　（　　）

2. 数据窗体一般是数据库的主控窗体，用来接受和执行用户的操作请求、打开其他的窗体或报表以及操作和控制程序的运行。　　　　　　　　　　　　　　　　　　　　　　　　　　（　　）

3. 在利用"窗体向导"创建窗体时，向导参数中的"可用字段"与"选定的字段"是一个意思。（　　）

4. "图表向导"中汇总方式只能是对数据进行求和汇总。　　　　　　　　　　　（　　）

5. 窗体背景设置图片缩放模式可用的选项有"拉伸"、"缩放"。　　　　　　　（　　）

6. "图表向导"中的"系列"也就是图表中显示的图例。　　　　　　　　　　　（　　）

7. 直接将查询或表拖到主窗体是创建子窗体的一种快捷方法。　　　　　　　　（　　）

8. 在创建主/子窗体之前，必须正确设置表间的"一对多"关系。"一"方是主表，"多"方是子表。（　　）

9. 窗体的各节部分的背景色是相互独立的。　　　　　　　　　　　　　　　　（　　）

10. 窗体上的"标签"控件可以用来输入数据。　　　　　　　　　　　　　　　（　　）

四、简答题

1. 简述窗体的分类和作用。

2. Access 中的窗体共有几种视图？

3. 创建窗体有哪两种方式？如何创建窗体使之能够达到满意的效果？

4. 简述文本框的作用与分类。

第 7 章

报表的创建与应用

在"龙兴商城数据管理系统"中，表、查询、窗体等相关内容建立后，该系统已经具备了基本的信息处理功能。但应用中，有时还需要按不同的形式和内容显示或打印出表或查询中的数据，在 Access 2010 中，这项工作是通过创建报表来实现的。报表的功能非常强大，报表中的记录可按照一定的规则进行排序和分组，以便于查找数据。可以通过放置控件来确定在报表中显示的数据的内容、位置及格式，除此之外，还可运用公式和函数进行计算。本章将在前面几章相关表和查询的基础上通过创建不同形式的报表来练习创建和修改报表的基本操作，并掌握在报表中进行计算、汇总以及进行页面格式设置的方法等。

任务 1　使用自动报表和报表向导创建"店铺数据档案表"

任务描述与分析

在"龙兴商城数据管理系统"中，根据报表的不同要求，可以选择不同的方法来创建。"自动创建报表"可以方便快捷地创建报表，但灵活性较差。"报表向导"创建报表的方法方便快捷，灵活性较强，不但能进行数据记录的分组、排序、汇总等操作，还能进行报表的布局、样式等更多参数的设置。使用"报表向导"可以创建"递阶式"、"块"和"大纲"三种布局方式的报表。本任务将使用"自动创建报表"创建 "店铺数据档案表"的数据表式报表，使用"报表向导"创建"店铺数据档案表"的图表报表以及"商超工作人员登记表"标签报表等多种类型的报表。

方法与步骤

1. 使用"自动创建报表"创建"店铺数据档案表"报表

打开"龙兴商城数据管理"数据库，在导航窗格中，选中"店铺数据档案表"对象，如图7-1 所示。单击"创建"功能选项卡中报表命令组中的"报表"命令，即可自动创建"店铺数据档案表"报表，如图7-2 所示。

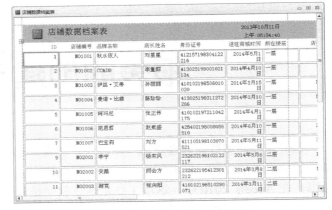

图7-1 "龙兴商城数据管理"导航窗口　　　　　图7-2 "店铺数据档案表"报表

2. 使用"报表向导"创建"店铺数据档案表"报表

① 打开"龙兴商城数据管理"数据库，在导航窗格中，选中"店铺数据档案表"对象，单击"创建"功能选项卡中报表命令组中的"报表向导"按钮，弹出"报表向导"对话框，如图7-3 所示。

② 在图 7-3 中，将左侧"可用字段"列表框中所有字段都选到"选定字段"列表框中，如图7-4 所示。

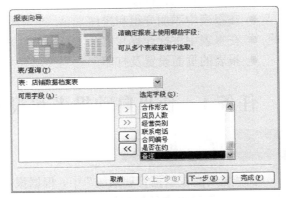

图7-3 "报表向导"对话框（一）　　　　　图7-4 "报表向导"对话框（二）

③ 单击"下一步"按钮，打开添加分组级别的"报表向导"对话框，如图 7-5 所示。将

默认的"合同编号"分组字段移除，添加"所在楼层"字段为分组字段，如图 7-6 所示。

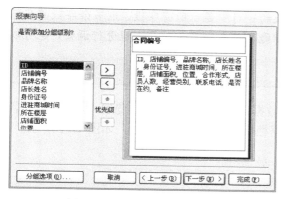

图 7-5　默认分组字段对话框

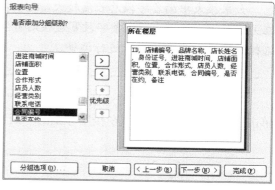

图 7-6　设定分组字段

④ 单击"下一步"按钮，打开设置排序和汇总的"报表向导"对话框，如图 7-7 所示。在其中设置"进驻商城时间"为升序，"店铺面积"为降序，单击"汇总选项"按钮，弹出如图 7-8 所示的对话框，在其中可设置汇总字段的计算方式，单击"确定"按钮。

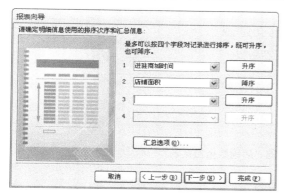

图 7-7　设置排序对话框

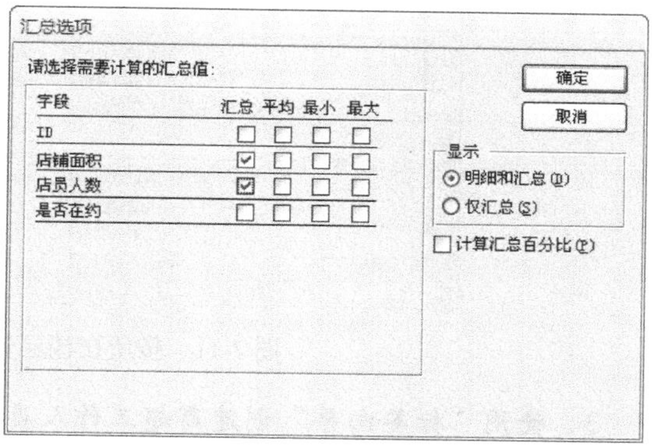

图 7-8　设置汇总对话框

⑤ 单击"下一步"按钮，在图 7-9 所示的对话框中，选择报表布局方式为"递阶"，方向为"纵向"，单击"下一步"按钮，如图 7-10 所示。

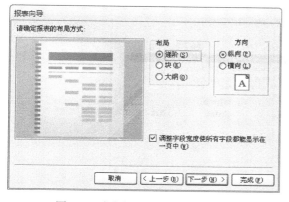

图 7-9　确定报表布局方式对话框

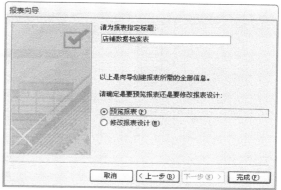

图 7-10　为报表指定标题对话框

提示

如果报表中的各字段总长度较大，无法在报表的一行中显示所有字段，则多余字段将显示在另一页上，可选中"调整字段宽度使所有字段都能显示在一页中"复选框进行调整，也可以选择纸张方向为"横向"进行调整。

⑥ 在图 7-10 所示的对话框中，输入"店铺数据档案表"作为标题，选择"预览报表"，单击"完成"按钮，按所在楼层分组的"店铺数据档案表"报表创建完成，如图 7-11 所示。

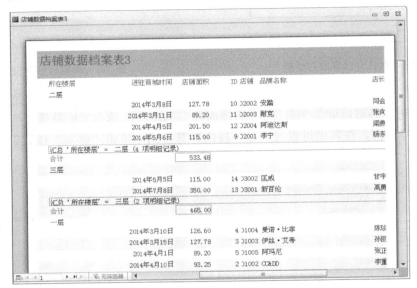

图 7-11　按所在楼层分组的"店铺数据档案表"

3．使用"标签向导"创建商超工作人员登记表

① 打开"龙兴商城数据管理"数据库，在导航窗格中，选中"商超工作人员登记表"对象，单击"创建"功能选项卡中报表命令组中的"标签"按钮，弹出"标签向导"对话框，如图 7-12 所示。

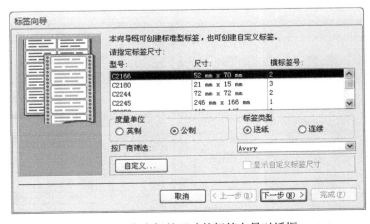

图 7-12　指定标签尺寸的标签向导对话框

② 在图 7-12 所示对话框中,选择型号为"C2166"标准型尺寸,度量单位和标签类型均为默认,单击"下一步"按钮,打开选择文本字体和颜色的标签向导对话框,如图 7-13 所示。

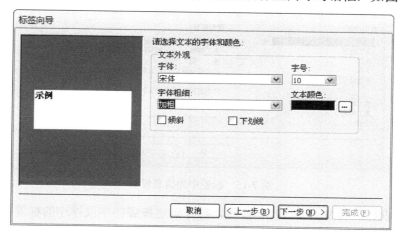

图 7-13 选择文本字体和颜色的标签向导对话框

③ 在如图 7-13 所示对话框中,选择字体为"宋体"、字号为"10"、字体粗细为"加粗",文本颜色为"黑色",单击"下一步"按钮,打开确定标签显示内容的标签向导对话框,如图 7-14 所示。

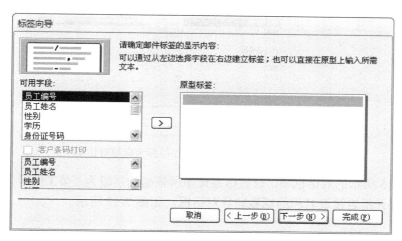

图 7-14 确定标签显示内容的标签向导对话框

④ 在图 7-14 所示对话框中,标签中的固定信息可以在"原型标签"框中直接输入,标签中从表中来的信息可从左边的"可用字段"列表框选择。在"原型标签"中,用花括号"{}"括起来的就是表中的字段,未括起来的是直接输入的文本信息。本操作中的信息设置如图 7-15 所示。

提示 ---

在标签向导中"原型标签"中的固定信息只能输入文本,表中的可用字段也只能是除备注、OLE 类型外的其他类型的字段。

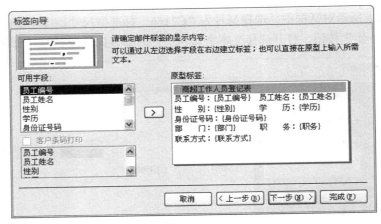

图 7-15　标签中的信息设置

⑤ 设置完成后，单击"下一步"按钮，打开确定按哪些字段排序的标签向导对话框，如图 7-16 所示。

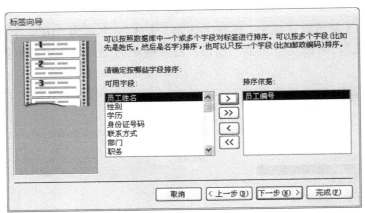

图 7-16　确定按哪些字段排序的标签向导对话框

⑥ 在图 7-16 所示的对话框中，设置标签排序所依据的字段为"员工编号"，然后单击"下一步"按钮，打开指定报表名称的标签向导对话框，如图 7-17 所示。

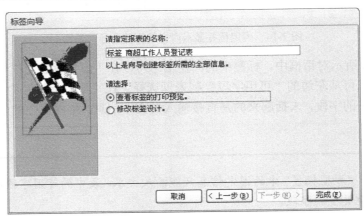

图 7-17　指定报表名称的标签向导对话框

216

⑦ 在图 7-17 所示的对话框中，输入报表标题。这里按默认方式，单击"完成"按钮，"商超工作人员登记表"标签报表创建完成并以"打印预览"视图打开，如图 7-18 所示。

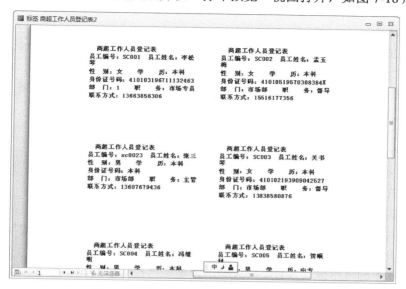

图 7-18 "商超工作人员登记表"标签报表

🔊 提示

向导生成的标签可以在标签设计视图中修改，比如添加线条、边框、设置字体、字形、字号等，从而可设计成多种类型的卡片、名片等标签类型。

4．使用"空白报表"创建店铺数据档案报表

① 在打开的"龙兴商城数据管理系统"数据库窗口中，选择"创建"功能选项卡，在"报表"命令组中单击"空白报表"按钮，弹出空白报表，如图 7-19 所示。

② 单击界面右侧的"显示所有表"选项，展开该选项组中所列的选项，双击要编辑的字段或者将要编辑的字段拖曳至空白窗体中，即可建立窗体，如图 7-20 所示。

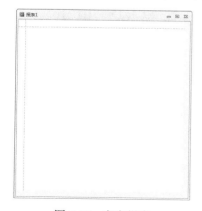

图 7-19 空白报表

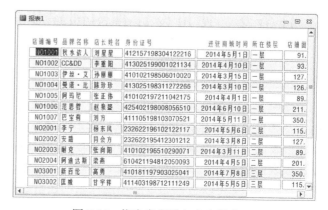

图 7-20 拖曳字段进入空白报表

相关知识与技能

1．报表的功能

在 Access 2010 中，报表能十分有效地以打印的格式表现数据库中的数据，用户可以设计报表上对象的大小和外观，报表中的数据来源可以是基础的表、查询或 SQL 查询，报表中的信息通过控件来实现，可以设置页面及其他打印页面的属性。报表只能打印或显示数据，而不能像窗体那样进行数据的输入或编辑。

Access 2010 中报表的功能主要有：

① 以分组的形式组织和呈现数据。

② 打印报表、页和分组级别的页眉页脚信息。

③ 计算总和、组合计、整个报表合计和合计百分比。

④ 包含子窗体、子报表和图形。

⑤ 使用图片、线条、字体、图形、图表和条件格式，以引人注意的格式呈现数据。

2．报表的分类

Access 2010 中的常用报表共有 5 种类型，分别是纵栏式报表、表格式报表、图表式报表、标签式报表和未绑定的报表。前 4 种介绍如下。

① 纵栏式报表：纵栏式报表与纵栏式窗体相似，每条记录的各个字段从上到下排列，左边显示字段标题，右边显示字段数据值，适合记录较少、字段较多的情况。

② 表格式报表：显示数据的形式与数据表视图十分相似，一条记录的内容显示在同一行上，多条记录从上到下显示，适合记录较多、字段较少的情况。

③ 图表式报表：显示数据与图表式窗体类似，它可以将库中的数据进行分类汇总后以图形的方式表示，使得统计更加直观，适合于汇总、比较及进一步分析数据。

④ 标签式报表：可以用来在一页内建立多个大小和样式一致的卡片式方格区域，通常用来显示姓名、电话等较为简短的信息，一般用来制作名片、信封、产品标签等。

按报表的布局方式和功能又可分为：表格报表、单列报表、多列报表、分组汇总报表、邮件标签报表、未绑定的报表。

任务 2　使用设计视图创建和修改"销售数据"报表

任务描述与分析

使用"自动创建报表"和"报表向导"创建的报表较为方便快捷，但在报表内容、布局、格式及效果等方面都会有一些不足，实用性稍差，因此 Access 2010 提供了用设计视图创建和修改报表的方法，以满足用户的更多需要。利用设计视图创建和修改报表就是使用控件来手工设计报表的数据、布局、页眉页脚、标题、页码等，使其形式和内容符合用户的需求。在报表的设计视图中，可以直接通过添加控件来创建新的报表，也可以修改用"自动创建报表"和"报表向导"创建的报表。报表中的数据可来源于表、查询或 SQL 查询。本任务将使用设计视图创建基于"员工销售数据查询"的"销售数据报表"，并设置字段、控件的格式，添加页眉、页脚、标题、页码、时间及日期等对报表进行一些修饰。

方法与步骤

1. 使用设计视图创建"销售数据"报表

① 在打开的"龙兴商城数据管理系统"数据库窗口中,选择"创建"功能选项卡,在"报表"命令组中,单击"报表设计"按钮,弹出报表设计视图,如图 7-21 所示。单击"设计"功能选项卡,在"工具"命令组中单击"添加现有字段"按钮,出现图 7-21 所示的右侧列表。

② 默认状态下,这里不显示查询字段,单击"设计"功能选项卡,在"工具"命令组中单击"属性表"按钮,为报表设置数据源属性,如图 7-22 所示。

图 7-21 报表设计视图

图 7-22 报表属性

③ 在属性表中,单击"数据"选项卡,从中单击"记录源"后面的按钮,弹出图 7-23 所示对话框,在其中选择"查询"选项卡中的"员工销售数据查询"。

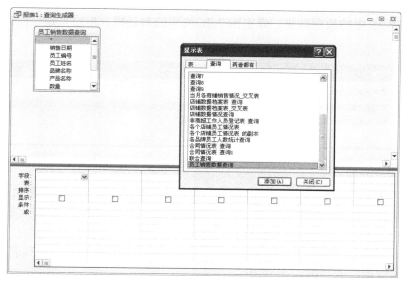

图 7-23 报表设计视图

④ 单击"添加"按钮,出现图 7-24 所示的窗口,在该窗口中将所有字段均添加进入,单

击“运行”按钮，得到查询报表的结果，如图 7-25 所示。

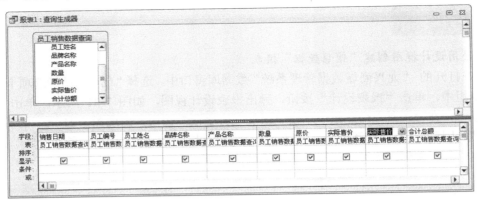

报表1：查询生成器
员工销售数据查询
员工姓名
品牌名称
产品名称
数量
原价
实际售价
合计总额
字段：
表：
排序：
显示：
条件：
或：
销售日期
员工销售数据查询
员工编号
员工姓名
品牌名称
产品名称
数量
原价
实际售价
合计总额

图 7-24　报表属性

销售日期	员工编号	员工姓名	品牌名称	产品名称	数量	原价	Expr1007	实际售价
2014-6-1	C0001	罗莹	曼诺·比菲	针织上衣	2	459	412	412
2014-6-2	FSC0001	罗莹	曼诺·比菲	牛仔裤	1	356	320	320
2014-6-1	FSC0004	高建平	伊丝·艾蒂	新款上衣	1	688	650	650
2014-6-3	FSC0001	罗莹	曼诺·比菲	无领上衣	2	289	289	289
2014-6-13	FSC0005	龚乾	阿玛尼	西裤	1	722	688	688
2014-6-1	FSC0001	罗莹	曼诺·比菲	长裙	1	265	195	195
2014-6-4	FSC0006	葛毅刚	巴宝莉	T恤	1	512	430	430
2014-6-4	FSC0003	承明奎	李宁	T恤	1	255	255	255
2014-6-15	FSC0006	葛毅刚	安踏	T恤	1	325	325	325
2014-6-5	FSC0008	孔予	阿迪达斯	运动装	1	159	159	159
2014-6-1	FSC0008	孔予	阿迪达斯	运动装	2	885	785	785
2014-6-3	FSC0008	孔予	阿迪达斯	运动装	1	650	580	580
2014-6-1	FSC0007	常乐	曼诺·比菲	时尚女裤	1	266	240	240
2014-6-2	FSC0002	王静	曼诺·比菲	短裙	1	158	158	158
2014-6-1	FSC0001	罗莹	曼诺·比菲	手包	1	320	320	320

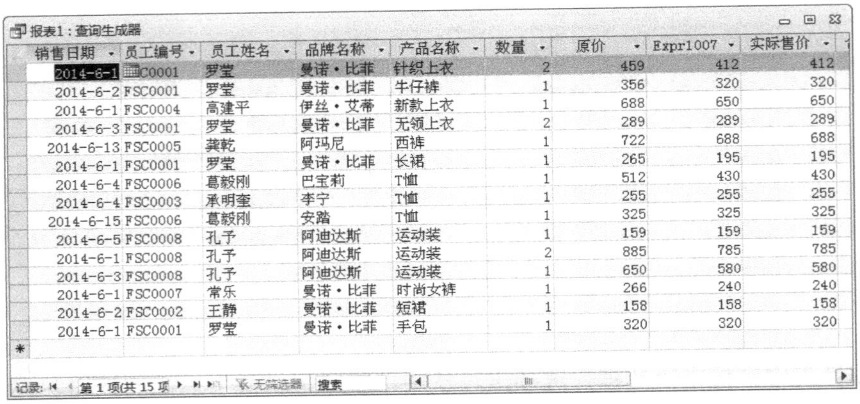

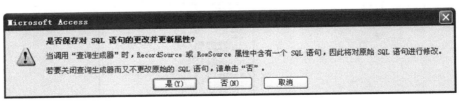

图 7-25　报表中的查询生成器显示数据结果

⑤ 关闭图 7-25 中的数据结果，弹出图 7-26 所示的对话框，单击“是”按钮，返回报表设计窗口。

Microsoft Access
是否保存对 SQL 语句的更改并更新属性?
当调用“查询生成器”时，RecordSource 或 RowSource 属性中含有一个 SQL 语句，因此将对原始 SQL 语句进行修改。
若要关闭查询生成器而又不更改原始的 SQL 语句，请单击“否”。
是(Y)
否(N)
取消

图 7-26　更换属性提示

⑥ 这时，在字段列表中就显示出查询的字段名称了，在“设计”功能选项卡中，单击“控件”命令组，单击“标签”文本框，拖出一个标签，输入文字“员工销售成绩查询报表”，如图 7-27 所示，并对该文字设置字体和颜色。

⑦ 按住<Shift>键，单击第一个字段和最后一个字段，选中图 7-27 字段列表中的所有字段，拖曳到报表主体空白区域，如图 7-28 所示。

⑧ 从“控件”命令组中选中“标签”控件，分别在页眉与页脚处输入图 7-29 所示的内容。

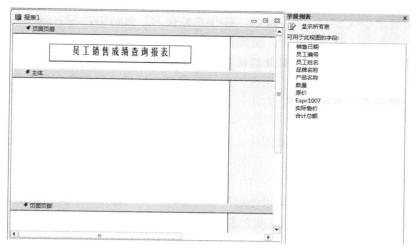

图 7-27 输入报表标题

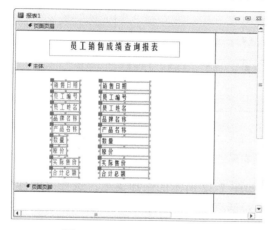

图 7-28 拖曳字段进入主体

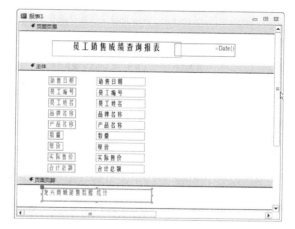

图 7-29 输入页眉与页脚内容

⑨ 切换到报表视图，最终的显示效果如图 7-30 所示。

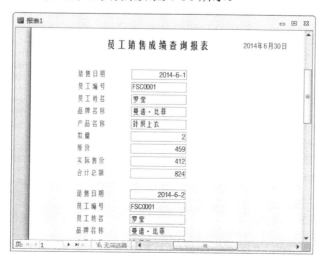

图 7-30 报表视图

⑩ 按快捷键命令<Ctrl+S>保存报表，打开"另存为"对话框，输入报表名称——"员工销售数据报表"，单击"确定"按钮，至此报表创建完成。

2．在设计视图中对"员工销售数据报表"进行修改

① 进入"龙兴商城数据管理"系统，在导航窗口中选择"报表"对象下的"员工销售数据报表"，双击打开后，在标题栏上右击，在快键菜单中选择"设计视图"选项，打开"员工销售数据报表"的设计视图。

② 在员工销售数据报表设计视图中，将报表"主体"中第一列标签全部选中并剪切到报表的"页面页眉"节中，放置在靠近"页面页眉"的下部，排列成水平一行，删除标签中的冒号，将该行作为报表的列标题。将"主体"节中的所有文本框水平排列成一行，并与"页面页眉"中的标签一一对应。在排列的过程中可以使用菜单"排列"→"对齐"中的命令或菜单"排列"→"水平间距"中的命令来调整这些标签或文本框的布局和对齐方式，结果如图 7-31 所示。

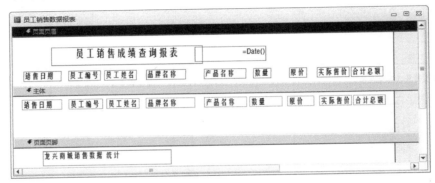

图 7-31　对标签和文本框的布局进行调整

③ 选择"页面页眉"中的所有标签，右击弹出如图 7-32 所示的快捷菜单，选择"属性"命令，打开如图 7-33 所示的标签属性对话框。在该对话框中选择"格式"选项卡，设置"字号"为"11"，"字体粗细"为"正常"，为保证标签中的文字能完全显示，可以适当调整标签的宽度和位置。采用同样的方法将主体中的标签也设置"字号"为"11"、"加粗"。

图 7-32　"标签"快捷菜单

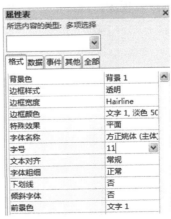

图 7-33　"标签"属性对话框

④ 在"页面页眉"节的 "标签"控件的上方和下方，分别使用"控件"中的"直线"控件各添加一条水平直线，在"主体"节的"文本框"下方添加一条水平直线，在"页面页眉"

节的标签之间添加垂直竖线，在"主体"节的各个文本框之间也添加垂直竖线，这样为整个报表添加表格线，拖动"页面页脚"节和"主体"节的分节栏，分别向上移动到合适位置，最后结果如图 7-34 所示。

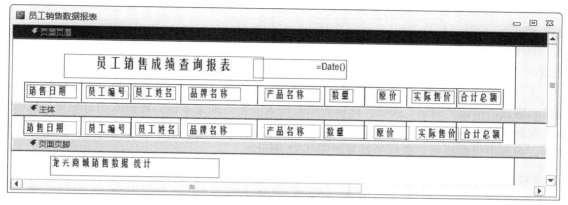

图 7-34 为报表添加线条

提示

① 在画直线时按住<Shift>键，可保证直线水平或垂直。也可在属性中将高度设置为"0"。

② 在添加线条时，可以将分节栏距加大，表格线添加完成后，再将其调小。

③ 在添加线条时，可暂时关闭"网格"显示，并不断地通过预览来调整。

⑤ 右击视图窗口中的标题栏，切换至"报表视图"选项，在报表视图中预览修改后的"员工销售数据报表"，结果如图 7-35 所示。

销售日期	员工编号	员工姓名	品牌名称	产品名称	数量	原价	实际售价	合计总额
2014-6-1	FSC0001	罗宝	曼诺·比菲	针织上衣	2	459	412	824
2014-6-2	FSC0001	罗宝	曼诺·比菲	牛仔裤	1	356	320	320
2014-6-1	FSC0004	高建平	伊丝·艾蒂	新款上衣	1	688	650	650
2014-6-3	FSC0001	罗宝	曼诺·比菲	无领上衣	2	289	289	578
2014-6-13	FSC0005	龚乾	阿玛尼	西裤	1	722	688	688
2014-6-1	FSC0001	罗宝	曼诺·比菲	长裙	1	265	195	195
2014-6-4	FSC0006	葛毅刚	巴宝莉	T恤	1	512	430	430
2014-6-4	FSC0003	承明奎	李宁	T恤	1	255	255	255
2014-6-15	FSC0006	葛毅刚	安踏	T恤	1	325	325	325
2014-6-5	FSC0008	孔予	阿迪达斯	运动装	1	159	159	159
2014-6-1	FSC0008	孔予	阿迪达斯	运动装	2	885	785	1570
2014-6-3	FSC0008	孔予	阿迪达斯	运动装	1	650	580	580
2014-6-1	FSC0007	常乐	曼诺·比菲	时尚女裤	1	266	240	240

图 7-35 修改后的表格式的"员工销售数据报表"

3．在设计视图中对"员工销售数据报表"进行修饰

（1）为报表添加日期和时间

在报表中添加日期和时间有两种方法。

【方法1】使用菜单插入日期和时间

① 在"龙兴商城数据管理"导航窗格中选择"报表"对象，在列表中选择"员工销售数据报表"，右击该对象，在弹出的快捷菜单中选择"设计视图"，打开"员工销售数据报表"的设计视图。

② 单击"设计"功能选项卡，在"页眉/页脚"命令组中选择"日期与时间"命令，打开"日期和时间"对话框，如图7-36所示。

③ 在如图7-36所示的"日期和时间"对话框中选择"包含日期"选择，并选择合适的日期显示格式，单击"确定"按钮，在视图中会插入一个日期文本框。将插入的日期文本框移动到"页面页眉"节中合适的位置，对插入的日期文本框，同样可以设置其字体、字号等文本框属性。报表中日期添加完成后的效果如图7-37所示。

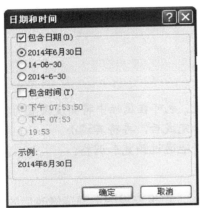

图7-36 "日期和时间"对话框　　　图7-37 日期文本框在报表中的位置

【方法2】使用日期和时间表达式添加日期和时间

使用"控件"在设计视图的"页面面眉"节中添加一个文本框控件，删除前面自动添加的标签，在文本框控件中输入日期函数表达式"=date()"，如图7-34所示。

（2）为报表添加页码

一般的报表可能会有很多页，因此需要在报表中加入页码，以方便排列报表中页的先后顺序。添加页码的方法有两种。

【方法1】使用菜单插入页码

① 在"设计视图"中打开"员工销售数据报表"。

② 单击"设计"功能选项卡，在"页眉/页脚"命令组中选择"页码"命令，打开"页码"对话框，如图7-38所示。

③ 在"页码"对话框中选择格式为"第N页，共M页"，位置为"页面底端（页脚）"，对齐方式为"右"，单击"确定"按钮，在视图的相应位置会插入一个页码文本框，如图7-39所示。

④ 调整页码文本框的位置和大小，并对页码文本框进行相应的属性设置，报表中的页码添加完成后的效果如图7-40所示。

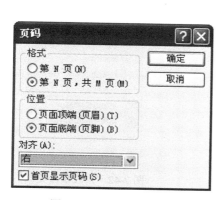

图 7-38　"页码"对话框

图 7-39　在页面页脚处插入的页码文本框

图 7-40　添加页码的报表局部效果

【方法 2】使用页码表达式添加页码

使用页码表达式添加页码与使用日期表达式添加日期的操作基本相同，只不过是将函数表达式换为相应的页码表达式即可，效果与图 7-39 所示相同。

知识与技能

1．报表的结构

报表的设计视图如图 7-41 所示。可以看到，报表被分成多个组成部分，这些组成部分称为"节"。完整的报表由七个节组成，一般常见的报表有五个节，分别是"报表页眉"、"页面页眉"、"主体"、"页面页脚"和"报表页脚"，在分组报表中，还会有"组标头"和"组注脚"两个节。

节代表着不同的报表区域，每个节的左侧都有一个小方块，称为节选定器。单击节选定器、节栏的任何位置、节背景的任何位置都可选定节。

使用设计视图新建报表时，空白报表只由三个节组成，分别是"页面页眉"、"主体"和"页面页脚"。而"报表页眉"和"报表页脚"可以通过在标尺上每个节位置上右击弹出的快捷菜单中添加或隐藏，如图 7-42 所示。在报表中分组时，还会有"组标头"和"组注脚"两个节出现。

报表的内容由节来划分，每个节都有其特定的目的，而且按照一定的顺序显示或打印在页面及报表上，可以通过放置工具箱中的控件来确定在每节中显示的内容及位置。

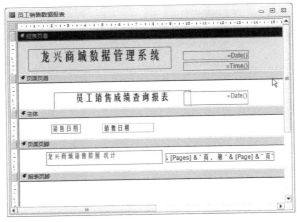

图 7-41 报表的设计视图   图 7-42 报表快捷菜单

（1）报表页眉和报表页脚

一个报表只有一个"报表页眉"和一个"报表页脚"。报表页眉只在整个报表第一页的开始位置显示和打印，一般用来放置徽标、报表标题、图片或其他报表的标识物等。报表页脚只显示在整个报表的最后一页的页尾，一般用来显示报表总结性的文字等内容。

在空白的报表中，如果要给报表添加报表页眉/页脚，可单击"设计"功能卡上的"页眉/页脚"命令组，或者从报表的快捷菜单中选择"报表页眉/页脚"命令。若报表已有报表页眉/页脚，则执行上述命令可删除报表页眉/页脚以及其中已存在的控件。报表页眉和报表页脚只能作为一对同时添加或删除。

（2）页面页眉和页面页脚

页面页眉显示在整个报表每页的最上方，用来显示报表的标题。在表格式报表中可以利用页面页眉来显示列标题。页面页脚显示在整个报表中每页的最下方，可以利用页面页脚来显示页码、日期、审核人等信息。

（3）主体

主体节包含了报表数据的主体，报表的数据源中的每条记录都放置在主体节中。如果特殊报表不需要主体节，可以在其属性表中将主体节"高度"属性设置为"0"。

2．报表的视图

Access 2010 的报表有 4 种视图方式，分别是报表视图、设计视图、打印预览视图和布局视图。在报表设计视图中，单击报表设计工具栏上"视图"按钮下方的三角按钮，可以查看打印预览视图和布局视图。

（1）报表视图

用户可以在该视图模式下查看记录。

（2）设计视图

可以创建新的报表或修改已有报表，在设计视图中可使用各种工具设计报表。使用控件工具箱中的工具可以向报表中添加各种控件，如标签和文本框，使用"格式"工具栏可以更改字体或字体大小、对齐文本、更改边框或线条宽度，或者应用颜色和特殊效果，使用标尺工具可以对齐控件。

（3）打印预览视图

按照报表打印的样式来显示报表，可以查看设计完成的报表的打印效果。使用"打印预览"

工具栏按钮可以按不同的缩放比例对报表进行预览。

（4）布局视图

可以查看报表的版面设置，在该视图中，报表并不全部显示所有记录，只显示几个记录作为示例，并可以在视图模式下添加控件。

3．报表及控件的属性

在使用设计视图创建报表时，主要就是对报表的控件进行设计，而报表控件的设计主要就是报表控件的属性的设置，而对整个报表的整体设计，比如报表的标题、报表的数据源等，也主要通过报表属性的设置来实现。

在报表设计视图中，单击"设计"功能选项卡中的"属性表"按钮，即可打开如图 7-43 所示的"员工销售数据报表"的属性对话框。

图 7-43　报表属性对话框

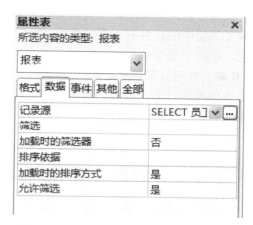

图 7-44　报表属性对话框中的数据选项卡

从该对话框中可看到，一个报表对象及其中包含的控件的属性可以分为 4 类，分别是"格式"、"数据"、"事件"、"其他"，它们在属性对话框中分列于 4 个选项卡上，单击某个选项卡，就可以打开相应类别的具体属性。若要对报表或报表中的某个控件设置属性，就要先选中报表或报表中的控件，然后打开属性对话框，在对应的选项卡上可进行属性值的设置，见图 7-44。

（1）报表的常用格式属性及其值的含义

① 标题。

标题的属性值为一个字符串，在报表预览视图中，该字符串显示为报表窗口标题，在打印的报表上，该字符串不会打印出来。若不设定标题属性值，系统会自动以报表的名称作为报表窗口标题。

② 页面页眉与页面页脚。

其属性值有"所有页"、"报表页眉不要"、"报表页脚不要"、"报表页眉页脚都不要" 4 个选项，它决定报表打印时的页面页眉与页面页脚是否打印。

③ 图片。

其属性值为一图形文件名，指定的图形文件将作为报表的背景图片，结合关于图片的其他属性来设定背景图片的打印或预览形式。

（2）报表的数据属性及其值的含义

① 记录源。

记录源的属性值是本数据库的一个表名、查询名或者一条 SELECE 语句，它指明该报表的数据来源。记录源属性还可取为一个报表名，被指定的报表将作为本报表的子报表存在。

② 筛选和启动筛选。

筛选的属性值是一个合法的字符串表达式，它表示从数据源中筛选数据的规则，比如，筛选出"合计总额"小于 500 的员工，属性值可以写成"合计总额<500"。启动筛选属性值有"是"、"否"两个选项，它决定上述筛选规则是否有效。

③ 排序依据及启动排序。

排序的属性值由字段名或字段名表达式组成，指定报表中的排序规则。比如报表按"合计总额"大小进行排序，则属性值为"合计总额"。启动排序属性值有"是"、"否"两个选项，它决定上述排序规则是否有效。

（3）报表中控件的常用属性及其值的含义

报表工具箱中的控件有不同的作用，所以其属性也有一定的差别，但与窗体中的控件属性基本相同，在此不再赘述。

4．日期、时间与页码表达式

在报表中添加日期、时间、页码时，可以通过控件使用表达式来完成，表 7-1 和表 7-2 列出了常用的日期、时间表达式和页码表达式。

表 7-1　常用日期和时间表达式及显示结果

日期和时间表达式	显 示 结 果
=New()	当前日期和时间
=date()	当前日期
=time()	当前时间

表 7-2　常用页码表达式及显示结果

页码表达式	显 示 结 果
=[Page]	1，2，3
="第" & [Page] & "页"	第 1 页，第 2 页，第 3 页
="第" & [Page] & "页,共" &[Pages] & "页"	第 1 页，共 10 页，第 2 页，共 10 页

任务 3　对"员工销售数据报表"进行基本操作

任务描述与分析

报表设计完成后，如果报表中的记录非常多且杂乱无序，那么查找、分析数据会十分不便。使用 Access 2010 提供的排序分组功能，可以将记录按照一定规则进行排序或分组，从而使数据的规律性和变化趋势都非常清晰。另外，在报表中还可以对数据进行计算和汇总，使报表能提供更多的实用信息，方便用户的使用。本任务将对"员工销售数据报表（表格样式）"按合计总额和姓名排序，按产品名称分组，使用计算和汇总功能在报表中添加新的合计和平均销售额字段并计算，使用函数完成当天及各品牌的销售额的汇总。

方法与步骤

1．对"员工销售数据报表（表格样式）"按销售日期进行排序

① 前面我们创建了表格样式的"员工销售数据报表"，在"龙兴商城数据管理"数据库导航窗格中，选择"报表"对象下的"员工销售数据报表（表格样式)"，右击，在弹出的快捷菜单中选择"设计视图"。

② 单击"设计"功能选项卡中的"排序与分组"按钮，打开"排序与分组"对话框，如图 7-45 所示。

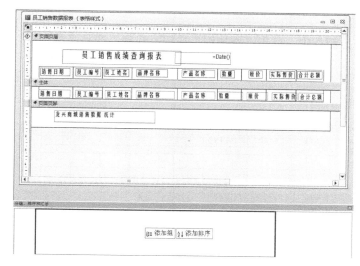

图 7-45　"排序与分组"对话框

③ 在如图 7-45 所示界面中，单击"添加排序"按钮，从下拉列表中选择字段名"销售日期"，如图 7-46 所示，在其后面的下拉列表中选择"降序"，如图 7-47 所示，单击"添加排序"按钮，在第二行的下拉列表中选择字段名"员工姓名"，"排序次序"选择"升序"，排序字段设置完成，如图 7-48 所示。

图 7-46　选择"销售日期"

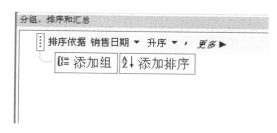

图 7-47　"分组、排序和汇总"对话框

④ 切换至"报表视图"查看排序后的结果，如图 7-49 所示。

2．对"员工销售数据报表"按产品名称进行分组

① 选择"报表"对象下的"员工销售数据报表"，右击，在快捷菜单中切换至"员工销售数据报表"的设计视图。

② 单击工具栏上的"排序与分组"按钮，打开"排序与分组"对话框，如图 7-45 所示。

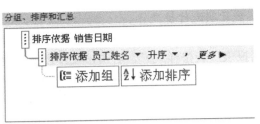

图 7-48　按"员工姓名"排序

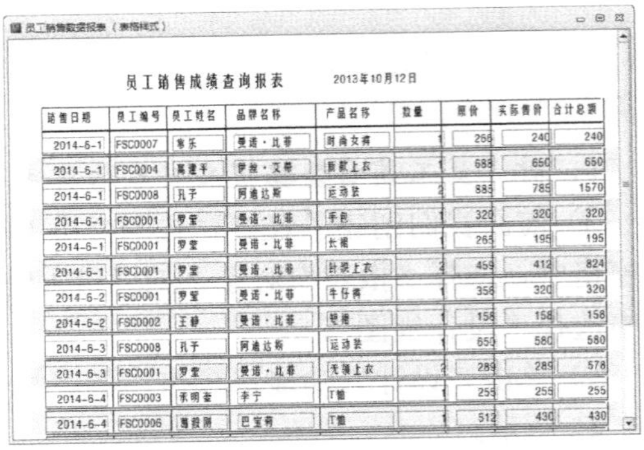

图 7-49　"排序与分组"结果

③ 在"排序与分组"中，单击"添加组"按钮，选择"产品名称"作为分组项，如图 7-50 所示。

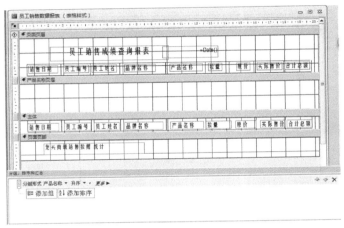

图 7-50　设置分组的报表设计视图

④ 拖动主体分隔栏，使其间距变小，再切换至报表视图，如图 7-51 所示为最终分组后显示的效果。

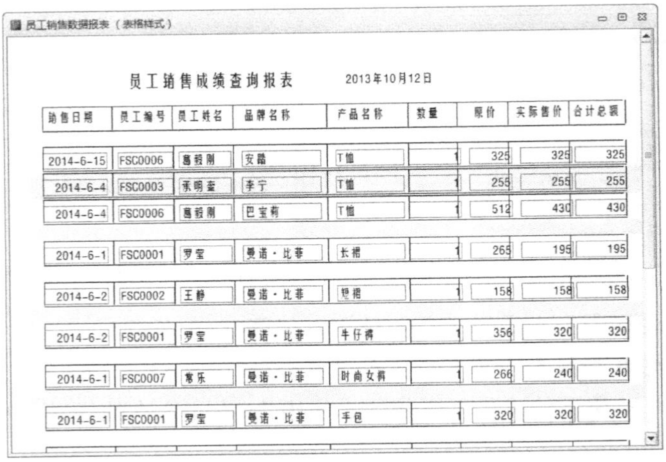

图 7-51　分组后的"员工销售数据报表"

3.对"员工销售数据报表"计算每个员工的当天销售额及占比情况

① 选择"报表"对象下的"员工销售数据报表",右击,在快捷菜单中切换至"员工销售数据报表"的设计视图。

② 单击工具栏上的"排序与分组"按钮,打开"排序与分组"对话框,如图7-45所示。

③ 在"排序与分组"中单击"添加排序"按钮,选择"销售日期"为排序项,设置为升序;再单击"添加组"按钮,设置"员工姓名"为分组项,如图7-52所示。

④ 在图7-52中,单击"更多"按钮,出现图7-53所示界面,在其中选择汇总方式字段为"合计总额",类型为"合计",勾选"显示组小计占总计的百分比"及"在组页脚中显示小计",如图7-54所示。

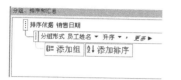

图7-52 以销售日期排序,按员工姓名分组

图7-53 添加汇总项

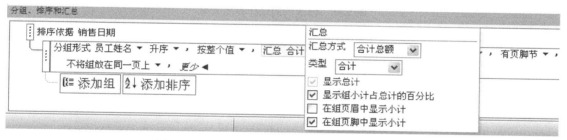

图7-54 添加汇总项并设置汇总字段及显示位置

⑤ 切换至报表视图,查看汇总结果,如图7-55所示。

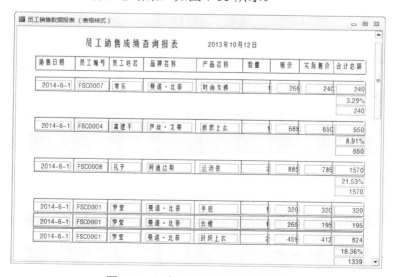

图7-55 添加汇总项后的显示结果

⑥ 这种报表显示的结果并不是很美观,可以切换至"设计视图"进行修改。切换到设计

视图后，复制主体中的"员工姓名"至"员工姓名页眉"部分，单击"设计"功能卡中的控件，添加两个控件分别输入"员工当天销售合计"和"员工当天销售额占总销额"，再将"员工姓名页脚"处的两个表达式移至两个标签后，如图 7-56 所示。

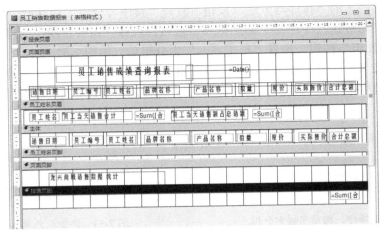

图 7-56　修改后的设计视图效果

　　⑦　单击"设计"功能选项卡中的"视图"按钮，从下方的三角形菜单列表中选择"打印预览视图"，最终的结果如图 7-57 所示。

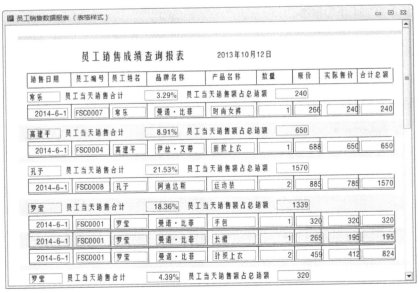

图 7-57　修改后的预览视图效果

!注意

　　文本框控件中的计算表达式必须由"="开头，除可以直接在控件中输入表达式外，还可以在文本框控件属性对话框的"数据"选项卡中的"控件来源"属性中输入表达式，或通过表达式生成器生成表达式。

4. 统计"员工销售数据报表"中每个员工的销售数量及当天平均值

① 选择"报表"对象下的"员工销售数据报表",右击,在快捷菜单中切换至"员工销售数据报表"的设计视图。

② 在"员工姓名页脚"中添两个标签,第一个标签标题为"销售数量合计:",第二标签标题为"当天销售平均值:",如图 7-58 所示。在第一个标签后添加一个文本框,删除自动添加的标签,如图 7-59 所示。

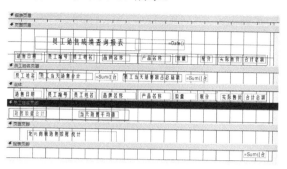

图 7-58 添加标签并输入文字　　　　　　　　图 7-59 添加文本框

③ 在文本框内输入表达式"=sum([数量])",用来计算每个员工的销售数量,在第二个标签后添加一个文本框,同样删除自动添加的标签,在文本框内输入表达式"=Avg([合计总额])",表示每天销售额平均值;再添加一个标签,输入文字"当天销售单数",再添加一个文本框控件,输入"=Count(*)",设置结果如图 7-60 所示。

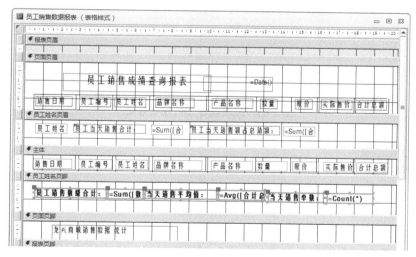

图 7-60 在报表设计视图设置汇总项目

④ 在图 7-60 中,若修改表达式,还可通过文本框属性列表来修改。打开属性表,如图 7-61 所示,在"数据"选项卡的"控件来源"项后,单击"..."按钮,出现如图 7-62 所示的"表达式生成器"对话框,在其中输入表达式即可。

⑤ 切换至打印预览视图,最终报表如图 7-63 所示。

图 7-61　文本框属性列表　　　　　图 7-62　"表达式生成器"对话框

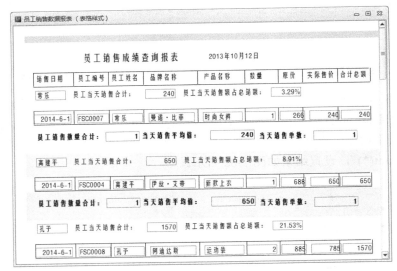

图 7-63　报表统计分析预览效果

知识与技能

1. 排序与分组

（1）排序

在 Access 2010 中，使用"报表向导"创建报表的过程中，可以设置记录的排序，但最多只能按 4 个字段排序；而使用"排序与分组"对话框对记录进行排序时，最多可按 10 个字段进行排序，并且可按字段表达式排序。

在使用"排序与分组"对话框对记录进行排序时，第一行的字段具有最高的排序优先级，第二行则具有次高的排序优先级，依此类推。即首先对数据按照第一个排序字段的值进行排序，对于第一个排序字段值相同的那些记录再按照第二个排序字段的值进行排序，等等。对字符型字段进行排序时，英文字符按 ASCII 码进行比较，而汉字字符按汉字的拼音首字母排列顺序进行比较。

（2）分组及组属性

在 Access 2010 中，可以利用数据库中不同类型的字段对记录进行分组。例如，可以按照

"日期/时间"字段进行分组，也可以按照"文本"、"数字"和"货币"字段分组，但不能按"OLE 对象"和"超级链接"字段分组。

　　组属性可以在如图 7-64 所示的对话框中进行设置，组的属性主要有"分组形式"、"组排序"、"组汇总"、"组标题"、"组页眉"、"组页脚"、"组位置"7 种，下面分别介绍这 7 种属性及其含义。

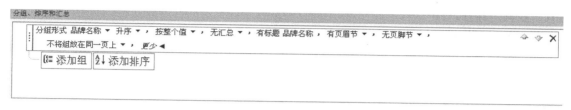

图 7-64　排序与分组

　　① 分组形式：指定对字段的值采用什么方式进行分组。不同数据类型的字段其属性的选项也不同。表 7-3 中列出了分组字段的数据类型和相应的属性选项。

表 7-3　分组字段的数据类型和属性选项

字段数据类型	设　　置	记录分组方式
文本	（默认值）每一个值	字段或表达式中的相同值
	前缀字符	前 n 个字符相同
日期/时间	（默认值）每一个值	字段或表达式中的相同值
	年	同一历法年内的日期
	季	同一历法季度内的日期
	月	同一月份内的日期
	周	同一周内的日期
	日	同一天的日期
	时	同一小时的时间
	分	同一分钟的时间
自动编号、货币及数字型	（默认值）每一个值	字段或表达式中的相同值
	间隔	在指定间隔中的值

　　② 组排序：指按指定分组项升序或者降序排列，可以按整个值也可以按首字母等方式排序。

　　③ 组汇总：指定针对该组的汇总字段及汇总方式。

　　④ 组标题：设置分组时显示的名称。

　　⑤ 组页眉：用于控制是否为当前字段添加该组的页眉。组页眉中的内容会出现在每个分组的顶端，通常用来显示分组的字段信息。其属性值有两个，分别是"是"和"否"，选择"是"则添加组页眉，选择"否"则删除组页眉。

　　⑥ 组页脚：用于控制是否为当前字段添加该组的页脚。组页眉中的内容会出现在每个分组的底端，通常用来显示分组后的汇总信息。其属性值也分别是"是"和"否"，选择"是"则添加组页脚，选择"否"则删除组页脚。

⑦ 组位置：设置是否在一页中打印同一组中的所有内容，其属性值有 3 个："不"，不把同组数据打印输出在同一页，而是按顺序依次打印；"所有的组"，将组页眉、主体、组页脚打印在同一页上；"用第一个主体"，只在同时可以打印第一条详细记录时才将组页眉打印在页面上。

（3）改变报表的排序与分组顺序

当需要改变报表的排序与分组顺序时，只需在图 7-64 所示的对话框中重新选择"字段/表达式"及其"排序次序"。

若更改现有的排序与分组的层级关系，可直接在图 7-64 中单击后面的 ↑ ↓ 箭头。

在已经排序或分组的报表中，如果要删除某个排序/分组字段或表达式，则需在图 7-64 所示的"排序与分组"对话框中，单击要删除的字段或表达式的行选器（行前的方块），然后按<Delete>键。如果要删除多个相邻的排序/分组字段或表达式，则可单击第一个行选定器，按住鼠标左键不放，拖到最后一个行选定器，都选中后，再按<Delete>键即可。

2．计算和汇总

在报表中进行计算时，如果对报表中每条记录的数据进行计算并显示结果，则要把控件放在"主体"节中；如果要计算所有记录或组记录的汇总值或平均值，则要把计算控件添加到报表页眉/报表页脚或添加到组页眉/组页脚中。

在报表中对全部记录或分组记录进行汇总计算时，其计算表达式中通常要使用一些聚合函数。常用的函数有以下几种：

① Count()：计数函数，如统计人数，在相应的控件中输入表达式为"＝Count(*)"。注意，在统计时，空白值，即长度为零的字串计算在内；但无值或未知值不计算在内。

② Sum()：求和函数，如汇总"合计总额"，表达式为"=Sum([合计总额])"。

③ Avg()：求汇总字段的平均值函数，如求员工"实际售价"的平均值，表达式为"=Avg([实际售价])"。

在报表中进行计算和汇总时，文本框控件中的计算表达式除可以直接在控件中输入外，还可以在文本框控件属性对话框中"数据"选项卡的"控件来源"属性中输入表达式，如图 7-61 所示，或单击"控件来源"右侧的 按钮通过表达式生成器生成表达式，如图 7-62 所示。

任务 4　打印"员工销售数据报表"

任务描述与分析

报表创建设计完成后，除可以将数据信息显示在屏幕上外，一般情况下主要是将报表打印输出到纸上，以便于信息的传递。打印报表时，首先要进行报表页面等格式的设置，包括页边距、打印方向、纸张大小等格式的设置并进行打印预览，预览效果满意且符合打印需要后再打印报表。本任务将设置页面参数，预览和打印 "员工销售数据报表"，掌握设置和打印报表的一般方法。

方法与步骤

1．对报表进行页面设置

① 在"龙兴商城数据管理"数据库导航窗格中，选择"报表"对象中的"员工销售数据

报表"。

②　单击"开始"选项卡，在"视图"命令组中选择下方列表中的"打印预览"视图，打开预览视图，在其工具栏上单击"页面设置"，如图 7-65 所示。

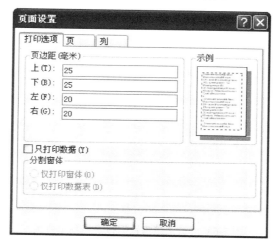

图 7-65 "页面设置"对话框

③　在"页面设置"对话框的"打印选项"选项卡中，设置页边距"上"、"下"为"25"，"左"、"右"为"20"，不选择"只打印数据"复选框；在"页"选项卡中，设置打印方向为纵向，纸张大小为"A4"和"默认打印机"，如图 7-66 所示。在"列"选项卡中，列数、列尺寸和列布局均为默认。设置完成后，单击"确定"按钮，如图 7-67 所示。

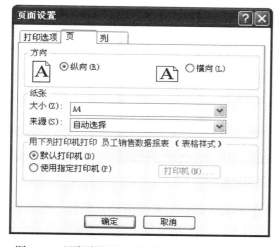

图 7-66 "页面设置"对话框中的"页"选项卡

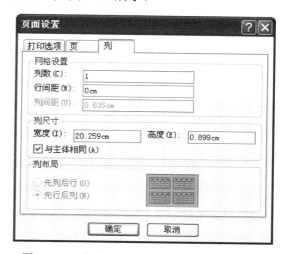

图 7-67 "页面设置"对话框中的"列"选项卡

2．预览和打印"员工销售数据报表"

（1）预览"员工销售数据报表"

"预览报表"就是将设计完成准备打印的报表，先在屏幕上显示一下最终的效果，核对是否是用户最终需要的样式，以便确认是打印输出还是进一步修改，操作步骤如下。

在数据库导航窗格中，选择"报表"对象，在"员工销售数据报表"上右击，选择快捷菜单中的"打印预览"，如图 7-68 所示。

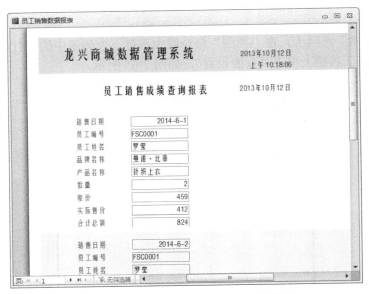

图 7-68 "员工销售数据报表"预览效果

（2）打印"员工销售数据报表"。

① 在数据库导航窗口中，单击"报表"按钮，选择需要预览的"员工销售数据报表"，双击打开该报表。

② 单击菜单"文件"→"打印"命令，打开如图 7-69 所示的"打印"对话框。

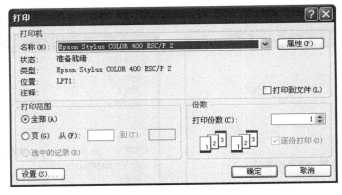

图 7-69 "打印"对话框

③ 如果系统安装有多个打印机，则在图 7-69 所示的"打印"对话框的"名称"列表框中选择相应的打印机，单击"属性"按钮，可打开"打印机属性"对话框，进行布局等相关设置，不同类型的打印机，其打印机属性选项不同。

④ 在"打印"对话框"打印范围"中选择"全部"，"打印份数"默认为"1"，设置完成后，单击"确定"按钮，便开始从选定的打印机上打印输出报表了。

知识与技能

1."页面设置"对话框

"页面设置"对话框中有"打印选项"、"页"、"列"3 个选项卡。

① "打印选项"选项卡：设置打印报表时的页边距，可根据报表的大小进行调整，在示例栏中可以简单地看到调整的效果。"只打印数据"选项确定只打印报表中的数据，而不打印线条、矩形、图片等控件，如图 7-65 所示。

② "页"选项卡：设置打印的方向，当报表较宽时，可将打印方向设置为横向。此选项卡中还可以选择纸张的大小，如图 7-66 所示。

③ "列"选项卡：报表较窄时可以在一张纸上打印多列，在此选项卡中设置列数、每列的尺寸，如图 7-67 所示。

2．报表导出功能

在 Access 2010 中提供了导出功能，可以帮助用户将 Access 2010 文档转换成其他格式。

报表导出文档的操作步骤如下：

① 在数据库导航窗格中选择"报表"对象，在列表中选择需要导出的报表，右击，在快捷菜单选择"导出"→"××××格式"命令，如图 7-70 所示。

② 选择 Excel 打开报表导出对话框，如图 7-71 所示。

图 7-70　报表导出菜单命令

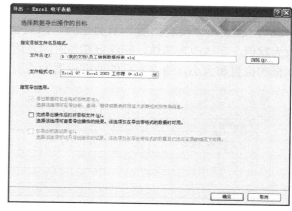

图 7-71　报表导出对话框

③ 在对话框中选择保存位置，输入导出文件名，在"保存类型"下拉列表框中选择"Excel格式"，单击"确定"按钮，即可导出报表文件。

拓展与提高　创建"店铺/员工的详细情况"报表

"店铺/员工的详细情况"主要包括店铺的信息和员工的各类档案信息两部分内容，它实际上是一个包含子报表的报表，包含子报表的报表称为主报表，子报表本身可以是独立的报表，创建带有子报表的报表一般有两种方法。

方法 1：先创建主报表，然后通过子报表向导在主报表中创建子报表。

方法 2：将已有的报表添加到其他已有报表中来创建报表和子报表。

本项目使用方法 1 来创建带有子报表的"店铺/员工的详细情况"报表，操作步骤如下。

1．创建基于店铺档案信息的主报表

① 利用第 4 章中介绍的查询方法，得到如图 7-72 所示的新的查询，查询名称仍为"查询5"。

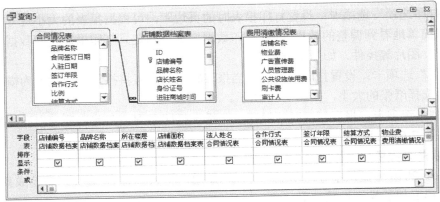

图 7-72 "店铺档案信息查询 5"设计视图

② 基于如图 7-72 所示查询，创建一个"店铺档案信息"的纵栏式简单报表，命名为"店铺档案信息"，然后在设计视图打开，如图 7-73 所示。

③ 在如图 7-73 所示的设计视图中对报表进行修改。首先将"查询 5"标签改为"店铺档案信息"，放置在"报表页眉"节的左侧，然后全选所有文本对象，设置为较大字号，文本颜色改为默色，字体改为黑体，删除日期与时间表达式。调整"主体"节和"页面页眉"中标签及文本框的位置和大小，将文本框的边框设置为透明，并添加横线条，设置结果如图 7-74 所示。

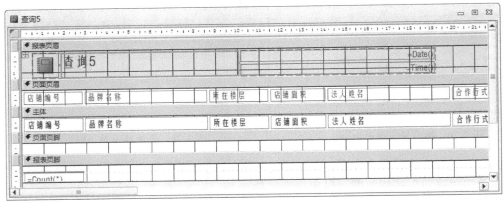

图 7-73 "店铺档案信息"报表修改前

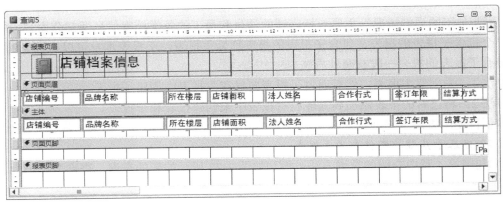

图 7-74 "店铺档案信息"报表修改后

④ "店铺档案信息"主报表的预览效果如图 7-75 所示。

表格内容如下：

店铺编号	品牌名称	所在楼层	店铺面积	法人姓名	合作行式	签订年限	结算方式	物业费	人员管理
N01001	秋水依人	一层	91.00	刘星星	扣底	2	月结	375	
N01002	CC&DD	一层	93.25	李重阳	扣底	3	月结	486	
N01003	伊丝·艾蒂	一层	127.78	孙丽丽	扣底	2	月结	285	
N01004	曼诺·比菲	一层	126.60	陈珍珍	保租	3	月结	375	
N01005	阿玛尼	一层	89.20	张正伟	扣底	5	月结	375	
N01006	范思哲	一层	211.50	赵泉盛	扣底	2	月结	532	
N01007	巴宝莉	一层	350.00	刘方	返点	2	月结	532	
N02001	李宁	二层	115.00	杨东风	保租	3	季节	375	
N02002	安踏	二层	127.78	闫会方	返点	2	月结	486	

图 7-75　"店铺档案信息"报表修改后预览

2．创建基于"非商超工作人员登访表"的子报表

① 选中图 7-75 所示的报表，切换至设计视图。将主体部分空间适当拉大一点。

② 单击"设计"选项卡中的"控件"命令组，从中选择"子窗体/子报表"工具按钮，在报表设计视图"主体"节的下部单击，这时打开"子报表向导"的第一个对话框，如图 7-76 所示。

③ 在如图 7-76 所示对话框中，选择"使用现有的表和查询"单选按钮，然后单击"下一步"按钮，打开"子报表向导"的第二个对话框，如图 7-77 所示。

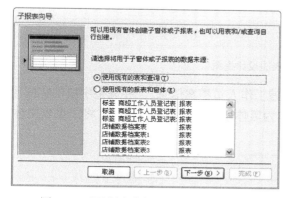

图 7-76　"子报表向导"的第一个对话框

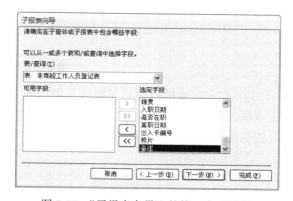

图 7-77　"子报表向导"的第二个对话框

④ 在如图 7-77 所示对话框中，在"表/查询"列表框中选择"非商超工作人员登记表"，并选择全部字段为"选定字段"，单击"下一步"按钮，打开"子报表向导"的第三个对话框，如图 7-78 所示。

⑤ 在如图 7-78 所示的对话框中，选择"从列表中选择"单选按钮，并在列表框中选择第一项，单击"下一步"按钮，打开"子报表向导"的第四个对话框，如图 7-79 所示。

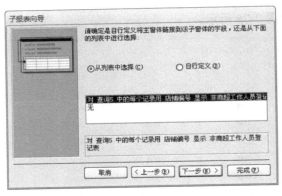

图 7-78 "子报表向导"的第三个对话框

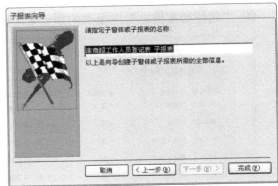

图 7-79 "子报表向导"的第四个对话框

⑥ 在对话框中"请指定子窗体或子报表的名称："的文本框中，输入"非商超工作人员登记表 子报表"，然后单击"完成"按钮，这时将在报表中添加子报表控件，如图 7-80 所示。

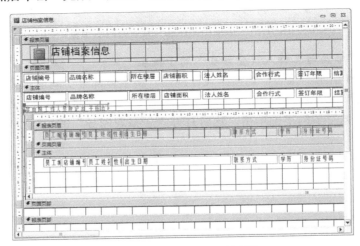

图 7-80 子报表的设计视图

⑦ 在子报表控件中将子报表标题改为"店铺工作人员档案信息"，并调整字段的字间距、文本框、标签等控件的颜色，设置为黑色，字体为黑体，删除照片字段列，并将子报表主体部分的高度缩小，最终调整效果如图 7-81 所示。

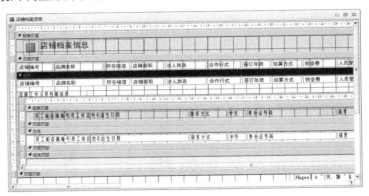

图 7-81 插入子报表的设计视图

⑧ 切换视图至报表视图,最终效果如图 7-82 所示。

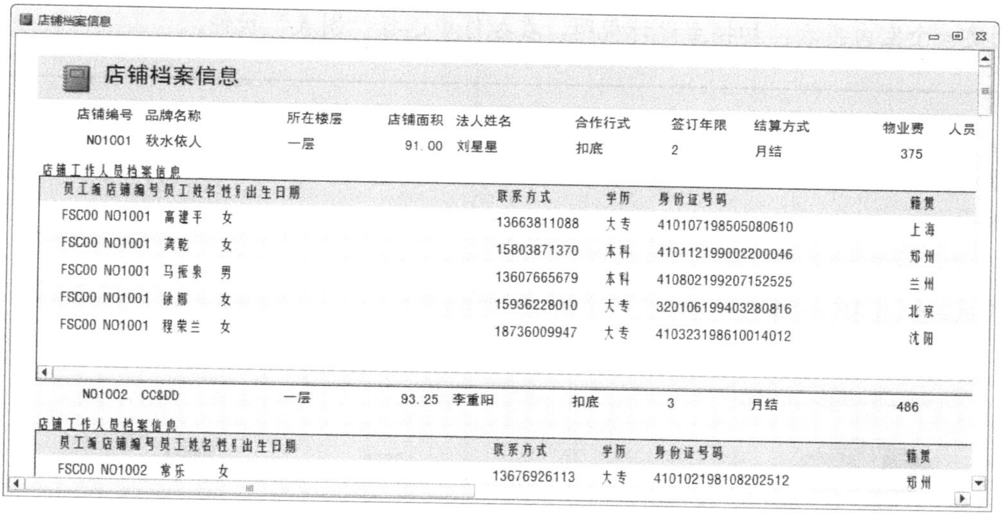

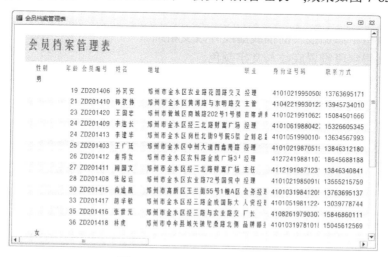

图 7-82 带有子报表的"店铺档案信息"报表

上机实训

实训 1 使用向导创建"店铺数据档案表"报表

【实训要求】

1. 在"龙兴商城数据管理"数据库中,使用"自动创建报表"功能创建基于"店铺数据档案表"的报表,名称为"店铺基本信息表"

2. 使用"报表向导"创建基于"会员档案表"的报表,报表按"性别"分组,按"年龄"升序排序,左对齐,横向打印,报表名称为"会员档案管理表",效果如图 7-83 所示。

图 7-83 "会员档案管理表"

3. 使用"图表向导"创建基于"商超工作人员登记表"的图表报表,图表只包含"学历"字段,图表类型为饼图,图表名称为"学历分布",如图 7-84 所示。

提示

创建一个空白报表，切换至设计视图，在控件中选择"图表"控件。

4．使用"标签向导"创建基于"商超工作人员登记"表的标签报表，标签中包含员工姓名、性别、职务、部门、政治面貌、学历、联系电话等信息，标签名称为"人员档案"，如图7-85所示。

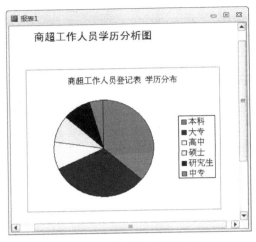

图7-84　"学历分布"图表　　　　　　　　　　图7-85　"人员档案"标签

实训2　使用设计视图创建并修饰"店铺档案信息"报表

【实训要求】

1．使用设计视图创建按所属专业分组的"店铺档案信息"，设置页眉、页脚内容，如图7-86所示。

2．在报表页眉中添加报表的横线虚线并改变粗细。

3．为页面页眉字段设置底纹与文字颜色。

4．分别在"布局视图"和"打印预览"视图中查看报表结果，效果如图7-86所示。

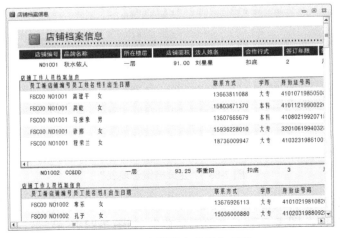

图7-86　"店铺档案信息"报表

总结与回顾

1．报表的概念

报表是 Access 2010 中常用的数据库对象之一，主要作用是将数据库中的表、查询的数据信息进行格式化布局或排序、分组、计算和汇总后，显示或打印输出，报表没有交互功能。

常用的报表有 4 种类型：表格式报表、纵栏式报表、标签式报表和图表式报表。

报表由报表页眉、报表页脚、页面页眉、页面页脚、组页眉、组页脚、主体共 7 个节组成，实际应用中可根据需要添加或删除节。节代表报表中的不同区域，可以在节中放置控件来确定在每一节中显示的内容及位置。

2．报表的创建及编辑

报表的创建一般有 4 种方法：一是自动创建报表；二是用报表向导创建；三是使用报表设计视图创建，四是创建空白报表。自动创建报表可以创建包含表或查询中所有字段和记录的报表。使用报表向导创建报表，将根据向导的提示来创建报表，并能确定分组、排序及布局等。使用报表设计视图创建报表，就是在报表中手动添加工具箱中的控件来设计报表。设计报表一般先用报表向导创建一个简单的报表，然后根据需要在报表设计视图中进行编辑。编辑主要包括设置报表基本属性、插入页码、图片、日期、时间，绘制直线和矩形等。

3．报表的排序分组与计算

报表中的记录可按照一定的规则进行排序或分组。

报表中除了可以显示表或查询中已有的数据外，还可以根据需要运用表达式来进行计算或汇总，为用户提供更多的信息。

当报表中需要同时显示多个数据源中的数据时，可以使用主报表和子报表。主报表可根据需要无限量地包含子报表，但最多只能包含两级子报表。

思考与练习

一、选择题

I. 如果要显示的记录和字段较多，并且希望可以同时浏览多条记录及方便比较相同字段，则应创建（　　）类型的报表。

    A. 纵栏式　　　　　　B. 标签式　　　　　　C. 表格式　　　　　　D. 图表式

2. 创建报表时，使用自动创建方式可以创建（　　）。

    A. 纵栏式报表和标签式报表　　　　　　B. 标签式报表和表格式报表

    C. 纵栏式报表和表格式报表　　　　　　D. 表格式报表和图表式报表

3. 报表的作用不包括（　　）。

    A. 分组数据　　　　　　B. 汇总数据　　　　　　C. 格式化数据　　　　　　D. 输入数据

4. 每个报表最多包含（　　）个节。

    A. 5　　　　　　B. 6　　　　　　C. 7　　　　　　D. I0

5. 要求在页面页脚中显示"第 X 页，共 Y 页"，则页脚中的页码控件来源应设置为（　　）。

    A. ="第" & [pages] & "页，共" & [page] & "页"

    B. ="共" & [pages] & "页，第" & [page] & "页"

    C. ="第" & [page] & "页，共" & [pages] & "页"

    D. ="共" & [page] & "页，第" & [pages] & "页"

6. 报表的数据源来源不包括（　　）。

    A. 表　　　　　　B. 查询　　　　　　C. SQL 语句　　　　　　D. 窗体

7. 标签控件通常通过（　　）向报表中添加。

    A. 工具栏　　　　B. 属性表　　　　　C. 工具箱　　　　　　D. 字段列表

8. 要使打印的报表每页显示 3 列记录，应在（　　）设置。

    A. 工具箱　　　　B. 页面设置　　　　C. 属性表　　　　　　D. 字段列表

9. 将大量数据按不同的类型分别集中在一起，称为将数据（　　）。

    A. 筛选　　　　　B. 合计　　　　　　C. 分组　　　　　　　D. 排序

10. 报表"设计视图"中的（　　）按钮是窗体"设计视图"工具栏中没有的。

    A. 代码　　　　　B. 字段列表　　　　C. 工具箱　　　　　　D. 排序与分组

二、填空题

1. 常用的报表有 4 种类型，分别是表格式报表、_____、_____、_____。

2. Access 2010 为报表操作提供了 3 种视图，分别是_____、_____、_____。

3. 在报表"设计视图"中，为了实现报表的分组输出和分组统计，可以使用"排序与分组"属性来设置区域。在此区域中主要设置文本框或其他类型的控件用以显示_____。

4. 报表打印输出时，报表页脚的内容只在报表的_____打印输出；而页面页脚的内容只在报表的_____打印输出。

5. 使用报表向导最多可以按照_____个字段对记录进行排序，_____（可以/不可以）对表达式排序。使用报表设计视图中的"排序与分组"按钮可以对_____个字段排序。

6. 在"分组间隔"对话框中，_____字段按照整个字段或字段中前 1～5 个字符分组。_____字段按照各自的值或按年、季、月、星期、日、小时分组。

7. 在报表中，如果不需要页眉和页脚，可以将不要的节的_____属性设置为"否"，或者直接删除页眉和页脚，但如果直接删除，Access 2010 中按_____键同时删除。

8. 对计算型控件来说，当计算表达式中的值发生变化时，将会_____。

9. Access 2010 中新建的空白报表都包含_____、_____和_____3 个节。

三、判断题

1. 一个报表可以有多页，也可以有多个报表页眉和报表页脚。　　　　　　　　（　　）

2. 表格式报表中，每条记录以行的方式自左向右依次显示排列。　　　　　　（　　）

3. 在报表中也可以交互接收用户输入的数据。　　　　　　　　　　　　　　（　　）

4. 使用"自动报表"创建报表只能创建纵栏式报表和表格式报表。　　　　　（　　）

5. 报表中插入的页码其对齐方式有左、中、右 3 种。　　　　　　　　　　　（　　）

6. 在报表中显示格式为"页码/总页码"的页码，则文本框控件来源属性为"=[Page]/[Pages]"。

    　　　　　　　　　　　　　　　　　　　　　　　　　　　　　　　（　　）

7. 整个报表的计算汇总一般放在报表的报表页脚节。　　　　　　　　　　　（　　）

四、简答题

1. 什么是报表？报表和窗体有何不同？

2. 报表的主要功能有哪些？

3. Access 2010 的报表分为哪几种类型？它们各自的特征是什么？

4. 报表的版面预览和打印预览有何不同？

5. 标签报表有什么作用？如何创建标签式报表？

第 8 章

宏 的 使 用

宏是一种工具，允许用户自动执行任务，以及向窗体、报表和控件中添加功能。本章将介绍 Access 2010 中的另一个重要的数据库对象——宏。宏也是 VBA 开发数据库系统的基础，在 Access 中,通过直接执行宏或者使用包含宏的用户界面，可以完成许多繁杂的需要人工的操作，用户可以将宏看作是一种简单的编程语言，利用这种语言生成要执行的操作任务。

Access 中提供了一些宏控件，使编写宏不需要过多的编程，利用宏可以帮助我们自动完成一些重复的操作，从而提高工作效率。宏的重要性不言而喻，可以毫不夸张地说，开发任何一个完善的数据库系统都离不开宏。宏广泛地应用于命令按钮控件、导航控件、单选按钮控件、复选按钮控件等窗体控件，宏是这些控件能够发挥作用的灵魂，没有宏，这些控件就是摆设。

学习内容

- 理解宏的概念
- 掌握宏的创建方法
- 了解宏的执行及调试方法

任务 1 在"龙兴商城数据管理"数据库中创建一个宏

任务描述与分析

宏是 Access 2010 数据库的五个对象之一，和其他对象不同的是，宏可以操作其他对象，比如打开表、窗体、报表，为其他对象更名，控制其他对象的数据交换、状态，改变它们的外观显示等。宏在 Access 2010 数据库对象中之所以占有重要地位，最主要的是它使得用户使用 Access 开发数据库系统成为可能。因为宏可以自动执行重复的任务，这为用户提高工作效率提供了极大的方便，而且在 Access 中使用宏时无需编程。可以说，正是由于宏，Access 才成为一个比较成熟的数据库系统。通常情况下，打开窗体的操作是在数据库中双击窗体对象，但是在一个数据库系统中，需要让数据库系统自动打开"正式员工档案"窗体，因此必须通过编写宏来实现。编写宏时首先要注意宏的执行是否需要设置条件，如果是宏组还要分别为每个宏命名。编写宏最重要的是为宏设置操作参数，不同的宏有不同的操作参数。宏是一连串动作的集合（类似于 DOS 中批处理文件的功能）。在程序设计中，宏就是子程序（也叫过程或函数）。当宏的执行条件为真时，宏就自动执行，无需手动启动。自动执行就是宏的特点之一。

方法与步骤

① 打开"龙兴商城数据管理"数据库，单击"创建"功能选项卡，从中选择"宏与代码"命令组中的"宏"命令，即可创建宏，如图 8-1 所示。

图 8-1　宏命令工具组

② 单击"宏"创建按钮，弹出创建宏的对话框，如图 8-2 所示。在对话框中有很多创建不同功能的宏命令，如图 8-3 所示。

图 8-2　新建宏界面

图 8-3　宏命令组

③ 在其下拉导航中选择 OpenForm 命令，弹出对话框。在"窗体名称"下拉菜单中选择"商超工作人员登记表 1"窗体 ，如图 8-4 所示。

图 8-4　宏命令创建选项

④ 单击"保存"按钮，在"另存为"对话框中输入宏的名称"打开商超工作人员登记表"，单击"确定"按钮，即完成宏的创建，如图 8-5 所示。

图 8-5　保存宏对话框

⑤ 此时在导航窗格的"宏"对象组中可以看到创建好的宏"打开商超工作人员登记表"窗体，双击打开"打开商超工作人员登记表"窗体宏，即可打开"商超工作人员登记表 1"窗体，如图 8-6 所示。

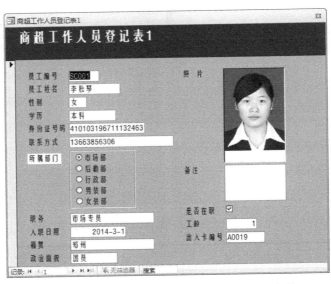

图 8-6　打开后的"商超工作人员登记表 1"窗体

相关知识与技能

1. 宏与宏组的概念

宏是执行特定任务的操作或操作集合，其中每个操作能够实现特定的功能。只有一个宏名的称为单一宏，包含两个以上宏名的称为宏组。创建宏的操作是在设计视图完成的。

提示 ---

通过向宏的设计视图窗口拖动数据库对象的方法，可以快速创建一个宏。例如，要创建打开"正式员工档案表"窗体宏，就可以把"正式员工档案表"窗体拖到新建的宏的设计窗体中。通过拖动数据库对象方法创建宏，不仅能够在操作列添加相应的操作，而且还可自动设置相应的操作参数，所以创建简单的宏可以采用这种方法。

----

2. 宏能做什么

宏具有以下功能：

① 打开、关闭数据表、报表，打印报表，执行查询。

② 筛选、查找记录。

③ 模拟键盘动作，为对话框或等待输入的任务提供字符串输入。

④ 显示警告信息框、响铃警告。

⑤ 移动窗口，改变窗口大小。

⑥ 实现数据的导入/导出。

⑦ 定制导航。

⑧ 设置控件的属性等。

任务 2　在"龙兴商城数据管理"数据库中创建一个宏组

任务描述与分析

在 Access 中，创建一个宏非常方便，类似于创建表，所不同的是，你需要为创建的宏设置"动作"（操作）和运行参数 。创建宏可分为创建单一宏和创建宏组。宏和宏组的区别是，单一宏只有一个宏，宏组可以包含两个以上的宏，但是宏组在使用时，每次只能使用宏组中的一个宏。具体调用格式是"宏组名.宏名 1"或"宏组名.宏名 2"，如此等等。 本任务采用拖动数据库对象的方法来创建宏组。

方法与步骤

① 单击"创建"功能选项卡，从中选择"宏与代码"命令组中的"宏"命令，即可新建宏，弹出"宏"创建设置面板，还选择 OpenForm 操作命令，如图 8-4 所示，"窗体名称"选为"商超工作人员登记表 1"，单击下方的" ➕ "，从下拉列表中添加以下操作：MaximizeWindow、MinimizeWindow 和 RestoreWindow，如图 8-7 所示。

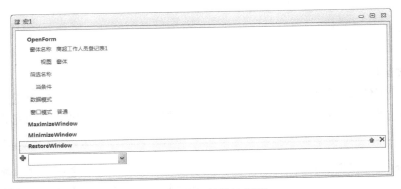

图 8-7 宏组的设计视图

② 单击"保存"按钮，打开"另存为"对话框，输入宏组名为"改变窗体大小"，如图 8-8 所示。单击"确定"按钮，完成宏组的创建。

图 8-8 宏组保存对话框

相关知识与技能

1. 创建宏组

宏组是由两个以上的宏组成的，创建宏组时必须为宏组中的每个宏命名。因为宏组中的每个宏都是一个可以单独运行的对象，它们必须有唯一的名字，这样在调用宏组中的宏时就可以通过"宏组.宏名"的方式来进行。

2. 宏组和宏的区别

宏是一系列操作的集合，宏组是宏的集合。

提示 --

在创建了一个宏或宏组后，往往需要对宏进行修改。宏的修改也是在设计视图进行的。比如，要添加新的操作或重新设置操作参数等，都需要对宏进行编辑。如果要删除某个宏操作，在宏设计视图中选择该行,在该行后面有个 × 图标，单击即可删除。

任务 3 使用命令按钮控件运行宏

任务描述与分析

宏创建完毕后，怎样让宏发挥作用呢？答案就是运行宏。宏在运行过程中如果出现了错误，就需要对宏进行调试，以保证宏能够按照用户的指令运行。宏可以在设计视图运行，也可以通过窗体、报表或者页面上的控件来运行（如按钮、导航等控件）。本任务通过窗体上的命令按钮控件来调用宏组，宏的执行方式是自动执行。在数据库系统中，宏的运行方式都是由控件调用后自动执行的，只有在设计状态（即调试）时才用双击宏名的方式执行宏。宏的调试通常采用单步执行的方法，每执行一步，就观察宏的运行是否体现了设计意图，如果出现了错误，可以及时发现并纠正。宏的调试是在设计状态进行的，其目的是观察宏在执行过程中的运行状况是否与预期一致。单步执行可以很好地发现宏设计的错误所在。

方法与步骤

① 利用前面创建宏的方法，分别在导航窗格中的"宏"对象下创建三个宏，取名分别为"最大化"（MaximizeWindow）、"最小化"（MinimizeWindow）、"恢复"（RestoreWindow），如图 8-9 所示。

② 打开"商超工作人员登记表 1"窗体，在设计视图中窗体的右下部创建三个命令按钮控件，分别是 "最大化窗体"、"最小化窗体"和"恢复窗体"，如图 8-10 所示。

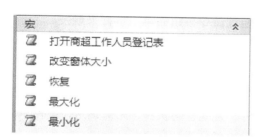

图 8-9　宏对象

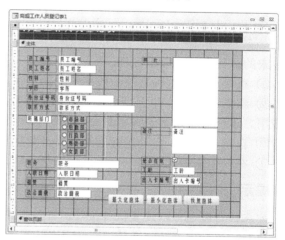

图 8-10　"商超工作人员登记表 1"窗体设计视图

③ 为"最大化窗体"、"最小化窗体"和"恢复窗体"按钮指定宏。在"最大化窗体"按钮上右击，在快捷菜单中选择"属性"，在其中的"事件"选项卡中指定宏操作，如图 8-11 所示。分别为其他两个按钮指定"宏"为"最小化"和"恢复"，如图 8-12 和图 8-13 所示。

图 8-11　"最大化"属性

图 8-12　"最小化"属性

图 8-13　"恢复"属性

④ 保存后运行，双击导航窗格中的"打开商超工作人员登记表"宏命令，单击"最大化窗体"按钮，"正式员工档案查询窗体"被最大化，如图 8-14 所示。单击"恢复窗体"按钮，窗体又恢复为刚刚打开时的大小。

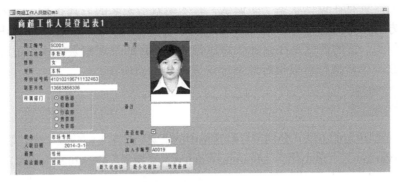

图 8-14 "商超工作人员登记表 1"被最大化

相关知识与技能

宏的执行方法有以下几种。

① 直接运行：这种方法一般用于宏的调试，实际应用中并不多见。

② 将宏绑定到控件上：由控件事件来触发。这是宏的主要调用方法，在实际应用中有广泛应用。本任务就是将宏绑定到命令按钮上，然后通过命令按钮的单击事件来触发。

③ 自动运行宏：自动运行宏是在打开数据库时自动运行的，必须命名为"Autoexec"。

④ 在一个宏中调用另一个宏：使用 RunMacro 操作可以在一个宏中调用另一个宏。

提示 --

宏在执行时也可以设置执行条件，当条件满足时，宏就自动执行，无需调用，条件不满足就不执行，这种宏称为"条件宏"。"条件宏"在实际中经常用到。

例如，创建一个名为"TD"的窗体，当在窗体中输入一个数值时，判断并显示该数是正数、零还是负数。操作步骤如下。

① 新建一个名为"TD"的窗体，添加两个标签、一个文本框和一个命令按钮，如图 8-15 所示。

图 8-15 TD 窗体设计视图

② 再创建一个名为"test"的宏，在宏的设计视图中单击右侧的"IF"按钮，则宏的设计视图显示条件列，并设置相应的条件，如图 8-16 所示。

③ 在其中单击 按钮，弹出"表达式生成器"对话框，在其中输入表达式，如图 8-17 所示。

图 8-16　宏"test"的设计视图

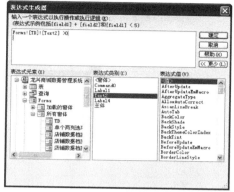

图 8-17　"表达式生成器"对话框

④ 单击"确定"按钮后，返回条件界面，单击 按钮，从中选择操作项 MessageBox，指定信息提示内容，如图 8-18 所示。

图 8-18　输入信息提示的内容

⑤ 在图 8-18 中，单击最下面的 添加按钮，继续添加条件语句，最终结果如图 8-19 所示。

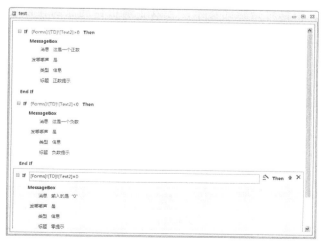

图 8-19　信息提示操作输入的内容

255

⑥ 设置"TD"窗体"确定"按钮的单击属性为运行宏"test"，如图 8-20 所示。当打开窗体"TD"时，在文本框中输入一个数值，单击"确定"按钮，显示如图 8-21 所示的信息框。

图 8-20 为"确定"按钮指定宏

图 8-21 判断输入数据信息框

任务 4 为"龙兴商城数据管理系统"设计导航

任务描述与分析

用户在开发数据库系统时，导航菜单是必不可少的，本任务就是为"龙兴商城数据管理系统"设计导航，每个导航都对应一个宏，每个导航命令指定用户单击了导航后执行的动作，为了方便管理宏规划导航系统，设计导航规划结构如表 8-1 所示。其效果如图 8-22 和图 8-23 所示。

提示

在设计宏时，一般需要对宏进行调试，排除导致错误或非预期结果的操作。Access 2010 为调试宏提供了一个单步执行宏的方法，即每次只执行宏中的一个操作。使用单步执行宏可以观察到宏的流程和每个操作的结果，容易查出错误所在并改正它。如果宏中存在问题，将出现错误信息提示框。根据对话框的提示，可以了解出错的原因，以便进行修改和调试。

表 8-1 导航规划设计表

主导航名称	子导航名称	宏 操 作
信息输入	销售数据录入	OpenForm
	合同数据录入	OpenForm
	店铺数据录入	OpenForm
	店铺员工数据录入	OpenForm
	商超员工数据录入	OpenForm
	会员数据录入	OpenForm

续表

主导航名称	子导航名称	宏 操 作
信息查询	销售数据查询	OpenQuery
	店铺员工查询	OpenQuery
	合同情况查询	OpenQuery
	店铺信息查询	OpenQuery
	会员信息查询	OpenQuery
退出系统	退出系统	Quit

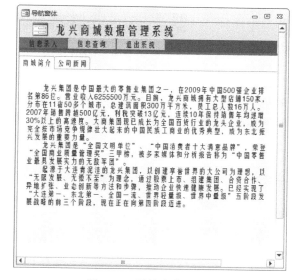

图 8-22 导航窗体界面

图 8-23 子导航窗体界面

方法与步骤

使用宏为"龙兴商城数据管理系统"创建导航栏的操作步骤如下。

① 打开"龙兴商城数据管理"数据库，单击"创建"功能选项卡中的"窗体"命令组中的"导航"命令，在弹出的列表中选择"水平标签"，如图 8-24 所示。

图 8-24 用导航窗体创建命令

② 弹出"导航窗体"，在其中输入"信息录入"、"信息查询"、"退出系统"，将窗体页眉处的标签文字修改为"龙兴商城数据管理系统"，如图 8-25 所示。切换至窗体设计视图，选中

导航窗体下方的白色大框，将高度属性修改为"0"，如图 8-26 所示。

图 8-25 导航窗体创建界面

图 8-26 导航栏属性

③ 单击"设计"功能选项卡中"控件"命令组中的"选项卡"命令，在窗体中拖出一个方框，如图 8-27 所示。分别给"选项卡"的每个页设置一个标题名称，并在控件命令组中拖出一个标签控制，输入"商城简介"，如图 8-28 所示。

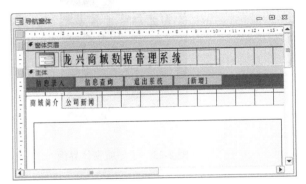

图 8-27 选项卡页名称修改

图 8-28 标签对象输入内容

④ 采用同样的方法，创建导航窗体 1（垂直标签方式），如图 8-29 所示，单击控件中的"子窗体/子报表"控件，将前面章节中创建的"销售信息录入登记表"作为子窗体放在右侧，导航栏中的输入内容如图 8-23 所示；再创建导航窗体 2，效果如图 8-30 所示。

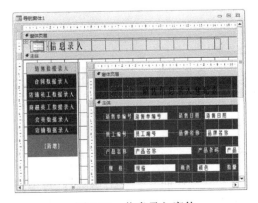

图 8-29 信息录入窗体

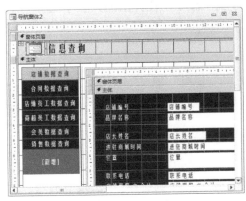

图 8-30 信息查询窗体

⑤ 至此，界面基本定义完毕，这时可分别创建宏，为窗体中的每个选项都指定一个宏操作。首先利用前面所述的方法创建一个"信息录入"宏，如图 8-31 所示。

⑥ 选中图 8-27 中的"信息录入"，在其属性中设置"事件"属性组，在"单击"选项属性中，设置属性为所创建的宏"信息录入"，如图 8-32 所示。

图 8-31　信息录入宏设计

图 8-32　导航栏上属性

⑦ 结合前面的步骤为导航栏上的每个选项均设置一个宏指令，在其事件单击属性列表中设置宏指令选项。这样多个独立的窗体，就可以利用宏工具完成一个完整的系统体系。

相关知识与技能

导航是创建数据库应用系统所必需的，创建导航可以分为以下 3 个步骤。

① 确定系统有几个主导航，然后创建对应的窗体或报表，有几个主导航就创建几个窗体、报表或宏。

② 创建导航窗体的布局。

③ 设置导航标签对应的目标对象名称。

拓展与提高　为"龙兴商城数据管理"数据库创建登录宏

登录宏是一个比较特殊的宏，因为它是在系统启动时自动运行的，并且登录宏的名字是固定的，必须为"Autoexec"，不能是其他名字，否则它不会在系统启动时自动执行，这样就不能完成系统的登录验证功能，这点必须注意。

操作步骤如下。

① 创建一个窗体，在窗体上添加一个标签，输入"龙兴商城数据管理系统登陆界面"，粘贴一个图标，放到标签前面，再从控件中拖出两个文本框，修改前面的附加标签内容，分别输入"用户界面"、"登陆密码"，再从控件中拖出两个按钮，将其名称修改为"确定"、"取消"，如图 8-33 所示。

② 在窗体的"属性"对话框中，选择"格式"选项卡，设置"导航按钮"、"控制框"、"关闭按钮"、"问号按钮"的属性为"否"，设置"最大最小化按钮"为"无"；"其他"选项卡中的"快捷导航"为"否"，设置"模式"为"是"，保存窗体为"系统登陆"，运行窗体的效果如图 8-33 所示。

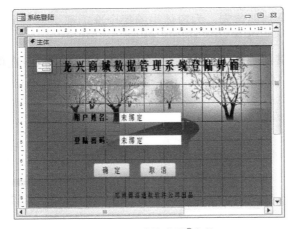

图 8-33　系统登录①窗体

图 8-34　登录窗体属性

③ 创建一个宏，将宏保存为"Autoexec"，进行宏设计视图设置，如图 8-35 所示。

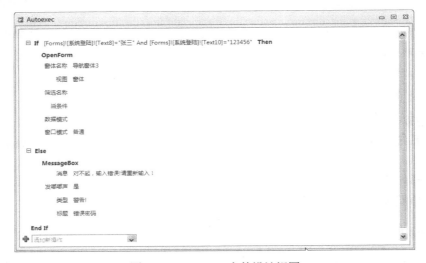

图 8-35　Autoexec 宏的设计视图

！注意

这里的 TEXT8 和 TEXT10 为两个文本框的名称，若在创建中文本框名称变了，这里的表达式名称也要跟着改变。

④ 在"系统登陆"窗体设计视图中，在"确定"按钮控件上右击，在弹出的快捷菜单中选择"事件生成器"命令，在"单击"栏中选择创建的"Autoexec"宏名即可，如图 8-36 所示，也可以在这里直接从"选择生成器"中选择"宏生成器"来创建宏，如图 8-37 所示。

⑤ 在"取消"按钮的属性对话框中选择"事件"选项卡，在"单击"下拉列表中，从"选择生成器"中选择"宏生成器"来创建宏，参数设置如图 8-38 所示。

---

① 实际界面中为"登陆"。——编者注

图 8-36 "确定"按钮属性

图 8-37 "表达式生成器"对话框

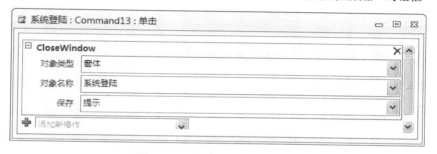

图 8-38 "取消"按钮用到的宏

⑥ 关闭数据库，重新打开后出现"系统登陆"窗体，如果登陆密码不正确，则出现如图 8-39 所示的对话框；如果密码正确，则进入系统初始界面。

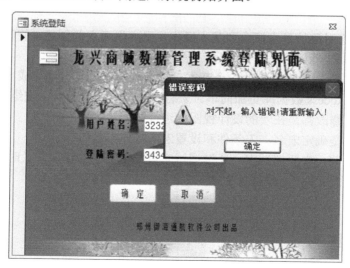

图 8-39 登陆密码不正确

上机实训

实训 1 创建一个宏打开"店铺数据档案"窗体，并验证用户输入的进驻商城时间是否在 2014 年 3 月 20 日—2014 年 5 月 20 之间

【实训要求】

1．创建"店铺验证窗体"，至少有一个文本框、一个命令按钮。

2．为文本框命名。

3．为命令按钮创建验证宏。

4．运行窗体。

实训 2　为"龙兴商城数据管理系统"创建导航菜单并用宏来运行窗口

【实训要求】

1．根据系统要求创建导航中的各项宏。

2．设置窗体属性，使导航宏生效。

3．运行窗体效果如图 8-40 所示。

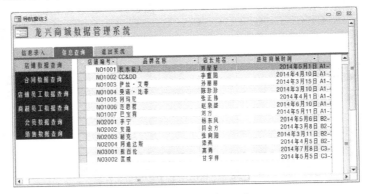

图 8-40　系统工作界面

总结与回顾

本章主要学习宏对象的基本概念和基本操作，重点学习宏的创建、修改、编辑和运行。需要理解掌握的知识、技能如下。

① 宏对象是 Access 数据库中的一个基本对象。利用宏可以自动完成大量重复性的操作，从而使管理和维护 Access 数据库更加简单。宏有 3 种类型：单个宏、宏组和条件宏。

② 宏的创建、修改都是在宏的设计视图中进行的。

③ 宏的创建就是确定宏名、宏条件和设置宏的操作参数等。

④ 在运行宏之前，先要调试宏。通过调试宏可发现宏中的错误并及时修改。

⑤ 运行宏的方法很多，一般是通过窗体或报表中的控件与宏结合起来，通过控件来运行宏。

思考与练习

一、选择题

1．下列关于宏的说法中，错误的是（　　）。

　　A．宏是若干操作的集合　　　　　B．每个宏操作都有相同的宏操作参数

　　C. 宏操作不能自定义　　　　　　　　　　D. 宏通常与窗体、报表中的命令按钮结合使用

　2. 宏由若干个宏操作组成，宏组由（　　）组成。

　　　A. 若干个宏操作　　　　B. 一个宏　　　　　C. 若干宏　　　　D. 上述都不对

　3. 关于宏和宏组的说法中，错误的是（　　）。

　　　A. 宏是由若干个宏操作组成的集合

　　　B. 宏组可分为简单的宏组和复杂的宏组

　　　C. 运行复杂的宏组时，只运行该宏组中的第一个宏

　　　D. 不能从一个宏中运行另外一个宏

　4. 创建宏至少要定义一个"操作"，并设置相应的（　　）。

　　　A. 条件　　　　　　　　B. 命令按钮　　　　C. 宏操作参数　　　D. 备注信息

　5. 若一个宏包含多个操作，在运行宏时将按（　　）的顺序来运行这些操作。

　　　A. 从上到下　　　　　　B. 从下到上　　　　C. 从左到右　　　D. 从右到左

　6. 单步执行宏时，"单步执行宏"对话框中显示的内容有（　　）信息。

　　　A. 宏名参数　　　　　　　　　　　　　　　B. 宏名、操作名称

　　　C. 宏名、参数、操作名称　　　　　　　　　D. 宏名、条件、操作名称、参数

　7. 在宏设计视图中，（　　）列可以隐藏不显示。

　　　A. 只有宏名　　　　　　B. 只有条件　　　　C. 宏名和条件　　　D. 注释

　8. 如果不指定参数，Close 将关闭（　　）。

　　　A. 当前窗体　　　　　　B. 当前数据库　　　C. 活动窗体　　　D. 正在使用的表

　9. 宏可以单独运行，但大多数情况下都与（　　）控件绑定在一起使用。

　　　A. 命令按钮　　　　　　B. 文本框　　　　　C. 组合框　　　D. 列表框

　10. 使用宏打开表有三种模式，分别是增加、编辑和（　　）。

　　　A. 修改　　　　　　　　B. 打印　　　　　　C. 只读　　　　D. 删除

　11. 打开指定报表的宏命令是（　　）。

　　　A. OpenTable　　　　　B. OpenQuery　　　C. OpenForm　　　D. OpenReport

二、填空题

　1. 在 Access 2010 中，创建宏的过程主要有：指定宏名、_____、_____和_____。

　2. 每次打开数据库时能自动运行的宏是_____。

　3. 对于带条件的宏来说，其中的操作是否执行取决于_____。

　4. 在 Access 2010 中，打开数据表的宏操作是_____，保存数据的宏操作是_____，关闭窗体的宏是_____。

　5. 宏分为三类：单个宏、_____和_____。

　6. 当创建宏组和条件宏时，在宏的设计视图窗口还要添加_____列和_____列。

　7. "OpenTable" 操作的三个操作参数是：_____、_____和_____。

三、简答题

　1. 什么是宏？什么是宏组？

　2. 宏组的创建与宏的创建有什么不同？

　3. 有哪几种常用的运行宏的方法？

　4. 简述宏的基本功能。

　5. 列举三种宏操作及其功能。

第 9 章

数据库的维护与导出

在数据库创建过程中及其创建之后，根据用户管理的需要、存储方式、引用的类型、文档的保护要求等，需要对数据库进行基本的维护操作，不仅仅包括对数据库文件进行导入、导出、文档的加密、压缩，更需要对数据进行条理性的分析，比如，要对比出数据库的重复记录，当一个数据库表文件过大以至影响数据使用效率时，需要考虑将数据表进行拆分等操作。这种数据处理的过程称为数据维护。

学习内容

- 了解数据库保护的意义，掌握数据库加密和解密的方法
- 熟练掌握压缩和修复数据库的操作方法
- 掌握数据库的备份及还原的操作方法
- 掌握数据库数据的导入与导出

任务 1 对"龙兴商城数据管理"数据库进行加密与解密

任务描述与分析

自从有了数据库，数据库的保护也成为了一个重要的课题。因为我们不希望自己的保密数据被其他人看到，更不想让非法用户修改和删除数据库中的重要数据，从而给我们带来巨大的甚至是不可挽回的损失。Access 作为一个比较成熟的数据库系统，本身具有较强的数据库保护措施。Access 提供了经过改进的安全模型，该模型有助于简化将安全性应用于数据库以及打开已启用安全性的数据库的过程。

一般情况下，需要对访问和使用数据库文件的用户进行限制。合法的用户可以访问数据库、

操作数据库，非法的用户则没有访问和使用数据库的权限，即使打开文件也无法看到数据库的内容。对数据库文件进行加密的方法通常是为数据库设置打开密码。

方法与步骤

1. 为"龙兴商城数据管理"数据库设置密码

① 启动 Access 2010，以独占方式打开"龙兴商城数据管理"数据库，如图 9-1 所示。

图 9-1　以独占方式打开数据库

② 选择"文件"功能卡中的"信息"，在 Backstage 视图中，单击"用密码进行加密"按钮，如图 9-2 所示。

图 9-2　数据库加密

③ 弹出"设置数据库密码"对话框，分别在"密码"文本框和"验证"文本框中输入相同的密码，完成密码设置，如图 9-3 所示，当设置完密码后，单击"确定"按钮后有时会弹出图 9-4 所示的对话框，可以直接单击"确定"按钮。

图 9-3 "设置数据库密码"对话框　　　图 9-4 设置数据库密码时提示兼容警示

④ 在下次重新打开这个数据库时，系统自动弹出"要求输入密码"对话框，如图 9-5 所示。只有输入的密码正确，才能打开这个数据库，从而有效地保护了数据库的安全。

图 9-5 "要求输入密码"对话框

注意

① 密码是区分大小写的，如果指定密码时混合使用了大小写字母，则输入密码时，输入的大小写形式必须与定义的完全一致。

② 密码可包含字母、数字、空格和符号的任意组合，最长可以为 15 个字符。

③ 如果丢失或忘记了密码将不能恢复，也无法打开数据库。

2．为"龙兴商城数据管理"数据库解除密码

① 选择"文件"功能卡中的"信息"，在 Backstage 视图中，单击"解密数据库"按钮，如图 9-6 所示。

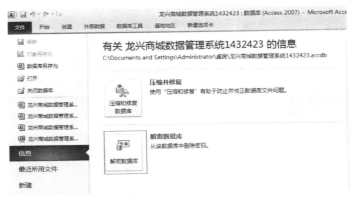

图 9-6 解除密码视图

② 单击图 9-6 中的"解密数据库"按钮，重新再输入一次密码即可解除。

Access 中的加密工具合并了两个旧工具（编码和数据库密码）并加以改进。使用数据库密码来加密数据库时，所有其他工具都无法读取数据，并强制用户必须输入密码才能使用数据库。在 Access 2010 中应用的加密所使用的算法比早期版本的 Access 使用的算法更强。

相关知识与技能

数据库的保护措施大体上可分为：压缩和修复数据库、备份和还原数据库、生成 MDE 文件以及加密数据库文件、创建新用户和组并设置用户权限。这些保护数据库安全的方法各有利弊，在实际应用中往往结合起来使用，发挥各种方法的长处。值得注意的是，上述方法是 Access 系统本身提供的安全措施，除此之外，还可以使用其他措施进一步加强数据库的安全，如数据库打包压缩并设置密码。

任务 2　对"龙兴商城数据管理"数据库进行压缩与修复

任务描述与分析

数据库在长期使用的过程中，由于用户的修改和删除等操作会产生大量的数据库碎片。这些碎片的存在，不仅占用了大量的磁盘空间，同时也严重影响数据库系统的运行速度，所以当数据库使用一定时间后，就需要进行数据库的压缩与修复。另外，用低版本 Access 创建的数据库，在较高版本中打开时会提示数据库格式错误，这时也需要进行数据库的压缩和修复。数据库的压缩和修复一般需要建立一个定期定时的机制，而不是什么时候想起来就什么时候做。在进行数据库的压缩和修复前一定要做好原有数据库的备份，以免在数据库进行压缩和修复时发生意外。

方法与步骤

选择"文件"功能卡中的"信息"，在 Backstage 视图中，单击"压缩和修复数据库"按钮，如图 9-7 所示。

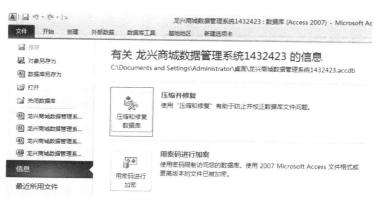

图 9-7　压缩和修复数据库菜单

数据库的压缩和修复是同时完成的，执行上述操作，一方面对数据库进行了压缩，同时对数据库本身的一些错误自动进行了修复。

相关知识与技能

1. 压缩与修复数据库的方法

① 先打开要压缩与修复的数据库，然后执行压缩与修复操作。本任务采用的即是这种方法。

② 在 Access 中没有打开任何数据库，单击"文件"选项卡中的"选项"命令，弹出如图 9-8 所示的对话框，在其中勾选"关闭时压缩"选项即可。

图 9-8 "选项"中的参数设置

2. 压缩和修复数据库的原因

使用"压缩和修复数据库"命令可帮助防止和更正以下可能影响数据库的问题：

① 文件在使用过程中不断变大；文件已损坏。

② 数据库文件在使用过程中不断变大。

③ 随着不断添加、更新数据以及更改数据库设计，数据库文件会变得越来越大。（导致增大的因素不仅包括新数据，还包括其他一些方面，见下文。）

④ Access 会创建临时的隐藏对象来完成各种任务。有时，Access 在不再需要这些临时对象后仍将它们保留在数据库中。

⑤ 删除数据库对象时，系统不会自动回收该对象所占用的磁盘空间。也就是说，尽管该对象已被删除，数据库文件仍然占用该磁盘空间。

⑥ 随着数据库文件不断被遗留的临时对象和已删除对象所填充，其性能也会逐渐降低。其症状包括：对象可能打开得更慢，查询可能比正常情况下运行的时间更长，各种典型操作通常也需要使用更长时间。

任务 3　备份与还原"龙兴商城数据管理"数据库

任务描述与分析

数据库在使用过程中，由于这样或那样的原因，会造成对数据库的破坏。一般情况下，使用数据库的压缩和修复即可解决问题，但是，如果数据库出现了较为严重的破坏，上述方法就无能为力了，因此必须对数据库进行定期定时的备份才是万全之策。一旦数据库出现严重损坏，用备份文件可以快速恢复。Access 为用户提供了数据库的备份方法。

方法与步骤

1．数据库的备份

打开要备份的数据库文件，单击"文件"选项卡中的"保存并发布"命令，在其中选中"备份数据库"按钮，再单击"另存为"按钮即可。如果没有进行选择，系统默认保存在当前数据库的路径下，并且在当前文件名后加上当前的日期。见图 9-9。

图 9-9　备份数据库对话框

说明

数据库的备份也可以使用 Windows 的文件"复制"功能，方法与其他文件的复制相同。

2．数据库的还原

Access 2010 没有提供数据库还原功能，通常采用 Windows 的"复制"、"粘贴"命令来实现还原。

相关知识与技能

1．何时备份数据库

由于某些更改或错误无法逆转，所以必须认识到创建数据库备份的必要性，否则等到数据丢失后就无法补救了。因此要经常备份数据库。

采用以下通用的指导原则，可以帮助你确定备份频率：

① 如果数据库是存档数据库，或者只用于引用而很少更改，那么只需在每次设计或数据发生更改时执行备份即可。

② 如果数据库是活动数据库，且数据会经常更改，则应创建一个计划以便定期备份数据库。

③ 如果数据库有多位用户，则在每次发生设计更改时，都应该创建数据库的备份副本。

2．数据库的还原

数据库的备份既可以采用 Access 提供的方法，也可以使用 Windows 的文件复制功能，比较这两种方法，Windows 的文件复制更为简便。

Access 没有提供数据库的还原方法，一般采用 Windows 的"复制"、"粘贴"命令来实现。

任务 4　导入和导出"龙兴商城数据管理"数据库中的对象

任务描述与分析

一般情况下，为了保证数据库的安全和数据共享，需要对数据库进行数据导出操作。也就是说，当需要数据库中的对象以其他形式出现在其他软件中使用时需要导出现有数据库对象，反之也可以将其他对象创建的不同格式的数据导入到 Access 中。

方法与步骤

1．导出数据到另一数据库

① 选择"文件"功能卡中的"打开"命令，打开"龙兴商城数据管理系统"，在其导航窗格中选中一个对象。命令选项组会显示不同的选项，有不同的选项卡，图 9-10 为外部数据选项卡的命令组。

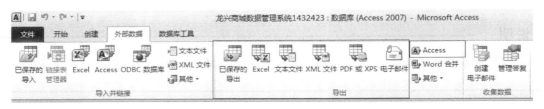

图 9-10　外部数据选项卡中的各命令组

② 切换至"外部数据"选项卡，在"导出"选项组中单击"Access"按钮，弹出"导出-Access 数据库"对话框，如图 9-11 所示。在其中单击"浏览"按钮，弹出"保存文件"对话框，如图 9-12 所示。为导出文件取一个名称并指定存储位置。

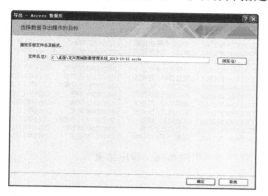

图 9-11 设置导出到另一个数据库文档的位置

图 9-12 "保存文件"对话框

③ 弹出"导出"对话框，为导出对象取一个名称，如图 9-13 所示。单击"确定"按钮，完成导出操作，弹出如图 9-14 所示的对话框。

图 9-13 导出文档名称

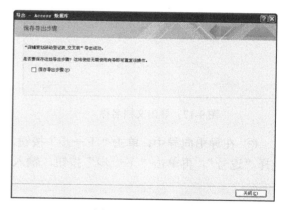

图 9-14 导出结束

2．导出 Excel 数据

① 选择"文件"功能卡中的"打开"命令，打开"龙兴商城数据管理系统"，在其导航窗格中选中一个对象。

② 切换至"外部数据"选项卡，在"导出"选项组中单击"Excel"按钮，弹出"导出-Excel电子表格"对话框，如图 9-15 所示。在其中单击"浏览"按钮，弹出"保存"对话框，指定保存位置，打开后的显示效果如图 9-16 所示。

3．导出 txt 文本数据

① 选择"文件"功能卡中的"打开"命令，打开"龙兴商城数据管理系统"，在其导航窗格中选中一个对象。

② 切换至"外部数据"选项卡，在"导出"选项组中单击"文本文件"按钮，弹出"导出-文本文件"对话框，如图 9-17 所示。在其中单击"浏览"按钮，弹出"保存"对话框，指定保存位置，单击"确定"按钮，弹出如图 9-18 所示的对话框。指定导出细节，设置"带分

隔符"选项。

图 9-15　导出文档名称

图 9-16　导出结果

图 9-17　导出文档名称

图 9-18　设定分隔符

③ 在导出向导中，单击"下一步"按钮，出现如图 9-19 所示的对话框，指定字段分隔符，选择"逗号"。再单击"下一步"按钮，输入保存后的文本名称，如图 9-20 所示。

图 9-19　设定字段间隔符

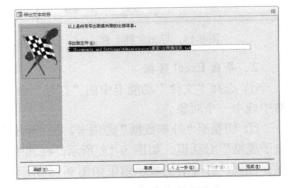

图 9-20　设定文档名称

④ 单击"完成"按钮，出现"是否保存导出步骤"的提示，如图 9-21 所示。最终在保存位置处打开 txt 文档，显示结果如图 9-22 所示。

4．导入外部 Access 数据库中的对象

在 Access 中，提供了直接导入数据的功能，从而能够在不打开其他数据库的情况下使用该数据库中的对象。

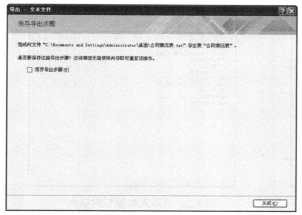

图 9-21　保存步骤　　　　　　　　　　　图 9-22　txt 文档效果

导入外部数据库对象的操作步骤如下：

① 打开 Access 数据库，单击"文件"选项卡中的"新建"选项，在其中选择"创建一个空的数据库"。

② 切换至"外部数据"选项卡，在"导入并连接"选项中单击"Access"按钮打开"获取外部数据-Access 数据库"对话框，如图 9-23 所示。

③ 在该对话框中单击"文件名"栏右侧的"浏览"按钮，在弹出的"打开"对话框中选择需要导入的外部文件的正确路径，此处选择桌面上的"龙兴商城数据管理系统"数据库文件，如图 9-24 所示。

图 9-23　"获取外部数据-Access 数据库"对话框　　　图 9-24　浏览打开对话框

④ 单击"打开"按钮，在"获取外部数据-Access 数据库"对话框中会显示刚才所选择的路径，选中下方的"将表、查询、窗体、报表、宏和模块导入当前数据库"单选按钮，如图 9-25 所示。

⑤ 设置完成后单击"确定"按钮，弹出"导入对象"对话框，如图 9-26 所示。

在图 9-26 所示对话框中，选中表或者查询等各个对象，单击"确定"按钮，即可将选中的对象数据导入到创建的数据库中。

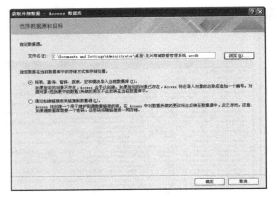

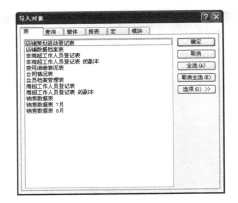

图 9-25　获取外部数据对话框　　　　　　　图 9-26　"导入对象"对话框

相关知识与技能

链接 Excel 中的数据

链接 Excel 中的数据是指 Access 数据库中的数据源链接到另一个外部 Excel 数据源，Access 使用查询和报表工具即可完成数据调用和维护而不必去维护 Excel 数据文件副本。

在链接到 Excel 工作表或命名区域时，Access 会创建一个新表并链接到源单元格。在 Excel 中对源单元格所做的任何更改都会出现在链接的表中。不过，你不能在 Access 中编辑对应表的内容。如果要添加、编辑或删除数据，必须在源文件中进行更改。

通常，需要从 Access 中链接到 Excel 工作表（而不是导入）的常见原因如下：

① 想继续在 Excel 工作表中保留数据，但要能够使用 Access 强大的查询和报表功能。

② 所在的部门或工作组使用 Access，但需要处理的外部源数据位于 Excel 工作表中。你不想维护外部数据的副本，但要能够在 Access 中处理这些数据。

如果你是第一次链接到 Excel 工作表，则

① 不能从 Excel 中创建指向 Access 数据库的链接。

② 在链接到 Excel 文件时，Access 会创建一个新表，它通常称为链接表。该表显示源工作表或命名区域中的数据，但实际上不在数据库中存储数据。

③ 不能将 Excel 数据链接到数据库中现有的表。这意味着，不能通过链接操作将数据追加到现有的表中。

④ 一个数据库可以包含多个链接表。

⑤ 在 Excel 中对数据所做的任何更改都自动反映到链接表中。不过，Access 中链接表的内容和结构是只读的。

⑥ 在 Access 中打开 Excel 工作簿（在"打开"对话框中，将"文件类型"列表框更改为"Microsoft Excel"，然后选择所需文件）时，Access 会创建一个空白数据库，并自动启动"链接电子表格向导"。

Access 作为一种典型的开放型数据库，能够支持与其他类型的数据库文件进行数据的交换与共享，同时也支持与其他 Windows 程序创建的数据文件进行数据交换，这时就要进行数据文件的维护，常用的操作有数据的导入、导出等操作。

上机实训

综合运用数据库保护方法来保护"龙兴商城数据管理"数据库

【实训要求】

1. 使用自动压缩与修复功能压缩和修复"龙兴商城数据管理"数据库。
2. 备份和还原"龙兴商城数据管理"数据库。
3. 将"龙兴商城数据管理"的所有数据库表导出为 Excel 文件。
4. 为"龙兴商城数据管理"数据库设置登录密码并加密数据库数据。
5. 将一个 txt 文档（自创一个企业员工 txt 文档）导入到"龙兴商城数据管理"数据库中，创建"员工信息表"。

总结与回顾

数据库的保护在实际应用中非常重要，在创建和使用数据库系统时必须考虑数据库系统的安全问题。就 Access 数据库的保护措施而言，本章主要提供了以下几种方法：

① 压缩和修复数据库。

② 备份和还原数据库。

③ 将数据库文件导入/导出成各种文档。

④ 设置数据库登录密码并加密数据库数据。

需要说明的是：以上方法是 Access 本身提供的数据库保护措施，在实际中还可以结合其他方法来进一步加强数据库的保护。

思考与练习

一、判断题

1. 数据库的自动压缩仅当数据库关闭时进行。　　　　　　　　　　　　　　（　　　）
2. 数据库修复可以修复数据库的所有错误。　　　　　　　　　　　　　　　（　　　）
3. 数据库经过压缩后，数据库的性能更加优化。　　　　　　　　　　　　　（　　　）
4. Access 不仅提供了数据库备份工具，还提供了数据库还原工具。　　　　　（　　　）
5. 数据库文件设置了密码以后，如果忘记了密码，可通过工具撤销密码。　　（　　　）
6. 添加数据库用户的操作只有数据库管理员可以进行。　　　　　　　　　　（　　　）
7. Access 可以获取所有外部格式的数据文件。　　　　　　　　　　　　　　（　　　）
8. 外部数据的导入与链接的操作方法基本相同。　　　　　　　　　　　　　（　　　）

二、填空题

1. 对数据库的压缩将重新组织数据库文件，释放那些由于＿＿＿＿＿＿＿所造成的空白的磁盘空间，并减少数据库文件的＿＿＿＿＿＿＿占用量。

2. 数据库打开时，压缩的是＿＿＿＿＿＿＿。如果要压缩和修复未打开的 Access 数据库，可将压缩以后的数据库生成＿＿＿＿＿＿＿，而原来的数据库＿＿＿＿＿＿＿。

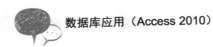

3. 使用"压缩和修复数据库"工具不但完成对数据库的_____，同时还_____的一般错误。

4. MDE 文件中的 VBA 代码可以_____，但无法再_____，数据库也像以往一样_____。

5. 可以通过两种方法对数据库进行加密，一是设置_____，二是对数据库_____。二者有所不同，数据库加密时_____。

6. 外部数据导入时，则导入到 Access 表中的数据和原来的数据之间_____。而链接表时，一旦数据发生变化，则直接反映到_____。

7. 数据库常用的保护方法有_____、_____、_____、_____。

三、简答题

1. 数据库备份与还原的常用方法有哪些？

2. 数据库加密的常用方法有哪些？

3. 简述 Access 可以导入/导出的文件格式都有哪些？

第 10 章

设计并建立 "龙兴商城数据
管理系统"

前面已经学习了 Access 2010 数据库的各种对象及其操作方法，从而具备了建立小型 Access 2010 数据库的能力。本章将通过分析 "龙兴商城数据管理系统" 的数据和功能，建立 "龙兴商城数据管理系统" 数据库，从而完成一个完整小型数据库的设计与建立。

学习内容

- 分析 "龙兴商城数据管理系统" 数据库的设计流程
- 创建 "龙兴商城数据管理系统" 数据库中的所有对象
- 创建导航窗体/导航菜单
- 数据库应用系统的发布方法

任务 1 "龙兴商城数据管理系统" 的需求分析与设计

任务描述与分析

"龙兴商城数据管理系统" 数据库是以一个商城运营模式来创建的数据库分析系统。该数据库系统根据商城销售、招商、店面管理、人员管理、活动管理等特点设计实施，运用该数据库系统，可充分节约资源，实现办公自动化，提高工作效率。本任务是对龙兴商城数据管理系统进行分析，做到龙兴商城数据管理的科学性和有效性。需求分析是软件开发的必要阶段，该阶段的工作越细越好。制作完成后的系统数据库界面如图 10-1 所示。

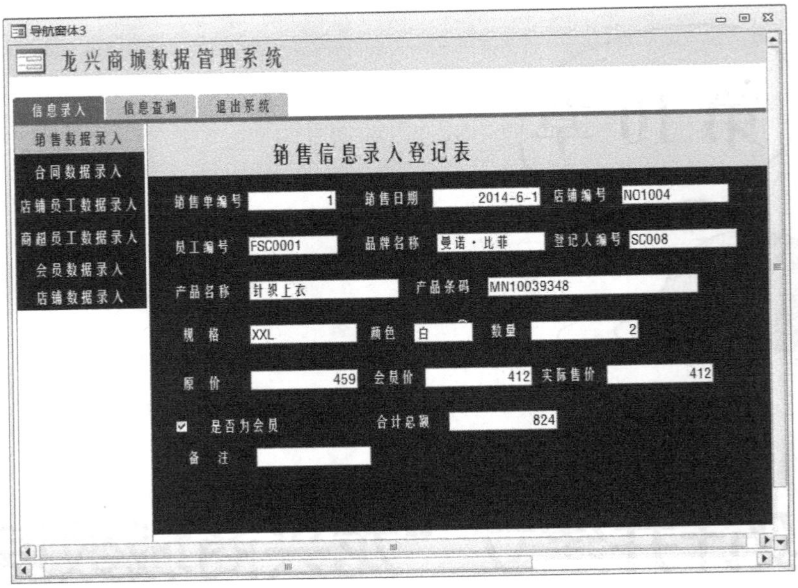

图 10-1 系统界面

方法与步骤

1. 龙兴商城数据管理系统输出数据表格收集

首先要去龙兴商城数据管理部门了解情况，获取人事管理、店铺运营的第一手资料，通过对商城运营人员及人事管理人员进行咨询，了解难点在哪里，要管理哪些数据，都需要哪些功能，并将商城管理最后出的表格收集完整，商城数据管理系统也应该能够将这些表格打印出来。因此，数据库中应包含表格中的所有数据字段，不能有遗漏。

本例中龙兴商城的基本情况如下：

龙兴商城是一个专门从事服装销售的大型商超实体，目前商城主要占地面积约 35 000 平方米，共分三层。在 2013 年 5 月开始招商运作，2014 年 3 月开始试运营，目前该商城共设有 150 个铺位，其中每层 50 个，第一层以女装为主，第二层以男装为主，第三层以运动装为主。

商城的运营收益主要是靠每个商家交纳的房租来实现赢利，房租的收取方式有两种：一种是固定交纳现金，另一种是通过每月销售额抽取对应比例来完成。商城再根据实际消耗情况根据每层商家数目公摊公共费用，如水电费、公共设施费、人员管理费、物业费、刷卡佣金费等。商城固定每月月底跟每个商家结算上月销售总额扣除房租及公摊费用后的金额。每个商家的赢利方式为：每月固定销售总额减去房租及公摊费用。

商城的管理方式主要体现在以下几个方面。

（1）商城内部自己的员工管理

商城设有市场部、招商部、后勤部、行政部、财务部，市场部又针对不同的需要设有男装部、女装部、运动装部。商城每层都设有收银岗位、总会计、总出纳岗位。商城自己的员工除了以上部门的人员外，还设有管理岗位 4 名，分别是 1 位总经理，2 位副总经理，1 位总监。共计员工 40 名，商城需要对这些员工进行日常考勤、发放工资、人员人事档案管理等。

（2）商城对各店铺的人员管理

商城中各个店铺的工作人员属于每个店铺自己的员工，由每个店铺老板为其发放工资，商城负责对他们进行考勤，发放出入卡，记录备案。

（3）商城对每个店铺的管理

商城在招商过程中，需要跟每个商家签订合同，同时当商店正式进驻商城后要为每个店铺建立档案体系，方便联系和查找。

（4）商城的活动管理

商城定期或不定期地要举行一些活动，特别是节假日，要求每个店铺自愿参加。如果参加，则需要每个店铺交纳一定的活动经费，这些费用要在最后的每月结算中扣除。

（5）商城的会员管理

为了吸引更多的客户成为商城的会员，会员由每个商铺的工作人员监办，商场不独立办理会员，商城针对会员提供了优惠方式，设立了"钻石卡 VIP"、"金卡 VIP"、"银卡 VIP"会员，当他们在第二次消费时享受一定比例的优惠，同时商城记录每位会员的档案，不定期地给每个会员发送短信及赠送小礼品等。

根据以上情况得出需要建立如表 10-1 所示的数据表。

表 10-1　需要创建的数据表

管 理 要 求	需要创建的表格
内部人员管理	商城工作人员登记表
外部人员管理	非商城工作人员管理表
店铺管理	店铺数据档案表
合同管理	合同情况表
会员管理	会员档案表
销售数据管理	销售数据表
活动管理	店铺策划活动登记表
公摊费用管理	费用清缴情况表
（员工工资）备用	员工工资表(商城人员)

2．确定数据库结构及表间关系

在完成数据收集后，确定这些数据所涉及的实体以及实体的属性。实体就是客观存在并相互区别的事物及其事物之间的联系。例如，一个员工、一个家庭、员工的一次部门调整等都是实体。在龙兴商城数据管理系统中其核心是店铺档案的管理，所涉及的实体有店铺、合同、人员、活动和会员等，根据表 10-1，各个表格的相关字段名称如表 10-2 所示。

表 10-2　各表格的字段

表　名	字　段
商城工作人员登记表	员工编号、员工姓名、性别、年龄、部门、职务、学历、身份证号码、籍贯、联系方式、入职日期、政治面貌、照片、工龄、出入卡编号、备注
非商城工作人员管理表	员工编号、员工姓名、性别、年龄、店铺编号、学历、身份证号码、籍贯、联系方式、入职日期、政治面貌、照片、是否在职、出入卡编号、备注

续表

表　名	字　段
店铺数据档案表	店铺编号、品牌名称、店长姓名、身份证号码、进驻商城时间、所在楼层、店铺面积、位置、合作形式、经营类别、店铺人数、合同编号、是否在约
合同情况表	合同编号、店铺名称、法人姓名、品牌名称、联系方式、签订日期、签订年限、结算方式、比例、押金、银行账号、开户行
会员档案表	会员编号、姓名、性别、年龄、联系方式、住址、身份证号码、职业、开卡日期、会员类别、优惠比例、办理人、店铺编号
销售数据表	销售单编号、销售日期、员工编号、品牌名称、产品名称、产品条码、规格、颜色、数量、单价、合计、会员价、消费总额、店铺编号、是否为会员、收银人编号、备注
店铺策划活动登记表	店铺编号、店铺名称、活动日期、活动费用、活动内容、责任人、开始日期、结束日期、活动地点
费用清缴情况表	店铺编号、清缴月份、店铺名称、物业费、广告宣传费、人员管理费、公共设施使用费、刷卡费、审计人
员工工资表	员工编号、姓名、性别、部门、职务、基本工资、岗位工资、绩效工资、餐补、交通补助、其他补助、全勤奖、旷工扣除、请假扣除、其他扣除、个人所得税、五险一金扣除、应发工资、实发工资

表 10-2 中的第二列是该实体的属性。列出这种格式，其实就将实体转换成了关系，关系就是二维表。关系间存在着联系，关系间的联系方式分为一对一、一对多和多对多三种。比如，店铺和会员之间存在一对多的联系，非商城员工和店铺之间存在一对多的联系，销售数据和员工是多对多的联系。下面用实体-联系的方法表示出各关系之间的联系，如图 10-2 所示。

图 10-2　实体-联系

上面的五个关系还是独立的关系，并没有体现出关系之间的联系，因此要针对关系之间联系方式的不同，使用不同的方式在关系中体现出来，形成一个完整的、由多个关系组成的关系集合。关系集合如下：

① 合同—店铺（合同编号，品牌名称）

② 店铺—会员（店铺编号）

③ 销售—店铺—店员（店铺编号）

④ 商城员工—销售数据—费用清缴（员工编号，收银人编号，审计人）

⑤ 工资—员工档案（员工编号）

⑥ 活动策划—店铺—费用清缴（店铺编号，广告宣传费—活动费用）

3．龙兴商城数据管理系统功能设计

一个数据库系统所需要的操作不外乎数据的插入、删除、修改和查询，根据对龙兴商城数据管理系统的需求分析，确定出龙兴商城数据管理系统能够实现的功能如下。

① 店铺信息管理：实现店铺信息的插入、删除、修改和查询。

② 员工信息管理：实现商城员工与非商城员工信息的插入、删除、修改和查询。

③ 员工工资管理：实现员工工资信息的插入、删除、修改、汇总和查询。

④ 合同信息管理：实现合同信息的插入、删除、修改和查询。

⑤ 销售数据信息管理：实现销售数据信息的插入、删除、修改、汇总和查询。

⑥ 会员信息管理：实现会员信息的插入、删除、修改、汇总和查询。

⑦ 费用结算管理：实现对店铺数据的费用清算、报表输出、打印、汇总。

任务 2 建立"龙兴商城数据管理系统"数据库

任务描述与分析

　　首先在 Access 2010 中创建一个名为"龙兴商城数据管理"的空数据库，然后在该数据库中建立 6 个数据表用于存储数据，它们分别是：招聘员工登记、正式员工登记、部门分配表、员工工资表、家庭信息表和网络账号分配表。创建表间关系。正确建立数据库、数据表，设置主键、建立表间关系，这些都是我们工作的基础。

方法与步骤

1. 创建"龙兴商城数据管理"数据库

① 打开 Access 2010。

② 选择"文件"选项卡中的"新建"选项。

③ 单击"空数据库"选项，打开"文件新建数据库"对话框。

④ 输入数据库名称"龙兴商城数据管理"，选择数据库文件保存的位置，单击"创建"按钮。

2. 创建数据表

　　创建数据表的步骤较为简单，要创建的数据表较多，步骤大同小异，这里就不再列出具体步骤了，而是给出数据表的结构。创建数据表时，要设置好主键。

① 创建"商城工作人员登记表"数据表，见表 10-3。

表 10-3　商城工作人员登记表

字 段 名	数据类型	字 段 大 小
员工编号	文本型	6
员工姓名	文本型	12
性别	文本型	2
年龄	数字（长整型）	默认
学历	文本型	10
部门	文本型	10
身份证号码	文本型	18
联系方式	文本型	25
职务	文本型	20
籍贯	文本型	20
政治面貌	文本型	10

续表

字　段　名	数　据　类　型	字　段　大　小
入职日期	日期/时间型	默认
是否在职	是/否	默认
离职日期	日期/时间型	默认
出入卡编号	文本型	8
照片	OLE 对象类型	默认
备注	备注	默认

② 创建"店铺数据档案表"数据表，见表 10-4。

表 10-4　店铺数据档案表

字　段　名	数　据　类　型	字　段　大　小
合同编号	文本型	6
店铺编号	文本型	8
店铺名称	文本型	20
法人姓名	文本型	10
联系电话	文本型	25
品牌名称	文本型	20
合同签订日期	日期/时间型	默认
入驻日期	日期/时间型	默认
签订年限	数字型	1
合作形式	文本型	10
结算方式	文本型	10
押金	数字型	5
店铺面积	数字型	

③ 创建"非商城工作人员管理表"数据表，见表 10-5。

表 10-5　非商城工作人员管理表

字　段　名	数　据　类　型	字　段　大　小
员工编号	文本型	6
员工姓名	文本型	12
性别	文本型	2
年龄	数字（长整型）	默认
学历	文本型	10
身份证号码	文本型	18
联系方式	文本型	25
职务	文本型	20
籍贯	文本型	20

续表

字　段　名	数　据　类　型	字　段　大　小
政治面貌	文本型	10
入职日期	日期/时间型	默认
是否在职	是/否	默认
离职日期	日期/时间型	默认
出入卡编号	文本型	8
照片	OLE 对象类型	默认
备注	备注	默认

④ 创建"合同情况表"数据表，见表 10-6。

表 10-6　合同情况表

字　段　名	数　据　类　型	字　段　大　小
合同编号	文本型	6
店铺名称	文本型	12
法人姓名	文本型	10
品牌名称	文本型	20
联系方式	文本型	25
签订日期	日期/时间	60
签订年限	日期/时间	18
结算方式	文本型	18
比例	数字	20
押金	数字	20
银行账号	文本型	30
开户行	文本型	20

⑤ 创建"销售数据表"数据表，见表 10-7。

表 10-7　销售数据表

字　段　名	数　据　类　型	字　段　大　小
销售单编号	文本型	6
销售日期	日期/时间	12
员工编号	文本型	8
品牌名称	文本型	20
产品名称	文本型	50
产品条码	文本型	25
规格	文本型	10
颜色	文本型	10
数量	数字（长整型）	20

续表

字 段 名	数 据 类 型	字 段 大 小
单价	数字	8
合计	数字	8
会员价	数字	8
消费总额	数字	8
店铺编号	文本型	8
是否为会员	是/否	默认
收银人编号	文本型	8
备注	备注	默认

⑥ 创建"店铺策划活动登记表"数据表，见表 10-8。

表 10-8　店铺策划活动登记表

字 段 名	数 据 类 型	字 段 大 小
店铺编号	文本型	6
店铺名称	文本型	20
活动日期	日期/时间	默认
活动费用	数字	2
活动内容	文本型	默认
责任人	文本型	25
开始日期	日期/时间	10
结束日期	日期/时间	18
活动地点	文本型	50

⑦ 创建"会员档案表"数据表，见表 10-9。

表 10-9　会员档案表

字 段 名	数 据 类 型	字 段 大 小
会员编号	文本型	6
姓名	文本型	10
性别	文本型	2
年龄	数字（长整型）	2
联系方式	文本型	2
住址	文本型	25
身份证号码	文本型	18
职业	文本型	18
开卡日期	日期/时间	默认
会员类别	文本型	20
优惠比例	数字	8
办理人	文本型	10

⑧ 创建"费用清缴情况表"数据表，见表 10-10。

表 10-10　费用清缴情况表

字　段　名	数　据　类　型	字　段　大　小
店铺编号	文本型	6
清缴月份	文本型	6
店铺名称	文本型	12
物业费	数字	8
广告宣传费	数字	8
人员管理费	数字	8
公共设施使用费	数字	8
刷卡费	数字	8
审计人	文本型	20

⑨ 创建"员工工资表（商城人员）"数据表，见表 10-11。

表 10-11　员工工资表

字　段　名	数　据　类　型	字　段　大　小
员工编号	文本型	6
姓名	文本型	12
性别	文本型	2
部门	文本型	12
职务	文本型	12
基本工资	数字	8
岗位工资	数字	8
绩效工资	数字	8
餐补	数字	8
交通补助	数字	8
其他补助	数字	8
全勤奖	数字	8
旷工扣除	数字	8
请假扣除	数字	8
其他扣除	数字	8
个人所得税	数字	8
五险一金扣除	数字	8
应发工资	数字	8
实发工资	数字	8

3．创建表间关系

当数据表创建完毕后，创建表间关系，如图 10-3 所示。

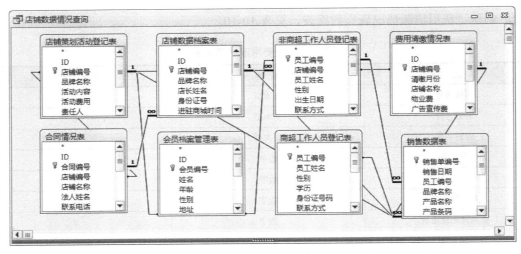

图 10-3　表间关系

任务 3　建立 "龙兴商城数据管理系统" 中的查询

任务描述与分析

在实际使用中，"龙兴商城数据管理系统"数据库中主要包括两种查询：店铺基本信息查询和员工档案相关查询。

方法与步骤

1. 店铺完整信息查询

在"店铺数据档案表"中并不能完整显示某个员工的完整档案信息，对于用户来说，可以根据店铺编号或者品牌名称（根据表中设置的不同主关键字段）来查询到不同数据表中相应编号和品牌名称的店铺信息，并把这些信息汇总到一张表中。这样比较直观，也便于理解。本例中的店铺信息分处在不同的表中，如合同情况表中显示的有店铺与合同关系的数据、非商超工作人员登记表中显示的有店铺中员工的档案信息。当建立表间关系后，查看完整的店铺信息可设计查询。查询的设计视图如图 10-4 所示，查询的结果如图 10-5 所示。

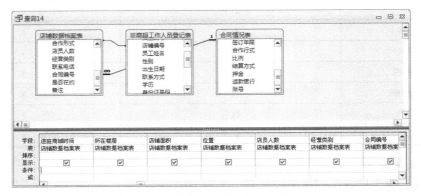

图 10-4　店铺数据查询的设计视图

该查询应用于员工档案信息查询窗体中。

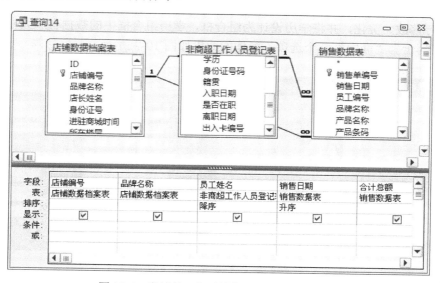

图 10-5　店铺数据查询结果

2．销售业绩数据查询

销售数据表是存放员工销售数据的，店铺数据表有店铺编号、有对应的员工编号，若想查询每个店铺对应的员工当天的销售业绩，在查询的设计视图中进入设计，如图 10-6 所示，查询的结果如图 10-7 所示。

该查询应用于销售业绩查询窗体中。

图 10-6　店铺员工每天销售业绩查询设计视图

图 10-7　店铺员工每天销售业绩查询结果

任务 4　建立"龙兴商城数据管理系统"的窗体

任务描述与分析

"龙兴商城数据管理系统"包含三个功能模块，其中包括一个主窗体和两个子窗体。每个子窗体中又包含多个窗体，本任务将创建"非商超工作人员信息录入"窗体、"销售数据录入"窗体、"合同信息录入"窗体 、"会员档案录入"窗体、"店铺数据录入"窗体、"商超工作人员录入"窗体、"主导航面板"窗体等。

方法与步骤

1．创建"商超工作人员信息录入"窗体

该窗体完成正式员工信息的录入与编辑，采用窗体向导创建纵栏式窗体，然后使用窗体设计视图对窗体进行修改、美化，并将部门编号和性别设计为组合框，部门编号组合框的数据源为部门分配表中的部门编号，性别组合框中的数据有"男"和"女"两个选项，窗体的效果如图 10-8 所示。

2．创建"非商超工作人员信息录入"窗体

该窗体完成家庭信息的录入与编辑，采用窗体向导创建纵栏式窗体，然后使用窗体设计视图对窗体进行修改、美化，并将学历设计为组合框，学历组合框中的数据有"大专"、"本科"、"研究生"、"博士"、"高中"五个选项，窗体的效果如图 10-9 所示。

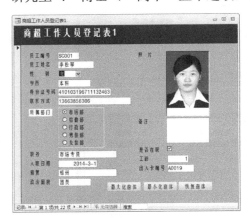

图 10-8　商超工作人员信息录入窗体

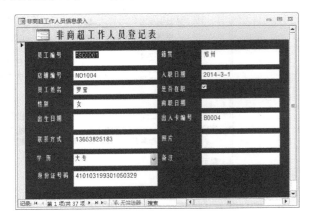

图 10-9　非商超工作人员信息录入

3．创建"店铺信息录入"窗体

利用主/子窗体创建合同信息窗体。先利用"窗体向导"创建数据表店铺主窗体，将所在楼层用组合框的方式表示，再创建合同信息子窗体，实现对店铺进行合同管理，展开楼层输入合同信息。窗体的效果如图 10-10 所示。

4．创建"销售数据录入"窗体

利用主/子窗体创建员工销售数据输入窗体。先利用窗体向导创建数据表式店铺主窗体，再创建销售子窗体，然后在销售子窗体上再创建会员子窗体，实现对店铺中的员工进行会员的输入。窗体的效果如图 10-11 所示。

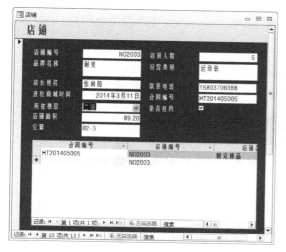

图 10-10　店铺信息录入窗体

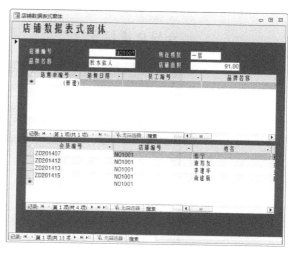

图 10-11　销售数据录入窗体

5．创建"会员查询"窗体

利用主/子窗体创建店铺会员查询窗体。先利用窗体向导创建数据表式店铺主窗体，再创建会员子窗体，创建以会员查询为数据源的子窗体，实现对店铺/会员的查询，展开店铺，即可查看该店办了多少会员及会员情况。窗体的效果如图 10-12 所示。

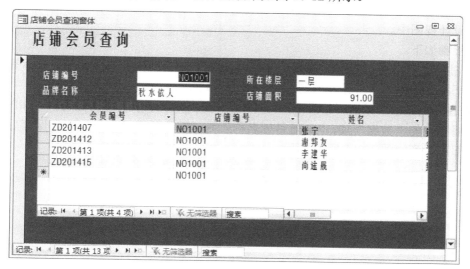

图 10-12　"店铺会员查询"窗体

6．创建"合同信息查询"窗体

利用主/子窗体创建合同信息查询窗体。先利用窗体向导创建数据表式合同主窗体，再创建以店铺信息查询为数据源的子窗体，实现对合同/店铺信息的查询，展开合同，即可查寻该合同对应的店铺相关信息。窗体的效果如图 10-13 所示。

7．创建"主切换面板"窗体

"龙兴商城数据管理系统"窗体是"龙兴商城数据管理系统"主界面的窗体，用于系统内各个功能窗体的调用功能。

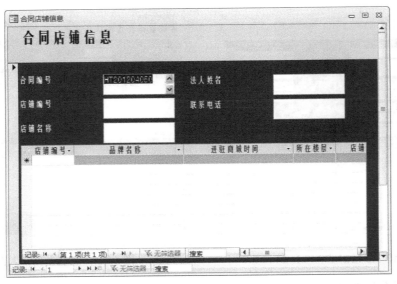

图 10-13 "合同店铺信息"查询窗体

"龙兴商城数据管理系统"窗体包含四个功能选项卡，对应数据库系统的三大功能模块和软件功能，单击其中的一个按钮，可以调用一个功能窗体进入运行视图状态。窗体最后一个命令按钮为"退出系统"按钮，单击它即可退出"龙兴商城数据管理系统"，返回至 Access 2010 数据库的设计视图中。

创建步骤如下。

① 单击"创建"中"窗体"命令组中的"导航"按钮，从中选择水平导航标签，分别新增四个水平标签，输入水平标签的名称，如图 10-14 所示。

② 在图 10-14 中，单击"信息录入"，右击后在快捷菜单中选择属性菜单，如图 10-15 所示。设置属性中的"数据"项，"导航目标名称"为"销售信息录入登记表"保存后，切换至窗体视图即可看到如图 10-16 所示界面。

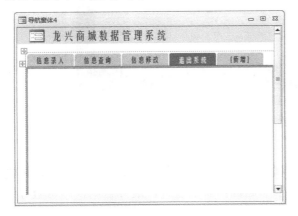

图 10-14 龙兴商城数据管理系统导航条

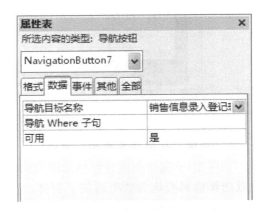

图 10-15 导航标签属性设计对话框

③ 同理，分别选中导航栏上的各个标签选项卡，在其属性中设置"导航目标名称"属性，将其属性值指定为创建的窗体名称即可完成系统导航界面的设计操作。

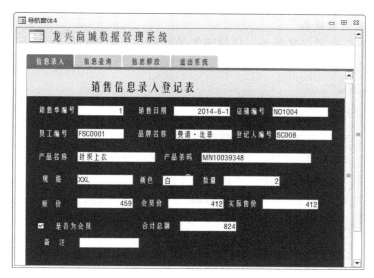

图 10-16　"龙兴商城数据管理系统"主窗体

任务 5　建立"龙兴商城数据管理系统"的报表

任务描述与分析

本任务完成"龙兴商城数据管理系统"常用报表的创建，包括"员工档案信息报表"和"员工工资报表"。

方法与步骤

1. 创建"商超工作人员登记表"

在"龙兴商城数据管理系统"中，"商超工作人员登记表"就是企业人事部门用的企业员工花名册，是企业中不可缺少的报表之一。该报表的数据源就是"商超工作人员登记表"，在系统主界面上创建"员工档案信息报表"按钮，以便于用户使用。

"商超工作人员登记表"的预览视图如图 10-17 所示。

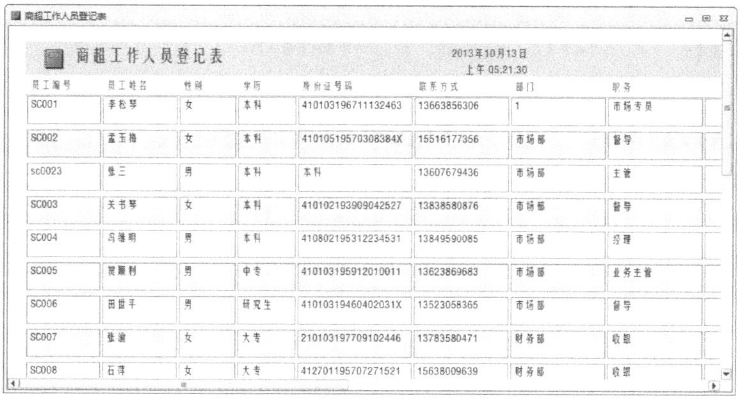

图 10-17　商超工作人员登记表

2．创建"员工销售报表"

"员工销售报表"也是必备报表，该报表的数据源是"销售数据表"，在系统主界面上创建"员工销售报表"选项，如图 10-18 所示。

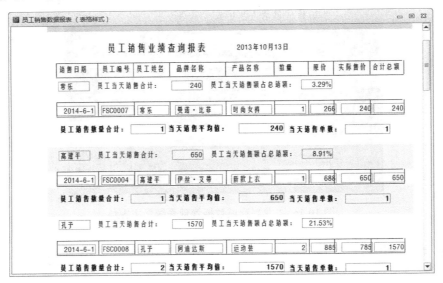

图 10-18　员工销售报表

创建报表后，在图 10-14 中添加一个标签，输入"报表打印"，在其属性的"导航目标名称"中指定前步创建的报表名称，最终效果如图 10-19 所示。

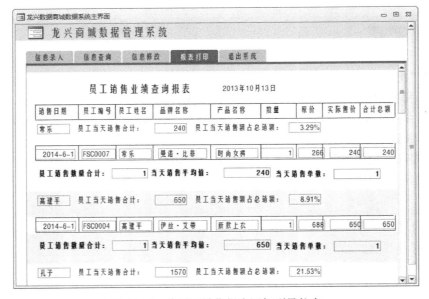

图 10-19　将员工销售报表添加到导航中

任务 6　建立"龙兴商城数据管理系统"二级子导航窗体界面

任务描述与分析

本任务完成"龙兴商城数据管理系统"二级子导航的创建，这样就可以将前面各任务中制作出来的窗体和报表全部放置到导航栏上，形成一个完整的导航菜单体系。

方法与步骤

① 单击"创建"中"窗体"命令组中的"导航"按钮，从中选择"水平标签，2 级"，如图 10-20 所示。

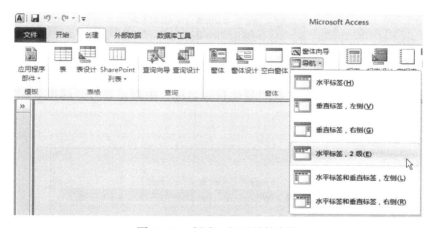

图 10-20　创建二级子导航窗体

② 分别新增五个水平标签，输入水平标签的名称，"信息录入"、"信息查询""信息修改"、"信息打印"、"退出系统"，分别在二级菜单中添加文字，如图 10-21 所示。在其中分别选中每个标签，指定背景颜色与文字颜色，效果如图 10-22 所示。

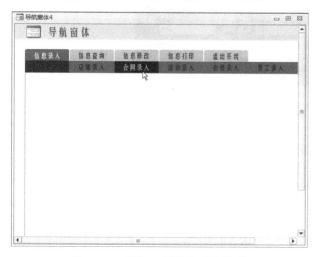

图 10-21　添加二级导航子菜单项

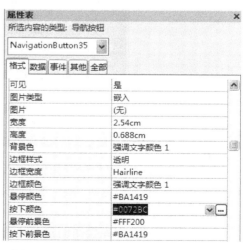

图 10-22　设置导航栏上的文字及背景颜色

③ 采用同样的方法增加其他子导航项，如图 10-23 和图 10-24 所示。

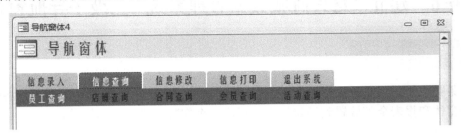

图 10-23　设置其他导航栏上的文字及背景颜色（1）

图 10-24　设置其他导航栏上的文字及背景颜色（2）

④ 分别给每个标签设置属性，在"导航目标名称"中指定要打开的报表和窗体即可，效果如图 10-25 所示。

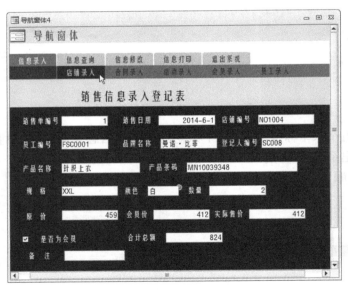

图 10-25　最终的系统界面

项目拓展训练 1　将创建好的数据库发放到 Web 上

Access Services 提供了创建可在 Web 上使用的数据库的平台。你可以使用 Access 2010 和 SharePoint 设计和发布 Web 数据库，用户可以在 Web 浏览器中使用 Web 数据库。

操作步骤如下。

① 利用新建数据库操作创建 Web 数据库，如图 10-26 所示。

图 10-26　创建 Web 数据库系统

②　Web 数据库的基本操作与前面各章介绍的方式基本一样，用 Web 数据建立好的数据库系统可以发布到 SharePoint 站点中。

③　单击"文件"选项卡中的"保存与发布"命令，再单击"发布到 Access SharePoint"。在图 10-27 所示界面中，先单击"运行兼容器检查器"，再单击下方的"发布到 Access SharePoint"按钮，指定发布的服务器名和网站名即可。

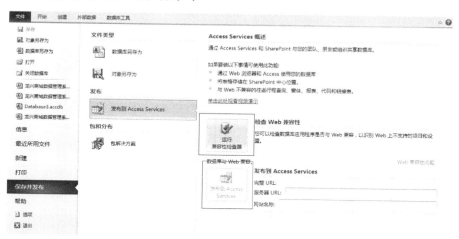

图 10-27　发布到 Access SharePoint

注：图 10-27 所示命令操作上显示灰色方式按钮，是因为计算机系统中没有安装发布到 Access SharePoint 服务器

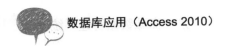

项目拓展训练 2　建立"企业人事管理系统"数据库

任务描述与分析

　　综合运用本教材所介绍的 Access 2010 数据库知识，调查分析日常生活中常见的企业人事管理的数据和流程，建立"企业人事管理系统"数据库，完成"企业人事管理系统"中表、查询、窗体、报表的设计与实现，并完成安全机制设置和用户权限设置，形成"企业人事数据管理系统"的发布版本。

　　经常用于 Access 数据库管理的中小型企业涉及的行业很多，用户可根据自己的喜好，创建：图书管理订销存系统、医院医疗挂号系统、KTV 客户管理系统等。